隐私保护机器学习

[美国]张致恩(J. Morris Chang)

庄镝 著

[斯里兰卡]杜明杜·萨马拉维拉(Dumindu Samaraweera)

马学彬 译

U0396854

东南大学出版社
SOUTHEAST UNIVERSITY PRESS
·南京·

图书在版编目(CIP)数据

隐私保护机器学习 /(美)张致恩
(J. Morris Chang),庄镝,(斯里)杜明杜·萨马拉维
拉(Dumindu Samaraweera)著;马学彬译. — 南京:
东南大学出版社,2024.7

书名原文:Privacy-Preserving Machine Learning

ISBN 978-7-5766-0945-5

Ⅰ.①隐… Ⅱ.①张… ②庄… ③杜… ④马… Ⅲ.
①数据处理-安全技术 Ⅳ.①TP274

中国国家版本馆 CIP 数据核字(2023)第 209682 号

隐私保护机器学习

著　　者:［美国］张致恩(J. Morris Chang),庄镝,［斯里兰卡］杜明杜·萨马拉维拉(Dumindu
　　　　　Samaraweera)
译　　者:马学彬
责任编辑:张　烨　　责任校对:韩小亮　　封面设计:毕　真　　责任印制:周荣虎
出版发行:东南大学出版社
出 版 人:白云飞
社　　址:南京四牌楼 2 号　　邮编:210096　　电话:025-83793330
网　　址:http://www. seupress. com
电子邮件:press@ seupress. com
经　　销:全国各地新华书店
印　　刷:常州市武进第三印刷有限公司
开　　本:787 mm×980 mm　1/16　　印张:19.25　　字数:408 千
版　　次:2024 年 7 月第 1 版
印　　次:2024 年 7 月第 1 次印刷
书　　号:ISBN 978-7-5766-0945-5
定　　价:118.00 元

本社图书若有印装质量问题,请直接与营销部联系。电话(传真):025-83791830

译 者 序

在当今数字化时代，人们在享受科技给生活和工作带来的便利和高效的同时，也面临着个人隐私泄露的风险，因此隐私保护显得尤为重要，正如著名密码学专家、计算机安全专家 BRUCE SCHNEIER 所言："Privacy is an inherent human right, and a requirement for maintaining the human condition with dignity and respect."（"隐私是一项固有的人权，也是维护人类尊严和尊重的必要条件。"）正是基于这种观点，我们翻译了《隐私保护机器学习》一书，旨在为读者提供对这一新兴领域的深入了解。

随着 AlphaGo 战胜世界围棋冠军及 ChatGPT 带来的的惊人创新和变革，公众已经能够切身体会机器学习在未来社会发展方面的巨大潜力。然而，这一令人振奋的技术进步也带来了一个严峻的挑战：在应用机器学习的过程中，我们该如何有效地保护个人隐私和数据安全？

尽管机器学习中的隐私保护已经得到学术界和工业界的广泛关注，但挑战仍然存在。目前，机器学习领域中高效的隐私保护算法仍不成熟，难以适应数据量巨大、形式多样且数据关系复杂的实际应用环境。此外，隐私保护算法的实施经常需要较多的计算资源和复杂的数据处理流程，这些限制了其广泛应用。要应对这些挑战，需要机器学习、数据科学和信息安全等多个领域的科研人员共同努力，同时也需要培养能够熟练掌握和运用这些技术的专业人才，因此，高质量的教材对于培养相关领域的人才尤为重要。

本书的特色在于其不仅强调了隐私保护在机器学习中的重要性，还以清晰易懂的方式向读者解释复杂的概念。本书结构严谨，分为三部分共 10 章，这种组织方式使内容易于理解，帮助读者逐步深入探索机器学习中的隐私保护应用。此外，本书还包含丰富的实践示例和实现代码，使复杂的算法易于掌握。每章末尾的详实案例研究为读者提供了宝贵的实践经验和指导，帮助他们更好地应用所学知识。

本书的翻译工作由马学彬、张晓艳、肖雨霜、赵煦、赵席军、张馨文和王金宁共同完成。多人合作的翻译项目面临的一个关键挑战是确保术语和表达的统一。因此，在翻译启动前，我们首先确定了专有名词译法和统一的语言习惯。考虑到不同学科背景的读者对专业术语的理解可能有差异，我们进行了详尽的讨论，确保所有术语的准确性和一致性，并使其易于被读者理解。初稿完成后，我们与出版社的编辑和工作人员一起进行了排版和修改，随后开始了多轮校对和勘误。即使在撰写序言时，我们仍在检查文稿，以尽量避免错误。尽管进行了多次校对，但由于能力有限，翻译中仍可能存在错误或不准确之处，我们诚邀读者提出宝贵意见。

最后，我们衷心感谢三位原作者 J. Morris Chang、Di Zhuang 和 Dumindu Samaraweera，以及出版社的编辑团队。有了你们的支持与信任，这本书的翻译出版才得以顺利完成。我们希望《隐私保护机器学习》能够激发更多的讨论和研究，为推动隐私保护技术的发展和应用贡献力量，并为全球关注隐私保护的读者提供实用的知识与技能。

全体译者
2024 年 4 月于内蒙古大学

关于本书

《隐私保护机器学习》是一本全面的指南，旨在帮助机器学习（ML）爱好者避免 ML 应用过程中的数据隐私泄漏。本书从现代数据驱动的应用中涉及的隐私问题的一些实际用例和场景出发，介绍了构建具有隐私保障的 ML 应用的不同技术。

谁适合读这本书

《隐私保护机器学习》是为 ML 的中级数据科学爱好者（即在 ML 方面有一些经验的人）和那些想要学习 ML 隐私保护技术的人精心设计的，以便他们可以将这些技术集成到自己的应用中。虽然隐私和安全的概念通常是数学领域的知识，并且难以理解，但本书试图将复杂的算法分解成片段，使它们易于理解，并提供了一系列的实践练习和例子。

本书的结构

本书有三个部分，共 10 章。

第一部分解释了什么是隐私保护 ML，以及如何在实际用例中使用差分隐私：

第 1 章讨论了 ML 中的隐私问题，强调了当隐私数据暴露时隐私威胁有多严重。

第 2 章介绍了差分隐私的核心概念，并阐述了目前广泛使用的差分隐私机制，这些机制已经成为各种隐私保护算法和应用的构造模块。

第 3 章主要介绍了差分隐私 ML 算法的高级设计原则。在本章的后半部分，我们将介绍一个案例研究，使读者了解设计和分析一个差分隐私算法的过程。

第二部分讨论了另一种差分隐私，称为本地化差分隐私（Local Differential Privacy，LDP），并讨论了如何生成用于实现隐私保障目的的合成数据（Synthetic Data）：

第 4 章介绍了本地化差分隐私的核心概念和定义。

第 5 章在考虑各种数据类型和真实世界应用场景的基础上，介绍了本地化差分隐私的高级机制。我们还提供了一个关于本地化差分隐私的案例研究，以指导读者完成设计和分析算法的过程。

第 6 章通过讨论如何为 ML 任务设计一个隐私保护的合成数据生成方案，介绍了合成数据生成所涉及的概念和技术。

第三部分涵盖了构建隐私保障 ML 应用所需的更深层次的核心概念：

第 7 章介绍了隐私保护在数据挖掘(Data Mining)应用中的重要性,以及广泛使用的隐私保护机制及其在数据挖掘操作中应用的特点。

第 8 章扩展了对数据挖掘中隐私保障的讨论,介绍了处理和发布数据时常见的隐私模型,它们在数据挖掘操作中的特点,以及各种威胁和漏洞。

第 9 章介绍了 ML 中的压缩隐私及其设计与实现。

第 10 章将这些概念放在一起,设计一个用于研究数据保护和共享的隐私增强平台。

一般来说,我们建议读者仔细阅读前几章,以便了解其核心概念和隐私保护对 ML 应用的重要性。其余章节将讨论不同的核心概念和最佳实践,读者可以根据自己的具体需求进行选择性阅读。在每个核心主题的最后,都会介绍一个案例研究,对所选的算法进行更全面和彻底的分析,那些想了解更多有关设计和分析隐私增强 ML 算法过程的读者会对这部分特别感兴趣。

关于代码

本书包含了许多源代码的例子,有些采用带编号的列表形式,有些采用与普通文本一致的格式。在这两种情况下,源代码采用等宽字体,以便将其与普通文本分开。大多数代码都是用 Python 语言编写的,但是也有一些用例实验是用 Java 编写的。读者应该知道基本的语法,以及如何编写和调试 Python 和 Java 代码。读者还必须熟悉某些 Python 科学计算和机器学习包,如 NumPy、scikit-learn、PyTorch、TensorFlow 等。

在很多情况下,原来的源代码会被重新格式化,我们通过添加换行符和重新修改缩进来调整代码长度,使其适应书中可用的页面空间。在某些情况下,即使这样做也不够,列表中可采用行连续标记(➡)。此外,当在文本中描述代码时,源代码中的注释通常会被删除。为了将重要的概念突出强调,许多程序清单都附有代码注释。

关于作者

J. MORRIS CHANG 自 2016 年起担任南佛罗里达大学(University of South Florida,USF)电气工程系教授,他曾在艾奥瓦州立大学(2001—2016)、伊利诺伊理工大学(1995—2001)和罗切斯特理工大学(1993—1995)任教。在进入学术界之前,他曾在AT&T 贝尔实验室担任计算机工程师(1988—1990)。他最近的研究工作涵盖了广泛的网络安全领域,包括认证、恶意软件检测、隐私增强技术、机器学习中的安全性,并得到了美国国防部(Department of Defense,DoD)不同机构的资助。Chang 博士在北卡罗来纳州立大学获得计算机工程博士学位,他于 1999 年获得伊利诺伊理工大学卓越教学奖,并于 2019 年入选北卡罗来纳州立大学 ECE 校友名人堂。在过去的 10 年里,他一直担任由DoD 机构资助的各种项目的首席研究员。Morris 在学术期刊和会议上发表了超过 196篇论文,此外,他还曾在电气和电子工程师协会(Institute of Electrical and Electronics Engineers,IEEE)担任过各种职位,包括 IEEE 的 *IT Professional* 期刊(2014—2018)副主编,*IEEE Transactions on Reliability* 期刊(2022)副主编和 COMPSAC 2019(IEEE Computer Society Signature Conference on Computers,Software,and Applications,2019)程序委员会主席。

DI ZHUANG 是 Snap Inc. 的一名安全工程师,他获得了中国天津南开大学的信息安全学士学位和法律学士学位,以及南佛罗里达大学的电气工程博士学位。他是一位精力充沛、技术精湛的安全和隐私研究者,对隐私设计、差分隐私、隐私保护机器学习、社交网络科学和网络安全方面很感兴趣,并拥有很多相关的专业知识和经验。2015 年至 2018年,他在 DARPA 的 Brandeis 项目下进行隐私保护机器学习研究。

DUMINDU SAMARAWEERA 是南佛罗里达大学的研究助理教授,他获得了澳大利亚科廷大学计算机系统和网络学士学位、斯里兰卡信息技术大学的信息技术学士学位以及英国谢菲尔德哈勒姆大学的企业应用开发硕士学位。他在南佛罗里达大学获得了电气工程博士学位,专注于研究网络安全和数据科学。他的博士论文《深度学习时代的安全和隐私增强技术》(*Security and Privacy Enhancement Technologies in the Deep Learning Era*)解决了当今数据驱动的应用的隐私和安全问题,并为缓解此类问题提出了深入详细的解决方案。多年来,他参与了多个由美国国防部资助的大型网络安全研究项目。在加入 USF 之前,他在该行业担任软件工程师/电气工程师超过 6 年,同时管理和部署企业级解决方案。

本书的技术编辑 WILKO HENECKA 是 Ambiata 的一名高级软件工程师,负责开发隐私保护软件。他拥有阿德莱德大学(Adelaide University)的数学博士学位,以及波鸿鲁尔大学(Ruhr-University Bochum)的 IT 安全硕士学位。

关于译者

马学彬,博士,内蒙古大学计算机学院副教授,硕士生导师。2009 年 1 月毕业于东北大学计算机应用技术专业,获工学博士学位。目前为中国计算机学会大数据专家委员会通讯委员、中国保密协会隐私保护专业委员会委员、ACM 呼和浩特分会理事、内蒙古自治区大数据与云计算标准委员会特聘专家委员。主要研究方向为隐私保护技术、联邦学习、无线网络路由技术、延迟容忍网络等。

关于封面

《隐私保护机器学习》封面上的人物是"Femme Acadienne",也被称为"Acadian Woman",取自 Jacques Grasset de Saint-Sauveur 于 1788 年出版的一本作品集,每幅插图都是经过手工绘制和着色的。

在那个时代,仅仅通过人们的衣着,就很容易确定他们住在哪里,以及他们的职业或生活地位。Manning 出版社以几个世纪前丰富多样的地区文化为封面,通过这样的图片再现了这些地区文化,以此来庆祝计算机行业的创造性和积极性。

前　言

随着社交媒体和在线流媒体服务的普及,你可能已经体验过机器学习(Machine Learning,ML)在提供个性化服务方面的巨大作用。尽管这一令人兴奋的领域为许多新的可能性开启了大门,并已成为我们生活中不可或缺的一部分,但训练 ML 模型需要采用各种方式收集的大量数据。当通过 ML 模型处理这些数据时,保护个人数据的机密性和隐私性并保持对使用这些模型的人的信任至关重要。

虽然在 ML 过程中保护隐私是至关重要的,但隐私保护的实现也具有挑战性。2014年底,Chang 博士和他以前的博士生 Mohammad Al-Rubaie 开始研究 ML 技术中的隐私泄露问题,并探索缓解此类问题的可能性。在他们研究的同时,美国国防部高级研究计划局(Defense Advanced Research Projects Agency,DARPA)于 2015 年初启动了一项名为"Brandeis"(BAA-15-29)的研究项目,初始预算为 5000 万美元。该项目以美国最高法院法官 Louis Brandeis 的名字命名,他于 1890 年在《哈佛法律评论》(*Harvard Law Review*)期刊上发表了一篇题为《隐私权》(*Right to Privacy*)的论文。Brandeis 项目的主要目标是寻求和开发保护隐私信息的技术手段,通过实现安全且可预测的数据共享来保护隐私。Chang 博士及其团队参与了 Brandeis 项目,开发了多项基于压缩隐私(Compressive Privacy,CP)和差分隐私(Differential Privacy,DP)的隐私保护技术。

2019 年,Chang 博士、Zhuang 博士、Samaraweera 博士和他们的团队获得了美国特种作战司令部(United States Special Operations Command,USSOCOM)的另一项研究奖,他们尝试利用最新的 ML 模型和工具,将为 ML 开发的隐私和安全增强技术应用到实际应用中。因为自 2015 年以来他们在参与 Brandeis 项目和许多其他由美国国防部赞助的研究项目过程中积累了多年的实践经验,所以他们认为现在应该把开发的技术整合在一起。这本书不同于其他技术书籍,本书讨论了 ML 的基本概念和 ML 的隐私保护技术,提供了直观的示例和实现代码,并展示了如何在实践中使用它们。

作者认为本书是第一本全面介绍隐私保护机器学习(Privacy-Preserving Machine Learning,PPML)的书。本书涵盖所有基本概念、技术和实践细节,将带你踏上一段激动人心的旅程。如果你在读完本书后想了解更多信息,可以跟进每章引用的参考文献以及书末列出的参考文献。

致　谢

非常感谢 DARPA 的 Brandeis 项目和项目管理者,我们非常荣幸能与该项目的管理者一起开发隐私保护机器学习新范式,同时也非常感谢参与 Brandeis 项目的团队,特别是 Sun-Yuan Kung 博士和 Pei-Yuan Wu 博士。此外,如果没有南佛罗里达大学 Chang 博士研究小组的往届和现届博士生,特别是 Mohammad Al-Rubaie 博士和 Sen Wang 博士,这本书是不可能完成的。

另外,我们还要衷心感谢 Manning 出版社的编辑和制作人员为出版本书所做的辛勤工作。最后,我们要感谢所有审稿人的支持和宝贵反馈,感谢 Abe Taha, Aditya Kaushik, Alain Couniot, Bhavani Shankar Garikapati, Clifford Thurber, Dhivya Sivasubramanian, Erick Nogueira do Nascimento, Frédéric Flayol, Harald Kuhn, Jaganadh Gopinadhan, James Black, Jeremy Chen, Joseph Wang, Kevin Cheung, Koushik Vikram, Mac Chambers, Marco Carnini, Mary Anne Thygesen, Nate Jensen, Nick Decroos, Pablo Roccatagliata, Raffaella Ventaglio, Raj Sahu, Rani Sharim, Richard Vaughan, Rohit Goswami, Satej Sahu, Shankar Garikapati, Simeon Leyzerzon, Simon Tschöke, Simone Sguazza, Sriram Macharla, Stephen Oates, Tim Kane, Vidhya Vinay, Vincent Ngo, Vishwesh Ravi Shrimali 和 Xiangbo Mao——你们的建议使本书变得更好。

目　录

第二部分　本地化差分隐私和合成数据生成

第三部分 构建具有隐私保障的机器学习应用

第一部分
基于差分隐私的隐私保护机器学习基础

第一部分涵盖了隐私保护机器学习和差分隐私的基础知识。第 1 章讨论了机器学习中的隐私问题，重点强调了隐私数据被暴露的危险。第 2 章介绍了差分隐私的核心概念以及一些被广泛采用的差分隐私机制，这些机制是各种隐私保护算法和应用的构造模块（Building Blocks）。第 3 章介绍了差分隐私机器学习算法的高级设计原则，并展示了一个案例研究。

1

机器学习中的隐私问题

本章内容：

- 大数据人工智能时代隐私保护的重要性
- 机器学习中与隐私相关的威胁、漏洞和攻击类型
- 机器学习任务中用于减少或规避隐私风险和攻击的技术

在日常生活中，我们的很多信息都会被收集和存储，例如搜索记录、浏览历史、买卖交易、观看过的视频以及观影偏好等信息。人工智能的进步提高了人们利用隐私数据并从中受益的能力。

数据收集可能会发生在我们使用的移动设备或计算机上，也可能会发生在街道上，甚至在我们的办公室或家中，这些数据被各种不同领域的机器学习（Machine Learning，ML）应用（Applications）所使用，如市场营销、保险、金融服务、移动计算、社交网络或医疗保健。举例来说，各种服务提供商（其可归为数据使用者 Data Users，如 Facebook、LinkedIn 和 Google）正在开发越来越多基于云的数据驱动 ML 应用。这些应用通常利用从每个人（即数据所有者，Data Owners）那里收集的大量数据，为用户提供有价值的服务。这些服务通过提供各种用户推荐（User Recommendations）、活动识别（Activity Recognition）、健康监测（Health Monitoring）、定向广告（Targeted Advertising）甚至选举预测（Election Predictions）等功能，为用户带来商业或政治上的优势。然而从另一个方面来看，这些数据同样有可能被用来推断出个人的敏感（隐私）信息，从而侵犯个人的隐私。此外，机器学习即服务（Machine Learning as a Service，MLaaS）正日益普及，它通过将基

于云的 ML 和计算资源相结合来提供高效的分析平台(如 Microsoft Azure Machine Learning Studio、AWS Machine Learning 和 Google Cloud Machine Learning Engine)，在将这些服务与敏感数据集一起使用之前，有必要采取措施保证这些服务的隐私。

1.1　人工智能时代的隐私问题

首先我们可以通过一个真实世界(Real－World)的隐私数据泄露案例来直观地了解这个问题。在 2018 年 4 月的 Facebook 和剑桥分析公司(Cambridge Analytica)的丑闻中，一款 Facebook 问卷应用(一种基于云的数据驱动应用)收集了大约 8700 名 Facebook 用户的数据，并将数据与从这些用户社交媒体资料中获取的信息进行匹配(包括他们的性别、年龄、情感状态、地理位置和"赞")，除了匿名化(Anonymization)以外，没有采取任何保护隐私的操作。这件事如何发生的?

这个名为"这是你的数字生活"(This Is Your Digital Life)的问卷最初是由剑桥大学的俄罗斯籍心理学教授亚历山大·科根(Aleksandr Kogan)设计的，目的是收集个人信息，大约有 27 万人参加了问卷调查。然而除了收集参与者的数据外，该问卷还从参与者的朋友档案中提取了数据，从而形成了一大批数据。后来 Kogan 与剑桥分析公司建立了商业合作伙伴关系，并与其共享了这些信息。剑桥分析公司从这个数据集中收集了个人信息，例如用户居住地、喜欢的页面等信息，最终帮助该公司建立了心理分析文件，并推断出每个人的某些敏感信息，如身份、性取向和婚姻状况等，如图 1.1 所示。

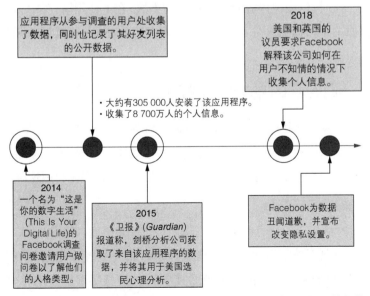

图 1.1　Facebook 和剑桥分析公司的丑闻引发了人们对隐私问题的担忧

上述只是隐私数据泄露事件中的一件而已！2020年,在又一起隐私丑闻之后,Facebook 同意支付 5.5 亿美元以解决一起集体诉讼,该诉讼涉及其使用的基于 ML 的人脸识别技术,这再次引发了人们对社交网络数据挖掘实践的质疑。诉讼称,该公司违反了美国伊利诺伊州的《生物识别信息隐私法》,在未经用户许可并未告知其数据将保留多长时间的情况下从该州数百万用户的照片中收集人脸数据用于标签建议。最终,由于隐私顾虑,Facebook 关闭了标签建议功能。

这些前所未有的数据泄露丑闻引发了人们对隐私问题的担忧。人们在提交任何数据到云服务之前都开始三思而后行。因此,数据隐私已经成为学术研究人员和技术公司中比以往任何时候都更热门的话题,他们付出了巨大努力开发隐私保护技术,以防止隐私数据泄露。例如谷歌开发了随机聚合隐私保护顺序响应(Randomized Aggregatable Privacy-Preserving Ordinal Response,RAPPOR)技术,用于在终端用户软件中进行众包统计(Crowdsourcing Statistics)。苹果也声称其在 iOS 11 中首次引入了完善的隐私保护技术,用于对 iPhone 用户进行有关表情符号偏好和使用分析的众包统计。2021 年谷歌推出了隐私沙盒计划(Privacy Sandbox Initiative)并将其应用于 Chrome 网络浏览器,通过替换第三方 Cookie 并限制广告公司与浏览器中使用的隐私数据交互的方式提供隐私保护。当人们使用互联网时,发布者和广告商希望为他们提供相关的或有趣的内容,当然也包括广告。他们通常通过观察人们访问的网站或页面来评估他们的兴趣,这依赖于第三方 Cookie 或不透明且不理想的机制,如设备指纹识别技术。通过这一隐私沙盒计划,谷歌引入了一种提供相关内容和广告的新的方式,在不使用第三方 Cookie 的情况下,通过将具有相似浏览习惯的人分组,将个体隐藏在人群中,并将其网页历史记录保留在用户的浏览器中。

1.2 超出预期目的的学习威胁

ML 可以被视为一种利用算法模拟人类智能行为的能力,它通过从不同角度查看数据并跨领域分析数据来执行复杂任务。我们日常生活中的各种应用,从在线门户网站中的产品推荐系统到互联网安全应用中的复杂入侵检测机制,都在利用这种学习过程。

1.2.1 随时使用隐私数据

ML 应用需要从广泛的信息中获取数据以产生高置信度(Confidence)的结果。这些在用户不知情的情况下被收集和存储的信息通常包括在线搜索记录、浏览历史、在线交易历史、观影偏好和个人位置等信息。虽然其中一些信息属于个人隐私,但它们通常以明文(Clear-Text)格式上传到集中式服务器上,以便 ML 算法从中提取信息并构建 ML 模型。

这个问题并不局限于采用 ML 应用收集隐私数据。由于数据挖掘公司的员工可以获得这些信息,所以数据也容易受到内部攻击(Insider Attack),例如数据库管理员和应用开发者可以无限制地访问这些数据。数据还可能遭受外部攻击(External Hacking Attack),导致隐私信息泄露。例如 2015 年推特解雇了一名工程师,情报部门发现他利用用户的电话号码和 IP 地址等信息监视沙特持不同政见者的账户。根据《纽约时报》(*New York Times*)的报道,这些账户属于安全与隐私专家、监测专家、政策学者和记者。这个事件再次证明了隐私泄露的严重性,最重要的是,即使个人数据转换为不同形式(匿名化),或者不可访问数据集和 ML 模型,只要公开测试结果,就可以从隐私数据中推断出额外信息。

1.2.2　ML 算法中的数据处理方式

要理解数据隐私和 ML 算法之间的关系,很重要的一点是要理解 ML 系统是如何处理数据的。一般来说,我们可以将 ML 算法的输入数据(从各种数据源捕获)表示为一组样本值(Sample Values),每个样本可以是一组特征。以人脸识别算法为例,当人们上传照片到 Facebook 时,该算法可用于识别人的面部。假设一幅图像的像素为 100×100,每个像素用 0 到 255 中的一个值表示。这些像素可以拼接起来形成一个特征向量,每个图像都可以用一个特征向量和一个数据相关的标签(Label)来表示。在训练阶段,ML 算法将使用多个特征向量和相关标签来生成 ML 模型。然后,新的未见数据集(测试样本)将应用于该模型以预测结果——在这个例子中 ML 模型用来识别人的身份信息。

衡量 ML 模型性能

ML 模型准确预测最终结果的能力是衡量其对未见数据或首次引入数据的泛化程度的指标。准确度通常是根据经验测量的,它取决于多种因素,如训练样本的数量、建立模型的算法、训练样本的质量以及 ML 算法的超参数选择等。在一些使用不同机制从原始数据中提取基本特征的应用中,将原始数据提供给 ML 模型之前对其进行预处理同样重要,这些机制包括将数据投射到更低维度(Dimension)的各种技术(如主成分分析)。

1.2.3　为什么 ML 中的隐私保护很重要

如果个人信息被滥用或用于不当目的,这可能会使某些组织或公司获得竞争优势。

当大量的个人信息与 ML 算法相结合时,很难预测会产生多少新的结果或这些结果会泄露多少隐私信息。前文提及的 Facebook 和剑桥分析公司的丑闻就是个人信息滥用的最典型案例。

因此,在为应用设计 ML 算法时,确保隐私受到保护非常重要。首先,应限制其他参与方(数据使用者)将隐私信息用于盈利目的;其次,每个人都有不想被别人知道的事情,例如人们也许不想让别人知道他们的病史。但 ML 应用是由数据驱动的,因此需要训练样本才能建立模型。如果我们想使用隐私数据去构建模型,但又想阻止 ML 算法学习敏感信息,那要怎么做呢?

假设有这样一个场景,我们使用了两个数据库,一个是经过清洗的(Sanitized)包含患者药物处方历史的医疗数据库,另一个经过清洗的数据库则包含了患者信息和他们去过的药店信息。关联这些数据库后可以获得额外信息,比如患者从哪个药店购买了何种药品等信息。假设我们使用该关联数据集和 ML 应用来提取患者、药品、药店之间的关系,虽然提取的是不同疾病和处方用药的明显关系,但是 ML 应用也可以根据患者访问最多的药店的邮政编码,大致推断出患者的居住地。虽然这只是一个简单的例子,但可以想象,如果隐私不能得到保护,后果可能非常严重。

1.2.4 监管要求和可用性与隐私权衡

一般而言,数据所有者(例如某些组织机构)会制定数据安全和隐私要求,以确保其产品和服务具有竞争优势。然而,在大数据时代,数据已成为数字经济中最有价值的资产,为了避免敏感信息的使用超出预期的用途,政府颁布了许多隐私法规,例如 1996 年的《健康保险便携性和责任法案》(*Health Insurance Portability and Accountability Act*, HIPAA)、《支付卡行业数据安全标准》(*Payment Card Industry Data Security Standard*, PCI DSS)、《家庭教育权利和隐私法案》(*Family Educational Rights and Privacy Act*, FERPA)以及欧盟的《通用数据保护条例》(*General Data Protection Regulation*, GDPR)是企业通常遵守的一些隐私法规。例如无论业务规模大小,大多数医疗机构都以电子方式传输健康信息,诸如索赔信息、用药记录、福利资格查询、转诊授权请求等。但是,HIPAA 法规要求这些医疗服务机构必须保护患者敏感的健康信息,以免在未经患者同意或患者不知情的情况下被泄露。

无论数据是否被标记,或者原始数据是否被预处理,ML 模型本质上都是基于训练数据集的非常复杂的数据统计,ML 算法的优化目标是从数据中挖掘出每一个可利用的信息点,以提高模型的可用性(Utility)。因此,在大多数情况下,ML 算法可以学习数据集中的敏感属性,即使这些敏感属性可能与目标任务无关。当我们想要保护用户隐私时,要防止这些算法学习这些敏感属性。因此,我们应该注意到,可用性和隐私性是对立的。当我们加强隐私保护时,会影响可用性。

在 ML 应用中真正的挑战在于如何平衡隐私和可用性,以便我们在保护用户隐私的同时可以更好地利用数据。由于监管和特定应用的要求,我们不能仅仅为了提高应用的可用性而降低隐私保护。另一方面,因为必须考虑许多其他潜在的威胁,所以隐私保护不能随意部署,必须系统地实施。ML 应用很容易遭受各种隐私和安全攻击,接下来,我们将详细探讨这些潜在的攻击,并看一下如何通过设计隐私保护的 ML(Privacy-preserving ML,PPML)算法来抵御这些攻击。

1.3 ML 系统的威胁和攻击

在前一节中,我们已经探讨了一些隐私泄露事件,在一些研究文献中也提出并讨论了许多其他对 ML 系统的威胁和攻击,这些威胁和攻击可能会部署在真实世界场景中。例如图 1.2 展示的是一个针对 ML 系统的威胁和攻击的时间轴,包括去匿名化[De-Anonymization,也称为重识别(Re-Identification)]攻击、重构(Reconstruction)攻击、参数推理(Parameter Inference)攻击、模型反演(Model Inversion)攻击和成员推理(Membership Inference)攻击。在本节中,我们将简要探讨这些威胁或攻击的细节。

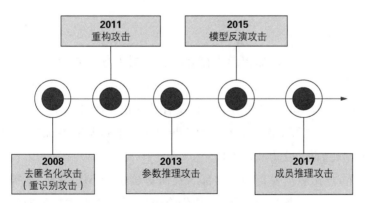

图 1.2 被 ML 系统识别的威胁和攻击时间线

即使一些知名公司(如谷歌和苹果)已经开始设计和使用自己的隐私保护方案来执行 ML 任务,但提高公众对这些隐私保护技术的认识仍然是一个挑战,主要原因是缺乏组织良好的教程或书籍来有条理地、系统地解释这些概念。

1.3.1 明文隐私数据的问题

图 1.3 展示了一个典型的客户/服务器应用场景。如图所示,当应用收集隐私信息时,这些信息通常会通过加密通道传输到云服务器上进行训练。在图中,一个移动应用与云服务器建立连接,以执行推理任务。

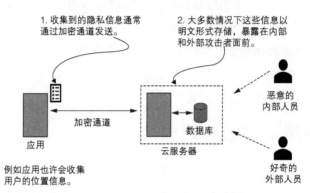

图 1.3　以明文形式存储隐私信息的问题

例如泊车软件通过发送用户位置信息找到附近可用的泊车位。即使通信信道是安全的,数据仍然有可能以未加密的形式或以从原始记录中提取的特征的形式存储在云中。这是隐私保护面临的最大挑战之一,因为这些数据容易受到各种内部和外部攻击的威胁。

1.3.2 重构攻击

如你所见,在服务器上以加密形式存储隐私数据十分重要,我们不应该将原始数据以原始形式直接发送给服务器。然而,重构攻击(Reconstruction Attacks)带来了另一种可能的威胁:攻击者(Attacker)甚至可以在没有访问位于服务器上的完整原始数据集的情况下重构数据。在这种情况下,攻击者(Adversary)通过具有特征向量的背景知识(用于构建 ML 模型的数据)获得有利条件。

通常情况下,攻击者需要直接访问部署在服务器上的 ML 模型,这被称作白盒访问(White-Box Access)(见表 1.1)。然后,他们会试图使用模型中特征向量的知识来重构原始隐私数据。当在模型构建完成后未及时从服务器中清除训练阶段用于构建 ML 模型的特征向量时,这种攻击就可能会发生。

表 1.1　白盒/黑盒/灰盒访问的区别

白盒访问	黑盒访问	灰盒访问
拥有完全获取 ML 模型内部参数的权限，例如参数和损失函数。	没有权限获取 ML 模型的内部参数。	有对 ML 模型内部部分参数的获取权限。

重构攻击如何进行——攻击者的角度

现在，我们已经概述了重构攻击的工作原理，下面详细介绍它是如何实现的。重构数据的方法取决于攻击者能否准确地复现数据的信息（背景知识）。接下来我们将以两个基于生物识别的身份验证系统为例来说明这一点。

- 基于细节特征点模板的指纹图像重构（*Reconstruction of Fingerprint Images From a Minutiae Template*）

    目前，基于指纹的身份验证在许多场景中得到广泛应用：用户的身份验证是通过比对新采集的指纹图像与已经保存在用户身份验证系统中的指纹图像来实现的。通常，指纹匹配系统使用四种不同表示方案中的一种：灰度（*Grayscale*）、骨架（*Skeleton*）、相位（*Phase*）和细节（*Minutiae*）（图 1.4）。因为基于细节特征点模板的表示方法很紧凑，所以该方案被广泛应用。由于这种紧凑性，许多人错误地认为细节特征点模板不包含足够的能使攻击者重构原始指纹图像的信息。

    在 2011 年，一组研究人员成功地展示了一种可以直接从细节特征点模板重构指纹图像的攻击方法[1]。他们从细节模板中重构了一幅相位图像，然后将其转换为原始（灰度）图像。接下来他们对指纹识别系统进行攻击，从而推断出隐私数据。

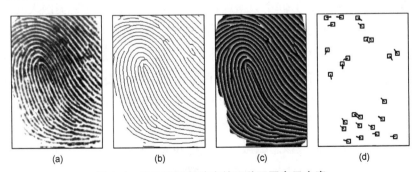

(a)　　　　　(b)　　　　　(c)　　　　　(d)

图 1.4　指纹识别系统中的四种不同表示方案
(a) 灰度图像；(b) 骨架图像；(c) 相位图像；(d) 细节图像

- 针对移动端持续身份验证系统的重构攻击（*Reconstruction Attacks Against Mobile-based Continuous Authentication Systems*）

Al-Rubaie 等人研究了移动端设备持续身份验证系统中利用用户认证资料中的原始手势数据进行重构攻击的可能性[2]。持续身份验证是一种在整个会话过程中持续验证用户身份的方法（例如 iPhone 的人脸识别功能）。没有持续身份验证时，组织机构面对很多攻击向量（Attack Vectors）会更脆弱，例如当不再使用系统但会话仍然保持打开状态时，系统可能被接管。在这种情况下，重构攻击可能会利用泄露给攻击者的可用隐私信息。Al-Rubaie 等人在更高水平上使用存储在用户资料中的特征向量来重构原始数据，然后利用该信息入侵其他系统。

在大多数情况下，认证系统的安全威胁会造成隐私威胁，重构的原始数据误导了 ML 系统，使其误认为原始数据属于特定用户。例如在基于移动设备的持续身份认证系统中，攻击者获取了移动设备及其个人记录的访问权限，因此认证机制无法保护用户的隐私。另一类重构攻击可能会直接泄露隐私信息，接下来将介绍相关内容。

一个真实世界中的重构攻击场景

2019 年，美国人口普查局（US Census Bureau）的 Simson Garfinkel 及其团队给出了一个详细的案例，展示了攻击者如何仅凭公众可获取的数据进行重构攻击[3]。他们进一步解释称，公布人口年龄的频数（Frequency Count）、均值（Mean）和中位数（Median），并按人口统计资料进行细分，可以让任何拥有个人电脑和有权访问统计数据的人准确地重构几乎整个调查人口的个人数据。这一事件引发了人们对人口普查数据隐私的担忧。基于这一发现，美国人口普查局对 2010 年的人口普查数据进行了一系列实验，在 80 亿条统计数据中，根据每个人的 25 个数据点就足以成功重构超过 40％美国人的机密记录。

即使该事件与 ML 算法没有直接关系，也能够反映出问题的可怕之处。每年由统计机构发布的大量敏感数据可能会为目标明确的攻击者提供足够的信息，他们可以重构目标数据库中的一部分或全部数据，并侵犯数百万人的隐私。美国人口普查局已经意识到了这个风险，并采取了合适的措施来保护 2020 年的美国人口普查信息，但需要强调的是重构攻击不再只是理论上的隐患，已成为实实在在的隐私威胁。

现在的问题在于：我们应该怎么做以防止这些攻击取得成功？为了缓解针对 ML 模型定制的重构攻击，最好的方法是避免在 ML 模型中存储明确的特征向量。如果需要存储特征向量（例如 SVM 需要将特征向量和元数据及模型存储在一起），应确保用户无法访问 ML 模型中的这些向量，使重构难以进行，或者至少也应该对特征名进行匿名处理。

对于针对数据库或数据挖掘的重构攻击(如美国人口普查的例子),可以使用不同的和成熟的数据清洗(Data Sanitization)和披露避免技术(Disclosure-avoidance Techniques)来减轻风险。

以上只是对重构攻击原理的简要概述。在接下来的章节中我们将详细讨论这些技术和其他缓解策略。

1.3.3 模型反演攻击

在一些 ML 模型中,会存储显式的特征向量(Explicit Feature Vectors),而其他 ML 算法(如神经网络和岭回归)则不会在模型内部保留特征向量。正如在白盒访问场景中所讨论的那样,这种情况下攻击者的知识是有限的,但他们仍有可能拥有访问 ML 模型的权限。

在另一种黑盒访问(Black-Box Access)场景中,攻击者无法直接访问 ML 模型:他们可以监听用户提交新的测试样本时向 ML 模型发送的传入请求,并监听模型生成的响应。在模型反演攻击(Model Inversion Attacks)中,攻击者利用了 ML 模型生成的响应,这种方式类似于创建 ML 模型时采用的原始特征向量的方式[4]。图 1.5 展示了模型反演攻击的工作方式。

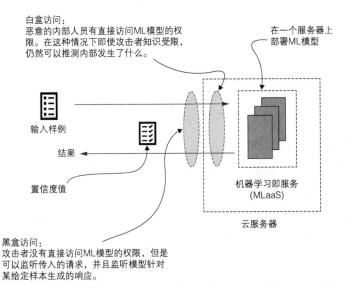

图 1.5　白盒访问和黑盒访问之间的区别在于访问方式。白盒访问需要直接访问 ML 模型并获得相应的权限才能推断出数据;而黑盒访问通常涉及监听信道

通常,这种攻击利用从 ML 模型接收到的置信度值(例如概率决策分数)来生成特征向量。例如有一个人脸识别算法,当你向算法提交一张人脸图像时,算法会生成一个结果向量,其中包含类别和相应的置信度分数,这些分数是根据图像中识别出的特征得出的。现在,我们将算法生成的结果向量假设为:

$$[John:.99, Simon:.73, Willey:.65]$$

这个结果的意义在于算法对这是 John(该类别)的图像非常有信心,置信度达到了 99%,同时对它是 Simon 的图像的置信度为 73%,以此类推。

如果攻击者能够监听所有通信结果会怎样?即使他们没有输入图像也不知道这是谁的图像,但他们可以推断出如果输入类似的图像,他们将得到这个范围内的置信度。根据在一定时间内的结果积累,攻击者可以生成表示 ML 模型中某个类别的平均分数。在人脸识别算法中,如果该类别代表一个人,识别该类别可能会导致严重的隐私泄露。在攻击开始时,攻击者并不知道这个人是谁,但是随着时间的推移,他们将能够识别出这个人,这是很严重的问题。

因此模型反演攻击对基于 ML 的系统构成了严重威胁。需要注意的是,在某些情况下,模型反演攻击可以被归类为重构攻击的一个子类,这取决于原始数据中特征的排列情况。

在缓解模型反演攻击时,很重要的一点是要限制攻击者使其只可进行黑盒访问,因为这样可以限制攻击者的知识。在人脸识别认证示例中,可以将某个 ML 类别的精确置信度值进行四舍五入,或者只返回预测的最终类标签,使攻击者难以从中获取除特定预测结果之外的任何信息。

1.3.4　成员推理攻击

模型反演攻击并不试图重现训练数据集中的实际样本,而成员推理攻击(Membership Inference Attacks)则试图根据 ML 模型的输出推断一个样本是否在原始训练数据集中。成员推理攻击的目标是给定一个 ML 模型、一个样本和相关的领域知识,攻击者可以确定该样本是否为建立 ML 模型所使用的训练数据集中的成员,如图 1.6 所示。

假设有一个基于 ML 的疾病诊断系统,它通过分析输入的医疗信息和症状进行疾病诊断。如果一个患者参与了一项研究,该研究通过让患者玩一个复杂游戏以判断游戏的难度级别来诊断其是否患阿尔茨海默病(Alzheimer's Disease)。如果攻击者成功进行了成员推理,他们将知道这位患者的数据是否存在用于构建模型的原始数据集中。不仅如此,通过了解游戏的难度级别,攻击者还可以推断出这位患者是否患有阿尔茨海默病。

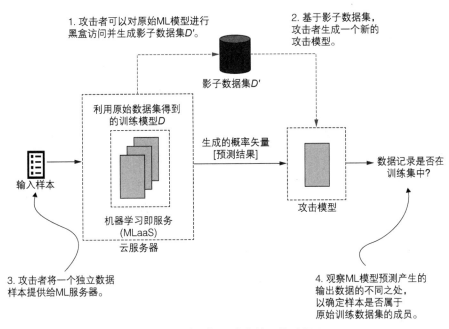

图1.6　成员推理攻击的工作过程

这个场景是一个严重的敏感信息泄露事件,泄露的敏感信息可能会在未来应用于针对患者的活动中。

如何进行成员推理

在成员推理攻击中,攻击者试图知道某人的个人记录是否被用于训练原始的 ML 模型。为实现这一目的,攻击者首先利用模型的领域知识(Domain Knowledge)生成一个助攻模型。通常情况下,这些攻击模型是根据影子模型(Shadow Models)训练生成的,而影子模型是利用实际数据的噪声版本(Noisy Versions)、从模型反演攻击中提取的数据或基于统计的合成数据训练生成的。为了训练这些影子模型,攻击者需要对原始 ML 模型和样本数据集进行黑盒或白盒访问。

有了以上这些条件,攻击者可以同时访问 ML 服务和攻击模型。攻击者在训练阶段通过观察 ML 模型的输出与未包含在训练集中的某条记录的输出之间的差异来判断某条记录是否在训练集中[5],如图 1.6 所示。因此,成员推理攻击试图推理某条具体的记录是否存在于训练数据集中,而不是推理出整个数据集。

有几种策略可以用于缓解成员推理攻击,例如正则化或降低预测值的精确度。我们将在第 8 章讨论这些正则化策略。无论如何,ML 模型仅输出类标签是降低威胁最有效的方式。此外,差分隐私(Differential Privacy,DP)是对抗成员推理攻击的有效机制,我们将在第 2 章进行讨论。

1.3.5　去匿名化或重识别攻击

在向第三方用户发布数据集之前，对数据集进行匿名化是保护用户隐私的一种常见方法。简而言之，匿名化通过删除或更改个人与存储数据相关联的标识符来保护隐私或敏感信息。例如可以通过数据匿名化过程对个人身份信息（如姓名、地址和社会安全号码）进行匿名化处理，保留数据的同时使数据源匿名化。一些组织机构采用各种策略，仅发布经过匿名化处理的数据集供公众使用（例如公共选民数据库、Netflix 奖项数据集、美国在线搜索数据等）。例如 Netflix 发布了一个包含 50 万个用户的大型数据集，其中包含匿名化的电影评级信息，邀请参赛者通过数据挖掘提出新的算法来构建更好的电影推荐系统。

然而即使数据清除了标识符，仍然存在通过去匿名化（De-anonymization）对其进行攻击的可能性。通过去匿名化技术可以轻松地将多个公开的数据源进行交叉索引（Cross-reference），并揭示原始信息。在 2008 年，Narayanan 等人证明即使采用了 k-anonymity 等数据匿名化技术，个人隐私信息仍有可能被推断出来[6]。在他们的攻击场景中他们利用互联网电影数据库（IMDb）作为背景知识来识别已知用户的 Netflix 记录，从而揭示用户的政治偏好。因此，简单的基于语法的匿名化无法可靠地保护数据隐私免受攻击者的侵害，还需要依赖类似差分隐私的方法。我们将在第 8 章中详细讨论重识别攻击。

1.3.6　大数据分析中隐私保护面临的挑战

除了明确针对 ML 模型和框架的威胁和攻击之外，另一个隐私挑战出现在与 ML 不同的领域。这个挑战是：如何保护静态数据（Data at Rest），例如存储在数据库系统并准备提供给 ML 任务使用的数据，以及在传输过程中流经 ML 框架各底层组件的数据？数据库正向着大容量且互联的方向发展，使得数据库系统以及数据分析工具更难以保护数据免受隐私威胁的影响。

数据库系统中的一个重要隐私威胁是将不同数据库实例关联起来，以探索个体的唯一标识。这种类型的攻击可以被归类为重识别攻击的一个子类，而且通常是由内部人员发起的针对数据库应用程序的攻击。根据数据的组成和数据间的紧密联系，这些攻击可以进一步分为两种类型：相关攻击（Correlation Attacks）和识别攻击（Identification Attacks）。

相关攻击

相关攻击的最终目的是在一个数据库或一组数据库实例中找到两个或多个数据字

段(Data Fields)之间的相关性,以创建唯一的、提供有用信息量的数据元组。众所周知,在某些情况下可以利用来自其他数据源(Data Sources)的领域知识进行识别。例如有一个包含患者信息和药物处方的医疗历史记录数据库,有另一个数据库包含患者信息和其药店访问记录,如果将这两个数据库关联在一起,关联后的数据库可能会披露一些额外的信息,例如哪个患者在哪家药店购买了药物。除此之外,如果攻击者分析患者经常去的药店,可以推断出患者的大致居住地。因此,最终所得的关联数据集可能比原始数据集包含更多的用户隐私信息。

识别攻击

当相关攻击试图获取更多的隐私信息时,识别攻击则试图通过关联数据库实例中的记录来识别目标个体的身份,以便获得更多关于特殊个体的个人信息。这是对数据集最具威胁的隐私攻击类型之一,因为它对个人隐私的影响更大。举例来说明,假设一个雇主调查其员工的医疗记录或药店的顾客数据库中的相关记录,这可能会揭示关于员工的用药记录、医疗和疾病等大量额外隐私信息。因此,识别攻击对个人隐私的威胁日趋严重。

针对这一点,需要在数据分析和 ML 应用中建立复杂的机制来加强隐私保护,从而确保个人隐私免受不同目标攻击的侵害。虽然可以使用多重数据匿名化(Multiple Layers of Data Anonymization)和数据假名化(Data Pseudonymization)技术来实现不同数据集关联时的隐私保护,但对通过分析数据记录(Data Records)来识别一个人的身份这一行为的预防仍然具有挑战性。第 7 章和第 8 章对不同的隐私保护技术进行了全面评估,详细分析如何在现代数据驱动的应用中使用这些技术,并演示了如何用 Python 实现它们。

1.4 在从数据中学习的同时确保隐私——保护隐私的机器学习技术

许多隐私增强(Privacy-Enhancing)技术专注于在不以原始形式发布隐私数据的条件下允许多个参与方协作共同训练 ML 模型。这种协作可以利用密码学方法[例如安全多方计算(Secure Multiparty Computation,SMPC)]或差分隐私数据发布(扰动技术,Perturbation Techniques)来实现,差分隐私方法在防止成员推理攻击方面特别有效。正如先前讨论的,通过限制模型的预测输出(例如仅包括类标签),可以降低模型反演攻击和成员推理攻击的成功率。

本节概括介绍了几种隐私增强的技术，以便读者对它们的工作原理有一个基本了解。这些技术包括差分隐私、本地化差分隐私（Local Differential Privacy，LDP）、隐私保护的合成数据生成（Privacy-Preserving Synthetic Data Generation）、隐私保护数据挖掘（Privacy-Preserving Data Mining，PPDM）技术以及压缩隐私（Compressive Privacy，CP）。本书的后续章节将对每种技术进行详细阐述。

1.4.1　差分隐私的使用

数据爆炸导致个人和实体的数据量大大增加，这些数据包括个人图像、财务记录、人口普查数据等。然而，当这些数据离开数据所有者并用于某些计算时，隐私问题就变得突出了。AOL 搜索引擎日志攻击[7]和 Netflix 大赛攻击[8]证明了此类威胁的存在，并突出了隐私感知 ML 算法的重要性。

差分隐私（DP）为数据的隐私保护提供了一种有前景的解决方案，它的目的是保护个人的敏感信息免受针对个人统计数据或聚合数据的推理攻击。在许多情况下，仅发布数据集中多人的统计数据或聚合数据并不一定能确保隐私保护。举一个简单的关于零售领域会员卡的例子，假设有两个聚合统计数据——某一天所有顾客的总消费金额和同一天使用会员卡的顾客的总消费金额。如果只有一个顾客没有使用会员卡，那么通过简单地比较这两个统计数据的差异，人们就可以根据这些聚合统计数据轻松推断出这位未使用会员卡顾客的总消费金额。

DP 的基本理念是统计数据或聚合数据（包括机器学习模型）不应揭示原始数据集（即机器学习模型的训练数据）中是否包括某个人的记录。例如给定两个完全相同的数据集，一个包含某个人的信息，另一个不包含他的信息，DP 确保无论是在第一个统计数据集或第二个数据集上执行 ML 算法，生成特定统计数据或聚合值的概率几乎是相同的。

更具体地说，假设有一个可信的数据管理者，他从多个数据所有者那里收集数据，并对数据进行计算，如计算平均值或求出最大或最小值。为了确保没有人能够从计算结果中可靠地推断出任何一个人的样本，DP 要求管理者在结果中加入随机噪声（Random Noise），使得当基础数据的任何样本发生变化时发布的数据几乎没有改变。由于没有单个样本能够显著影响分布，攻击者无法自信地推断出与任何个体样本相关的信息。因此，如果数据的计算结果对任何个体样本的改变都具有健壮性（Robust），那么该机制就是满足差分隐私的。

由于 DP 技术的潜在机制可以通过向输入数据、特定 ML 算法或算法的输出添加随机噪声来抵御成员推理攻击,我们在第 2 章和第 3 章将深入分析如何在隐私保护的 ML (PPML)应用中采用差分隐私。

1.4.2　本地化差分隐私

当输入方没有足够的信息来训练一个 ML 模型时,采用本地化差分隐私(LDP)的方法会更好。例如多个癌症研究机构想建立一个 ML 模型来诊断皮肤病变,但没有任何一方有足够的数据来训练一个模型。LDP 是这些研究机构可采用的一个解决方案,它们可以在不侵犯个人隐私的情况下协作训练一个 ML 模型。

在 LDP 中,个人将扰动后的隐私数据发送给数据聚合器(Data Aggregator)。因此,LDP 为用户提供了合理推诿(Plausible Deniability)(攻击者无法证明是否存在某个用户的原始数据)。数据聚合器会收集所有扰动后的数据并估计统计数据,例如总体样本中每个值出现的频率。与 DP 相比,LDP 将扰动从中心服务器转移到本地数据所有者,它可以处理没有可信第三方的场景,一个不可信任的数据管理者需要从数据所有者那里收集数据并进行某些计算。虽然数据所有者愿意贡献他们的数据,但必须保护数据的隐私。

随机响应(Randomized Response,RR)是一种经典且著名的本地化差分隐私技术,它可为敏感查询(Sensitive Queries)的回答者提供合理推诿。例如回答者可以投掷一枚公平硬币(Fair Coin):

(1) 如果是反面(Tails),回答者如实回答。

(2) 如果是正面(Heads),他们会再投掷一次硬币,如果是正面就回答"是",如果是反面就回答"否"。

AnonML 是一项面向 ML 的工作,它采用随机响应的思想利用多个输入方的数据生成直方图(Histograms)[9]。AnonML 利用这些直方图生成合成数据来训练 ML 模型。与本地化差分隐私法类似,当任何一个输入方没有足够的数据来单独构建 ML 模型时(且没有可信的聚合器),AnonML 是一个很好的选择。第 4 章和第 5 章将详细分析 LDP 与差分隐私的区别以及如何在不同的 ML 应用中使用 LDP。

1.4.3　隐私保护的合成数据生成

尽管许多针对各种 ML 算法的隐私保护技术已被相继提出和发展,但有时数据使用者可能希望执行新的机器学习算法或分析程序。当没有预定义的算法满足所请求的操作时,数据使用者可能会请求在本地使用数据。为了达到这个目的,不同的隐私保护数据共享技术被相继提出,例如 *k*-anonymity、*l*-diversity、*t*-closeness 和数据扰动(Data

Perturbation)等。可以通过对这些技术进行微调(Fine-Tuned)来从相同的原始数据集生成一个新的匿名数据集。然而,在某些情况下,仅仅进行匿名化可能会降低 ML 底层算法的可用性。因此,生成合成的且具有代表性的数据是一种有前景的数据共享解决方案,这样的数据可以安全地与他人共享。

合成数据是由人工生成的,而不是真实世界产生的数据。通常可通过算法来生成合成数据,合成数据常常被用来训练和测试 ML 模型。然而,在实践中,合成数据集保持与原始数据集相同的格式(保持相同的统计特性),共享合成数据集可以为数据使用者带来更高的灵活性,同时最小化对隐私问题的影响。

各类研究调查了在不同维度上的隐私保护合成数据的生成,例如合理推逐是一种测试合成数据隐私性的方法。2012 年,Hardt 等人提出了一种将乘法权重方法(Multiplicative Weights Approach)和指数机制(Exponential Mechanism)结合的算法,用于差分隐私数据发布[10]。另一方面,Bindschaedler 等人提出了一个生成模型(Generative Model),即基于相关特征选择的概率模型,用于捕捉特征的联合分布[11]。2017 年,Domingo-Ferrer 等人提出了一种基于微聚合(Micro-Aggregation)的差分隐私数据发布方法,该方法基于 k-anonymity,降低了差分隐私所需的噪声[12]。总的来说,具有隐私保护的合成数据在 ML 领域受到了越来越多的关注。

许多实际应用场景都在关注使用合成数据的好处,例如可以在使用敏感数据时减少限制,并且能够根据特定条件生成数据,这是通过真实数据无法获得的。第 6 章将介绍不同的合成数据生成机制,以实现隐私保护 ML 目标。

1.4.4 隐私保护数据挖掘技术

本章已经研究了针对 ML 算法的不同隐私保护方法。现在重点研究数据挖掘过程中的隐私保护。人们对 ML 算法、存储和敏感信息流的发展越来越感兴趣,这带来了重大隐私问题。因此,在过去的十年中,各种处理和发布敏感数据的方法被相继提出。

在隐私保护数据挖掘(PPDM)技术中,绝大多数都依赖于修改或删除部分原始数据内容来保护隐私,但因为数据可用性和隐私级别之间需要维持平衡,所以这种清洗或转换将导致可用性下降。然而,所有 PPDM 技术的基本思想是在保护个人隐私的同时有效地挖掘数据。根据数据收集、发布和处理等不同阶段可以把 PPDM 的处理技术分为三类,接下来简要地了解一下这些方法。

隐私保护的数据收集技术

第一类 PPDM 技术是在数据收集阶段确保隐私安全的。通常在数据收集阶段采用不同的随机化技术，并生成具有隐私保护的值，从而避免存储原始值。最常见的随机化方法是通过添加一些具有已知分布的噪声来修改数据。在涉及数据挖掘算法时，可以重现原始数据的分布，但无法还原个体值。加法噪声（Additive Noise）和乘法噪声（Multiplicative Noise）方法是这一类别中最常见的两种数据随机化技术。

不同的数据发布和处理方法

第二类 PPDM 是在不披露敏感信息所有者的情况下向第三方发布数据的相关技术。仅仅通过移除以明确识别个人身份的属性是不够的，因为攻击者仍然可以通过组合非敏感属性或记录来进行识别。例如，对于一个医院的患者记录数据集，在发布之前可以从该数据集中删除可识别的属性，如姓名和地址。但如果有人知道某位患者的年龄、性别和邮政编码，即使其没有访问姓名属性的权限，仍然可能通过组合这些信息来追踪这位患者在数据集中的记录。

因此，PPDM 技术通常包括一种或多种数据清洗操作，例如泛化（Generalization）、抑制（Suppression）、解构（Anatomization）和扰动（Perturbation）。基于这些清洗操作可以提出一系列隐私模型，目前这些模型广泛用于不同的应用领域以保护隐私。第 7 章将讨论这些技术和隐私模型。

保护数据挖掘算法输出的隐私性

即使对原始数据集仅有隐式访问权限，数据挖掘算法的输出也可能泄露有关底层数据集的隐私信息。积极的攻击者可以访问这些算法并查询数据，以推断出一些隐私信息。因此，人们提出了不同的技术来保护数据挖掘算法输出的隐私性：

* *隐藏关联规则*（*Association Rule Hiding*）

  在数据挖掘中，关联规则挖掘是一种流行的基于规则的数据挖掘方法，该方法用于发现数据集中不同变量之间的关系。然而，这些规则有时可能会披露个人的隐私或敏感信息。隐藏关联规则的思想是只挖掘非敏感的规则，确保敏感的规则不被发现。最直接的方法是打乱记录，从而隐藏除非敏感规则外所有敏感的规则。

* *降低分类器的有效性*（*Downgrading Classifier Effectiveness*）

  正如在成员推理攻击的背景下讨论过的，分类器应用可能会泄露信息，使攻击者可以确定特定记录是否在训练数据集中。回到上面提到的例子，对于一个用于诊断疾病的 ML 服务，攻击者可以设计一种攻击方法来了解 ML 模型是否使用了特定个体的记录进行训练，在这种情况下，降低分类器的准确度是保护隐私的一种方法。

- *查询审计（Query Auditing）和限制*

在某些应用中，用户可以查询原始数据集，虽然聚合查询（SUM，AVERAGE 等）等查询的功能有限，然而攻击者仍然可以通过查看查询序列及其相应的结果推断出一些隐私信息。在这种情况下，查询审计通常用于扰动查询结果或拒绝查询序列中的一个或多个查询以保护隐私。这种方法的缺点是计算复杂度比其他方法高得多。

上述讨论只概述了 PPDM 的工作原理，第 7 章和第 8 章将对 PPDM 技术进行全面分析，并介绍数据库系统中的隐私增强数据管理技术。

1.4.5 压缩隐私

压缩隐私是通过压缩和降维（Dimensionality Reduction）技术将数据投影（Projection）到低维超平面（Lower-Dimensional Hyperplane）来扰动数据，但是这些转换技术大多是有损耗的。Liu 等人认为压缩隐私可以加强敏感数据的隐私保护，因为根据转换后的数据（即压缩或降维的数据）恢复出准确的原始数据是不可能的[13]。

图 1.7 中的 x^i 表示原始数据，$\tilde{x}^i$ 是相应的转换后的数据——表示 x^i 在 U^1 维度上的投影，我们知道 $\tilde{x}^i$ 可以映射成无穷多个垂直于 U^1 的点。当方程的数量小于未知数的数量时，可能的解是无穷多的。因此 Liu 等人提出应用随机矩阵（Random Matrix）来降低输入数据的维度。因为随机矩阵可能会降低可用性，所以有些方法会使用无监督（Unsupervised）或有监督（Supervised）降维技术，如主成分分析（Principal Component Analysis，PCA）、判别成分分析（Discriminant Component Analysis，DCA）和多维缩放（Multidimensional Scaling），它们都试图为

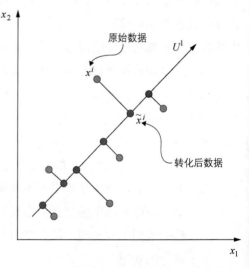

图 1.7　压缩隐私将数据投影到低维超平面

提高目标效用（Utility）找到最佳投影矩阵，同时依靠降维来增强隐私。

定义：什么是低维超平面？一般来说超平面是一个子空间，其维度比原始空间的维度少 1。例如图 1.7 中的原始环境空间是二维的，因此其超平面是一维的直线。

压缩隐私能保障原始数据永远无法完全恢复，但我们依旧可以从降维数据中得到原

始数据的近似值。因此如 Jiang 等人[14]提出的一些方法将压缩(降维)和差分隐私技术相结合以发布差分隐私数据。

尽管有些实体可能试图完全隐藏它们的数据,但压缩隐私对于隐私保护还有另一个优势。对于具有两个标签样本的数据集(可用性标签和隐私标签),Kung[15]提出了一种降维方法,该方法使数据所有者能够以一种最大化学习效用标签准确度的方式投影数据,同时降低学习隐私标签的准确度。虽然这种方法不能消除所有的数据隐私泄露风险,但它可以在已知隐私目标的情况下控制数据滥用。第 9 章将介绍关于压缩隐私的不同方法和应用。

1.5　本书是怎样的结构?

本书后续章节的结构如下:第 2 章和第 3 章将讨论如何在 PPML 中使用差分隐私来应对不同的用例场景和应用。如果读者有兴趣了解如何在实际应用中使用差分隐私,并想了解一些真实世界的示例,这些章节涵盖了所需要的内容。

在第 4 章和第 5 章中将介绍在本地环境中应用差分隐私的方法和应用,并且增加了一个限制条件,即使攻击者可以访问个人响应(Individual Responses),但他们仍无法知道超出这些响应之外的任何信息。

第 6 章将研究如何在 PPML 范例中使用合成数据生成技术。正如前面已经讨论过的,合成数据生成正在获得 ML 领域的关注,因为合成数据可作为训练和测试 ML 模型的替代品。如果你对以 PPML 为目标生成合成数据的方法和手段感兴趣,那么这一章会适合你。

在第 7 章和第 8 章中将探讨如何将隐私增强技术应用于数据挖掘任务,以及如何在数据库系统中使用和实现该技术。无论数据模型是 Relational 型、NoSQL 型还是 NewS-QL 型,最终所有内容都必须存储在某个数据库中。如果这些数据库或数据挖掘应用在访问或发布数据时容易受到隐私攻击,那么该如何解决这个问题? 这两章将研究不同的技术、方法和成熟的行业实践以缓解此类隐私泄露。

接下来将研究 PPML 的另一种可能的方法,包括通过将数据投影到另一个超平面来压缩或减少数据的维度的方法。为此第 9 章将讨论不同的压缩隐私方法及其应用。如果你正在受限环境下使用压缩数据设计或开发隐私应用,建议在本章中投入更多时间。本书将使用数据压缩技术的实际示例来实现不同应用场景的隐私保护。

最后,在第 10 章我们把所有内容放在一起,通过分析设计和实现问题,设计一个研究数据保护和共享的平台。

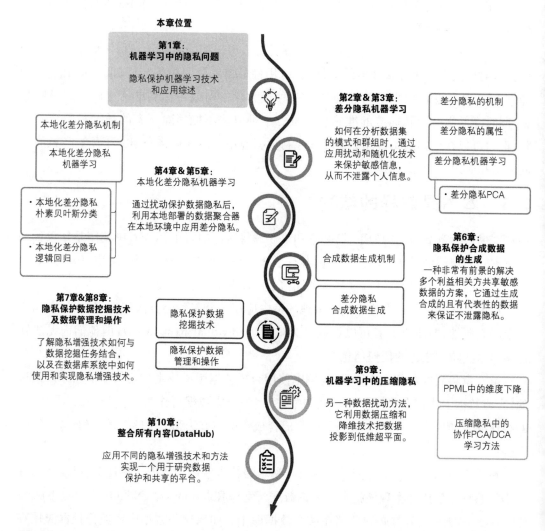

总结

- 重构攻击中,攻击者利用特征向量的背景知识或者构建 ML 模型的数据来获得有利条件。

- 重构攻击通常需要直接访问部署在服务器上的 ML 模型,这种方式称为白盒访问。

- 用户提交新的测试样本时,攻击者可以同时监听 ML 模型的输入请求以及模型为给定样本生成的响应,这可能导致模型反演攻击。

- 成员推理攻击是模型反演攻击的扩展版本,攻击者试图根据 ML 模型的输出来推断样本是否在训练数据集中。
- 即使数据集是匿名的,确保系统可靠保护数据隐私的能力依然具有挑战性。因为攻击者可以利用背景知识通过去匿名化或重识别攻击方法来推断数据。
- 将不同的数据库实例关联在一起,探索个人的独特特征是对数据库系统的重大隐私威胁。
- 差分隐私(DP)试图通过添加随机噪声保护敏感信息,使其免受针对个人统计数据或聚合数据的推理攻击。
- 本地化差分隐私(LDP)是差分隐私的一种本地化设置,个人通过扰动自己的数据得到"合理推诿"的数据,然后把这种隐私保护后的数据发送给数据聚合器。
- 压缩隐私通过压缩和降维技术将数据投影到低维超平面来扰动数据。
- 合成数据生成是一种很有前景的数据共享解决方案,它使用与原始数据相同的格式生成并共享合成数据集,在数据使用者使用数据时提供了更大的灵活性,而且无需担心基于查询的隐私预算。
- 隐私保护数据挖掘(PPDM)可以通过不同的技术来实现,这些技术可以分为三大类:隐私保护的数据收集方法、数据发布方法和修改数据挖掘输出方法。

2

机器学习中的差分隐私

本章内容:

- 什么是差分隐私
- 在算法和应用中使用差分隐私机制
- 实现差分隐私特性

前一章研究了机器学习(ML)中与隐私相关的各种威胁和漏洞以及隐私增强技术的概念。从现在开始本书将专注于基本和流行的隐私增强技术细节,本书将在本章和下一章讨论差分隐私(DP)。

差分隐私是当今应用中最流行和最具影响力的隐私保护方案之一。它基于使数据集具有足够健壮性的概念,即数据集中的任何单个记录被替换都不会泄露任何隐私信息。它通常是通过计算数据集中群组(Groups)的模式来实现的,我们称之为*复杂统计*(*Complex Statistics*),同时它可以保护数据集中的个人隐私信息。

举例来说,可以把 ML 模型看成训练数据分布的复杂统计。因此,差分隐私能够量化算法在(隐私)数据集上的操作所提供的隐私保护程度。本章将介绍什么是差分隐私,以及它是如何在实际应用中被广泛采用的,读者可以了解其各种基本特性。

2.1 什么是差分隐私?

许多现代应用产生大量属于不同个人和组织机构的个人数据,当这些数据不由数据所有者掌控时,会引发严重的隐私问题。例如 AOL 搜索引擎日志数据泄漏[1]和 Netflix

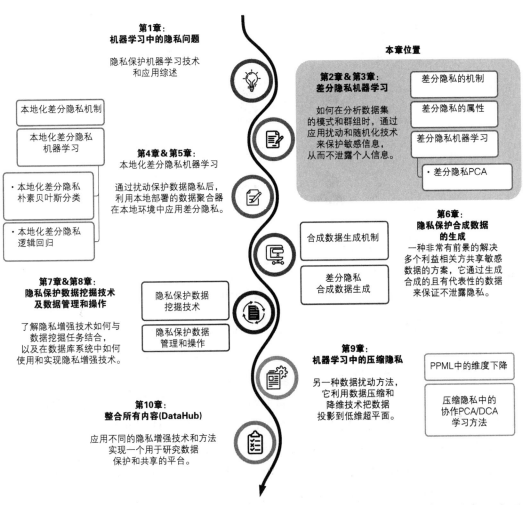

第1章：
机器学习中的隐私问题
隐私保护机器学习技术和应用综述

本地化差分隐私机制

本地化差分隐私机器学习

第4章＆第5章：
本地化差分隐私机器学习
通过扰动保护数据隐私后，利用本地部署的数据聚合器在本地环境中应用差分隐私。

· 本地化差分隐私朴素贝叶斯分类

· 本地化差分隐私逻辑回归

本章位置

第2章＆第3章：
差分隐私机器学习
如何在分析数据集的模式和群组时，通过应用扰动和随机化技术来保护敏感信息，从而不泄露个人信息。

差分隐私的机制

差分隐私的属性

差分隐私机器学习

· 差分隐私PCA

合成数据生成机制

差分隐私合成数据生成

第6章：
隐私保护合成数据的生成
一种非常有前景的解决多个利益相关方共享敏感数据的方案，它通过生成合成的且有代表性的数据来保证不泄露隐私。

第7章＆第8章：
隐私保护数据挖掘技术及数据管理和操作
了解隐私增强技术如何与数据挖掘任务结合，以及在数据库系统中如何使用和实现隐私增强技术。

隐私保护数据挖掘技术

隐私保护数据管理和操作

第9章：
机器学习中的压缩隐私
另一种数据扰动方法，它利用数据压缩和降维技术把数据投影到低维超平面。

PPML中的维度下降

压缩隐私中的协作PCA/DCA学习方法

第10章：
整合所有内容(DataHub)
应用不同的隐私增强技术和方法实现一个用于研究数据保护和共享的平台。

推荐大赛隐私诉讼[2]揭示了 ML 算法存在的威胁和对严格隐私增强技术的需求。为了应对这些挑战，差分隐私(DP)已经发展成为一种提供严格隐私定义[3-4]的非常有前景的隐私增强技术。

2.1.1 差分隐私的概念

在介绍差分隐私的定义之前，先看一个例子，如图 2.1 所示。

假设 Alice 和 Bob 是来自不同新闻机构的新闻记者，他们希望报道一家隐私保护公司(Private Company)的平均工资水平。该公司有一个包含所有员工个人信息的数据库（如职位、工资和联系方式），由于数据库包含涉及隐私的个人数据，因此直接访问数据库会受到限制。Alice 和 Bob 需要提供证明，证明他们会遵守公司的个人数据处理协议，接

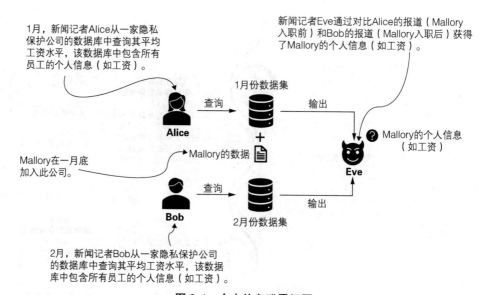

1月，新闻记者Alice从一家隐私保护公司的数据库中查询其平均工资水平，该数据库中包含所有员工的个人信息（如工资）。

新闻记者Eve通过对比Alice的报道（Mallory入职前）和Bob的报道（Mallory入职后）获得了Mallory的个人信息（如工资）。

Mallory在一月底加入此公司。

2月，新闻记者Bob从一家隐私保护公司的数据库中查询其平均工资水平，该数据库中包含所有员工的个人信息（如工资）。

图 2.1　个人信息泄露问题

受保密培训并签署禁止使用或泄露从数据库中获取的个人信息的数据使用协议（Data Use Agreements）。公司允许 Alice 和 Bob 从公司的数据库中查询某些聚合的统计数据，包括员工总数和平均工资，但不允许访问任何个人信息，如姓名或年龄。

2020 年 1 月，Alice 根据从数据库中获取的信息撰写了一篇文章，该文章称该隐私保护公司有 100 名员工，平均工资为 55 000 美元。而 2020 年 2 月，Bob 以相同的方式基于他从数据库中获取的信息撰写了一篇文章，该文章称该公司有 101 名员工，平均工资为 56 000 美元。唯一的区别在于 Alice 是 1 月份访问的数据库，而 Bob 是 2 月份访问的。

Eve 是一名在第三家新闻机构工作的新闻记者，在阅读了 Alice 和 Bob 的文章后，Eve 得出结论：1 月和 2 月之间有一名新员工加入该公司，他的工资是 156 000 美元（即 $56 000 \times 101 - 55 000 \times 100$）。Eve 以匿名方式采访了该公司的员工，有人告诉 Eve 在那段时间 Mallory 加入了公司。随后，Eve 撰写了一篇文章报道 Mallory 加入该隐私保护公司，并且年薪为 156 000 美元，这远高于该公司的平均工资。

Mallory 的隐私信息（他的工资）遭到了泄露，因此他向相关机构投诉并计划起诉该公司和报道者。然而 Alice 和 Bob 并没有违反政策，他们只是报道了聚合信息，其中不包含任何个人信息。

这个例子展示了一个典型的隐私泄露场景。即使研究、分析或计算只发布了数据集的聚合统计信息，但根据这些信息仍然可以得出关于个人的有意义但敏感的结论。如何以一种简单且严格的方式处理这些问题？差分隐私随之而来。

差分隐私会量化一个算法在底层数据集上进行计算时所泄露的信息，并且会在隐私研究领域引起广泛的关注。考虑图 2.2 中的例子。在 DP 的常规环境中，一个可信的数据管理者从多个数据所有者那里收集数据形成一个数据集。在之前的例子中，隐私保护公司是数据管理者，而数据所有者是该公司的员工。DP 的目标是对这个收集到的数据集进行一些计算或分析，例如找到一个均值（例如平均工资），以便数据使用者可以访问这些信息，但不泄露数据所有者的隐私信息。

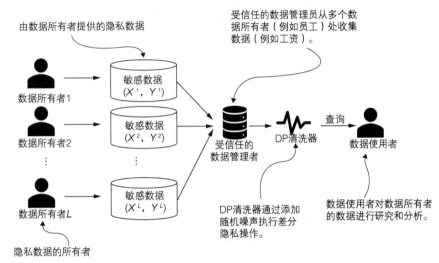

图 2.2　差分隐私框架

DP 的优势在于，它旨在通过发布数据库或数据集的聚合或统计信息，而不揭示该数据库中任何个体的存在，以加强隐私保护。正如前面例子所讨论的，可以认为除了 2 月份的数据库包含了 Mallory 的信息外，1 月份和 2 月份的数据库是相同的。DP 确保无论在哪个数据库上进行分析，获得相同聚合或统计信息的概率或得出特定结论的概率都是相同的（如图 2.3 所示）。

如果一个数据所有者的隐私数据对于某些聚合的统计信息的计算没有显著影响，该数据所有者对在数据库中共享他们的数据就不必过于担心，因为分析的结果不会区分个体数据所有者。简而言之，差分隐私与差异相关——如果在一个系统中，你的数据是否存在都没有太大的区别，该系统就是差分隐私的。这种差异就是为什么在差分隐私这个术语中使用"差分"一词的原因。

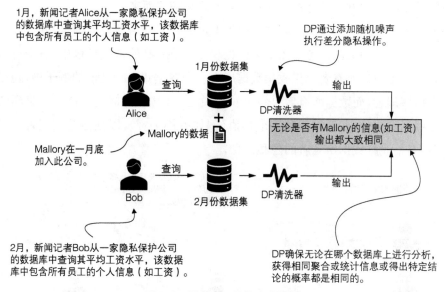

图 2.3　使用 DP 保护个人数据

目前为止,我们只讨论了 DP 的一般概念。接下来,将观察 DP 在真实世界场景是如何工作的。

2.1.2　差分隐私的工作原理

如图 2.2 所示,数据管理者向计算结果添加随机噪声(通过一个 DP 清洗器,DP Sanitizer),以确保底层数据中个人信息发生变化时,发布的结果不会改变。由于没有任何一个人的信息能够显著影响分布,攻击者无法自信地推断出任何与特定个体之间有对应关系的信息。

在前面的例子中,如果隐私保护公司在将查询结果(即总员工数和平均工资)发送给新闻记者 Alice 和 Bob 之前添加随机噪声,会发生什么情况(如图 2.3)?

1 月份,如果 Alice 根据她访问数据库(1 月份访问)时获取的信息撰写文章,她将报告该隐私保护公司有 103 名员工(其中 100 是真实值,3 是添加的噪声),平均工资为 55 500 美元(其中 55 000 美元是真实值,500 美元是添加的噪声)。

2 月份,Bob 以同样的方式撰写文章(但使用的是 2 月份访问的数据),他会报告该隐私保护公司有 99 名员工(其中 101 是真实值,−2 是添加的噪声),平均工资为 55 600 美元(其中 56 000 美元是真实值,−400 美元是添加的噪声)。

在新闻报道中,带噪声的员工人数和平均工资并不会对隐私保护公司的信息产生太大影响(员工人数大约在 100 人左右,平均工资在 55 000 美元至 56 000 美元之间)。然而,这些结果会阻止 Eve 得出 1 月份和 2 月份之间有一名新员工加入该公司的结论(因为 99−103＝−4),也无法推断出 Mallory 的薪资,从而降低他的个人信息泄露的风险。

这个例子展示了 DP 是如何工作的,即在发布数据前向聚合数据添加随机噪声。接下来的问题是,每个 DP 应用应该添加多少噪声? 为了回答这个问题,我们将介绍在 DP 应用中敏感度(Sensitivity)和隐私预算(Privacy Budget)的概念。

DP 应用中的敏感度

在 DP 中,一个核心的技术问题是确定在发布聚合数据之前要添加的随机噪声量。这个随机噪声不能来自任意的随机变量(Random Variable)。

如果随机噪声太小,它无法为每个个体的隐私信息提供足够的保护。例如如果 Alice 在报告中称公司有 100.1 名员工(即＋0.1 的噪声),平均工资为 55 000.10 美元(即＋0.10 的噪声),而 Bob 在 2 月份的报告中称隐私保护公司有 101.2 名员工(即＋0.2 的噪声),平均工资为 55 999.90 美元(即−0.10 的噪声),Eve 仍然可以推断出有一名新员工可能加入该公司,并且他的工资大约在 155 979.90 美元左右,与实际值 156 000.00 美元几乎相同。

同样,如果随机噪声太大,发布的聚合数据将会被扭曲且毫无意义,它将不具备任何可用性。例如如果 Alice 报告该隐私保护公司有 200 名员工(即＋100 的噪声),平均工资为 65 000 美元(即＋10 000 的噪声),而 Bob 报告该公司有 51 名员工(即−50 的噪声),平均工资为 50 000 美元(即−6 000 的噪声),这时几乎没有员工的隐私信息会被泄露,但这些报告不会提供任何关于真实情况的有意义的信息。

如何以一种有意义且科学的方式决定要向聚合数据中添加多少随机噪声呢? 粗略地说,如果有一个需要从数据集中发布聚合数据的应用或分析,则需要添加的随机噪声量应该与一个人的隐私信息(例如数据库表中的一行)对该聚合数据可能造成的最大差异成比例。在 DP 中,将"一个人的隐私信息可能造成的最大差异"称为 DP 应用的敏感度。敏感度通常用于衡量每个人的信息对分析结果可能产生的最大影响。

例如在隐私保护公司场景中,有两个要发布的聚合数据集——员工总数和平均工资。由于一位老员工离开或一位新员工加入公司最多只能对员工总数造成＋1 或−1 的差异,因此其敏感度为 1。对于平均工资,由于不同的员工(具有不同的工资)离开或加入公司可能对平均工资产生不同的影响,所以最大差异应该来自工资最高的员工。因此平均工资的敏感度应与最高工资成比例。

对于任意一个应用来说,通常很难计算出准确的敏感度,因此需要估计一些敏感度。第 2.2 节将讨论更复杂场景下的数学定义和敏感度计算。

没有免费的午餐——DP 的隐私预算

在应用 DP 时，确定添加适当的随机噪声量是至关重要的。随机噪声应与应用[均值估计（Mean Estimation）、频率估计（Frequency Estimation）、回归（Regression）、分类（Classification）等]的敏感度成比例。但是"成比例"是一个模糊的词，它可以指一个小比例或一个大比例，在确定要添加的随机噪声量时还应考虑什么？

首先回顾一下隐私保护公司场景，在该场景中，将随机噪声添加到数据库的查询结果中（Mallory 加入公司之前和之后）。理想情况下，在应用 DP 时，无论像 Mallory 这样的员工离开还是加入公司，平均工资的估计值都应保持不变。然而要确保估计值"完全相同"就需要在此研究中排除 Mallory 的信息。我们可以继续进行同样的讨论，并排除公司数据库中每个员工的个人信息，但如果估计的平均工资不依赖于任何员工的信息，那就没有什么意义了。

为了避免陷入这种两难境地，DP 要求无论有没有 Mallory 的信息，分析的输出都保持"大致相同"，而不是"完全相同"。换句话说，在有或没有任何一个人的信息的情况下，DP 允许分析输出之间有轻微的偏差，我们称这种允许的偏差为 DP 的*隐私预算*。如果在包含或排除一个人的数据时能够容忍更多的偏差，那么就可以容忍更多的隐私泄露，从而拥有更多的隐私预算。

在量化允许偏差的范围时，使用希腊字母 ε（epsilon）表示隐私预算。隐私预算 ε 通常由数据所有者设置，以调整所需的隐私保护级别。较小的 ε 值会导致较小的允许偏差（较少的隐私预算），因此能提供更健壮的隐私保护，但准确度就变低了。使用 DP 的过程中没有免费的午餐，例如可以将 ε 设为 0，意为允许零隐私预算，也就是提供完美的隐私保护，即在 DP 的定义下没有任何隐私泄露。无论添加或删除谁的信息，分析的输出始终保持不变。然而正如之前所讨论的，这也会忽略所有可用的信息，因此不能提供任何有意义的结果。如果将 ε 设为一个较小但大于 0 的值如 0.1，会是什么情况呢？在有或没有任何一个人信息的情况下，允许的偏差将会很小，从而提供更强大的隐私保护，并使数据使用者（如新闻记者）能够获取一些有意义的信息。

实际上 ε 通常是一个很小的数。对于诸如均值或频率估计之类的统计分析任务，ε 通常设置在 0.001 到 1.0 之间，对于 ML 或深度学习任务，ε 通常设置在 0.1 到 10.0 之间。

为隐私保护公司场景制定一个 DP 解决方案

现在我们对 DP 有了一个大致的了解，并且知道了如何根据应用的敏感度和数据所有者的隐私预算得到随机噪声。接下来看一下如何在数学上将这些技术应用到之前的隐私保护公司例子中。

在图 2.4 中,左边是隐私保护公司 1 月份的数据库(Mallory 加入公司之前),这是 Alice 查询的内容。右边是隐私保护公司 2 月份的数据库(Mallory 加入公司之后),这是 Bob 查询的内容。我们想要得到差分隐私解决方案,以便隐私保护公司可以与公众 (Alice 和 Bob)共享两个聚合值——员工总数和平均工资。

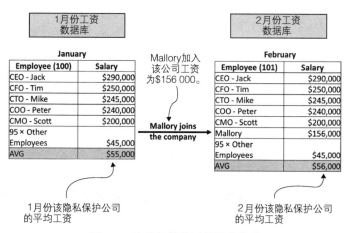

图 2.4　隐私保护公司数据库节选

从较为简单的发布员工总数任务开始。首先将推导出敏感度,正如前面所解释的, 无论员工离开还是加入公司,对员工总数的影响都是 1,因此该任务的敏感度为 1。其次 需要设计随机噪声,并在发布之前将其添加到员工总数中。如前所述,噪声量应与敏感 度正相关,与隐私预算负相关(因为较少的隐私预算意味着更强的隐私保护,因此需要更 多的噪声)。随机噪声应与 $\Delta f/\varepsilon$ 成比例,其中 Δf 表示敏感度,ε 表示隐私预算。

拉普拉斯分布(The Laplace Distribution)

尺度参数(Scale)为 b 的拉普拉斯分布(以 μ 为中心,通常使用 $\mu=0$)由概率密度 函数定义为

$$\mathrm{Lap}(x\,|\,b)=\frac{1}{2b}\cdot\mathrm{e}^{-\frac{|\mu-x|}{b}}$$

其中,方差为 $\sigma^2=2b^2$,可以认为拉普拉斯分布是指数分布(Exponential Distribution)的对称版本。

如图 2.5 所示,可以从均值为 0 的拉普拉斯分布中得到随机噪声,拉普拉斯分布是 一种"双侧"(Double-Sided)的指数分布。这样可以计算出 $b=\Delta f/\varepsilon$,从 $\mathrm{Lap}(x\,|\,\Delta f/\varepsilon)$ 中 得到随机噪声并添加到员工总数中。图 2.6 显示了在应用不同的隐私预算(即 ε)时,1 月

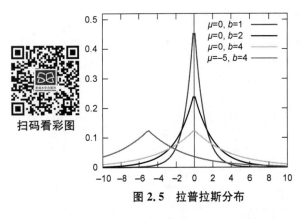

图 2.5　拉普拉斯分布

扫码看彩图

和 2 月发布的员工总数。基于 DP 的定义,更好的隐私保护通常意味着 1 月和 2 月发布的员工人数有很大的概率是很相近的。换句话说,对于任何看到这两个发布数值的人来说,这个结果泄露 Mallory 信息的概率较低。可用性通常是指某些聚合数据或统计数据的计算准确度。在本例中它指的是发布的扰动值与真实值之间的差异,较小的差异意味着更好的可用性。包括 DP 在内的任何数据匿名化算法,通常都要在隐私保护和可用性之间进行权衡 ε。例如当 ε 减小时,将会添加更多的噪声,两个发布值之间的差异会更小。相反,指定一个较大的 ε 值可能会提供更好的可用性,但隐私保护程度就会较低。

更强的隐私保护

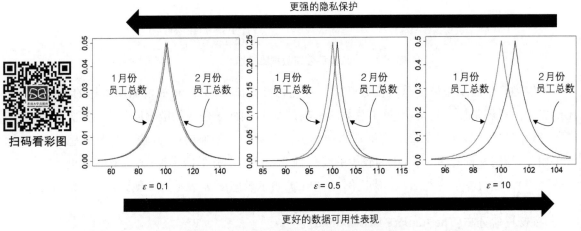

更好的数据可用性表现

扫码看彩图

图 2.6　隐私与数据效用间的权衡

现在考虑发布差分隐私平均工资的情况。任何一位员工离开或加入公司时,平均工资的最大差异应该来自工资最高的员工(在本例中 CEO Jack 赚了 290 000 美元)。例如在极端情况下,如果数据库中只有一名员工的信息,而这名员工恰好是 CEO Jack,他拥有最高的工资,为 290 000 美元,他的离职将使公司的平均工资产生最大的差异,因此敏感度应为 290 000 美元。现在可以按照计算员工总数的方法,把从 $\mathrm{Lap}(x\,|\,\Delta f/\varepsilon)$ 中得到的随机噪声添加到平均工资中。

下一节我们将详细介绍从拉普拉斯分布中获取随机噪声的应用细节。关于 DP 的数学和形式定义的更多信息,请参考附录 A.1。

2.2 差分隐私机制

上一节介绍了 DP 的定义和用法,本节将讨论 DP 中一些最流行的机制,这些机制也将成为本书中要介绍的许多 DP ML 算法的构造模块,使用者可以在自己的设计和开发中使用这些机制。

我们从一个古老但简单的 DP 机制——二元机制(Binary Mechanism)(随机响应)开始介绍。

2.2.1 二元机制(随机响应)

二元机制(随机响应)[5]是社会科学家在社会科学研究中长期使用的一种方法(自 1970 年代以来),它比 DP 的概念要早得多。虽然随机响应很简单,但它满足 DP 机制的所有要求。

假设需要对 100 人进行调查,了解他们在过去六个月内是否使用过大麻。从每个人那里收集到的答案要么是"是",要么是"否",这是一个二元响应(*Binary Response*),可以给每个"是"的回答赋值为 1,给每个"否"的回答赋值为 0。因此可以通过计算 1 的数量来获取调查的群体中使用大麻人数的百分比。

为了保护每个人的隐私,在收集提交的答案之前我们可以对每个真实答案添加少量噪声,但希望添加的噪声不会改变最终的调查结果。为了设计一种差分隐私方法来收集调查数据,可以使用一个均匀的(Balanced)硬币(即 $p=0.5$)作为随机响应机制,如图 2.7 所示。其过程如下:

1. 抛一枚均匀的硬币。
2. 如果结果是正面,那么提交的答案与真实答案相同(0 或 1)。
3. 如果结果是反面,则再抛一次均匀的硬币,如果结果是正面就回答 1,反面就回答 0。

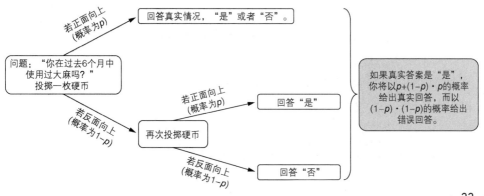

图 2.7 二元机制(随机响应)的工作流程

该算法中的随机化来自于两次投掷硬币,这种随机化给真实答案带来了不确定性,从而提供了隐私保护。在这种情况下,每个数据所有者提交真实答案的概率是 3/4,提交错误答案的概率是 1/4。对于单个数据所有者来说,他们的隐私会得到保护,因为人们永远无法确定他们是否在说真话。但是进行调查的数据使用者仍然会得到想要的答案,因为预计有 3/4 的参与者会说实话。

重新思考 ε-DP 的定义(关于 DP 的更详尽和正式的定义可以在附录 A.1 中找到)。假设有一个简单的随机响应机制,称为 M。对于任意两个相邻的数据库或数据集 x 和 y,以及任何子集 $S \subseteq \mathrm{Range}(M)$,$M$ 满足 ε-DP。

$$\frac{|\Pr[M(x) \in S]|}{|\Pr[M(y) \in S]|} \leqslant \mathrm{e}^{\varepsilon}$$

在两次硬币投掷的实验中,实验结果只会是 1 或 0,而 M 的输出值也只会是 1 或 0。因此,有以下结果:

$$\frac{\Pr[M(1)=1]}{\Pr[M(0)=1]} = \frac{\Pr[M(0)=0]}{\Pr[M(1)=0]} = \frac{\frac{3}{4}}{\frac{1}{4}} = 3 \leqslant \mathrm{e}^{\varepsilon}$$

由此可以得出,该随机响应机制 M 满足 $\ln(3)$-DP,其中 $\ln(3)$ 是隐私预算($\ln(3) \approx 1.099$)。

随机响应的基本思想是,当回答一个二元问题时,说出真相的概率较高,回答错误答案的概率较低。可以通过设置较高的说真话概率来保持数据的可用性,同时,理论上随机响应机制可以保护隐私。在之前的例子中,假设硬币是均匀的,如果使用一个不均匀的硬币,则可以制定一个随机响应机制,以满足不同隐私预算的 DP。

基于图 2.7 中的机制,假设硬币正面朝上的概率为 p,反面朝上的概率为 $(1-p)$,其中 $p > 1/2$:

- 对于一个参与调查的人,他的答案只能是 0 或 1,这取决于参与调查的人是否诚实回答"是"或"否"。
- 随机响应机制 M 的输出也只能是 0 或 1。

根据差分隐私的定义,可以得到:

$$\frac{\Pr[M(1)=1]}{\Pr[M(0)=1]} = \frac{p+(1-p) \cdot p}{(1-p) \cdot p} = 1 + \frac{1}{1-p} \leqslant \mathrm{e}^{\varepsilon}$$

$$\frac{\Pr[M(0)=0]}{\Pr[M(1)=0]}=\frac{p+(1-p)\cdot(1-p)}{(1-p)\cdot(1-p)}=1+\frac{p}{(1-p)\cdot(1-p)}\leqslant e^{\varepsilon}$$

然后,可以得到:

$$\max\left(\frac{\Pr[M(1)=1]}{\Pr[M(0)=1]},\frac{\Pr[M(0)=0]}{\Pr[M(1)=0]}\right)$$

$$=\max\left(1+\frac{1}{1-p},1+\frac{p}{(1-p)\cdot(1-p)}\right)$$

$$\leqslant e^{\varepsilon}$$

由于假设 $p>1/2$,可以得到:

$$\max\left(1+\frac{1}{1-p},1+\frac{p}{(1-p)\cdot(1-p)}\right)=1+\frac{p}{(1-p)\cdot(1-p)}\leqslant e^{\varepsilon}$$

因此,使用不均匀硬币的隐私预算是:

$$\ln\left[1+\frac{p}{(1-p)\cdot(1-p)}\right]\leqslant\varepsilon$$

前面提到的公式是计算随机响应机制隐私预算的一般公式。

现在我们使用伪代码来表达这个概念,代码中 x 表示真实值,x 可以是 0 或 1:

```
def randomized_response_mechanism(x, p):
    if random() < p:
        return x
    elif random() < p:
        return 1
    else:
        return 0
```

考虑二元随机响机制在不同的 p 值(即硬币正面朝上的概率)下的隐私预算。根据前面的分析,当 $p=0.8$ 时,二元随机化响应机制的隐私预算为 $\ln(1+0.8/(0.2\times0.2))$,即 $\ln(21)$,约为 3.04。可以将其与前面 $p=0.5$ 的例子进行比较,后者的隐私预算为 $\ln(3)=1.099$。

和前一节讨论的一样,隐私预算可以被看作是对隐私泄露的容忍程度的衡量标准。在这个例子中,当 p 值较高时,所添加的噪声就会相对较少(因为随机响应机制有更高概率会生成真实答案),这样就会导致更多的隐私泄露和更高的隐私预算。实际上,使用这个二元随机响应机制,用户可以调整 p 值以适应他们自己的隐私预算。

2.2.2 拉普拉斯机制

在二元机制中,隐私预算是由硬币投掷的概率决定的。相比之下,拉普拉斯机制

(Laplace Mechanism)通过向目标查询或目标函数添加从拉普拉斯分布中得到的随机噪声来实现差分隐私[6]。在之前的隐私保护公司场景解决方案中,我们已经谈论到了拉普拉斯机制。在本节中,我们将更加系统地介绍拉普拉斯机制,并通过一些例子来加以说明。

回顾之前讨论的隐私保护公司场景,为了使用拉普拉斯机制设计差分隐私解决方案,我们简单地用来自拉普拉斯分布的随机噪声扰动查询函数 f 的输出(例如员工总数或平均工资),而拉普拉斯分布的尺度参数与查询函数 f 的敏感度(除以隐私预算 ε)相关。

根据拉普拉斯机制的设计,给定一个返回数值的查询函数 $f(x)$,以下扰动函数满足 ε-DP:

$$M_L(x, f(\,\cdot\,), \varepsilon) = f(x) + \mathrm{Lap}\left(\frac{\Delta f}{\varepsilon}\right)$$

其中 Δf 表示查询函数 $f(x)$ 的敏感度,$\mathrm{Lap}(\Delta f / \varepsilon)$ 表示从以 0 为中心、尺度参数为 $\Delta f / \varepsilon$ 的拉普拉斯分布中得到的随机噪声。

前面我们已经介绍了敏感度的概念,现在重新回顾一下它的含义和作用。直观地说,函数的敏感度提供了一个上限,即必须对函数的输出进行多大程度的扰动才能保护个人隐私。在之前的例子中,数据库中包含所有员工的工资信息,并且查询函数的目的是计算所有员工的平均工资,在这种情况下,查询函数的敏感度应该由数据库中拥有最高工资的员工来确定(例如 CEO 的工资)。这是因为,特定员工的工资越高,对查询结果的影响就越大(平均工资)。如果能够保护工资最高的员工的隐私,那么其他员工的隐私也就得到了保护。所以在设计差分隐私算法时,敏感度非常重要。

现在探讨一些使用拉普拉斯机制的伪代码:

```
def laplace_mechanism(data, f, sensitivity, epsilon):
    return f(data) + laplace(0, sensitivity/epsilon)
```

差分隐私通常是在应用中设计并使用的,用于回答特定的查询。在深入了解差分隐私的细节之前,先来探讨一下几个可以应用拉普拉斯机制的查询示例。

示例 1:差分隐私计数查询(Counting Query)

计数查询是指"对于一个数据库,有多少元素满足给定属性 P"的查询形式。许多问题都可以被认为是计数查询。考虑一个关于人口普查数据的计数查询,但在这个查询中不使用 DP。

在下面的列表中,计算数据集中年龄超过 50 岁的人口数量。

```
import numpy as np
import matplotlib.pyplot as plt
ages_adult = np.loadtxt("https://archive.ics.uci.edu/ml/machine-learning-
    databases/adult/adult.data", usecols=0, delimiter=", ")

count = len([age for age in ages_adult if age > 50])
print(count)
```

人口普查数据集中有多少人的年龄超过50岁?

输出结果将是 6 460。

现在探讨如何在计数查询中应用 DP。为了在这个查询上应用 DP,首先需要确定查询任务的敏感度,即查询 50 岁以上的人口数量。由于任何一个人离开或加入人口普查数据集只会使计数值最多改变 1,因此该计数查询任务的敏感度为 1。基于我们之前对拉普拉斯机制的描述,可以在发布之前将从 Lap(1/ε) 中得到的噪声添加到每个计数查询中,其中 ε 是由数据所有者指定的隐私预算。通过 NumPy 中的 random.laplace 函数来实现这个计数查询的 DP 版本(ε=0.1,center=0,loc=0):

```
sensitivity = 1
epsilon = 0.1

count = len([i for i in ages_adult if i > 50]) + np.random.laplace
    (loc=0, scale=sensitivity/epsilon)

print(count)
```

输出结果为 6 472.024 453 709 334。观察输出结果,可以发现使用 ε=0.1 的差分隐私计数查询的结果仍然接近于真实值 6 460。现在尝试使用一个更小的隐私预算?(这意味着会添加更多的噪声),例如 ε=0.001:

```
sensitivity = 1
epsilon = 0.001

count = len([i for i in ages_adult if i > 50]) + np.random.laplace
    (loc=0, scale=sensitivity/epsilon)

print(count)
```

输出结果为 7 142.911 556 855 243。如你所见,当使用 ε=0.001 时,与真实值 (6 460) 相比计数结果添加了更多的噪声。

示例 2:差分隐私直方图查询(Histogram Queries)

直方图查询可以被看作是计数查询的一种特殊情况,数据被划分为不相交的单元格,查询询问每个单元格中有多少数据库元素。例如如果数据使用者想要查询人口普查数据的年龄分布直方图,我们如何设计一个差分隐私直方图查询来研究年龄的分布,同时还要保护每个个体的隐私?

首先尝试在不使用 DP 的情况下,对人口普查数据中的年龄进行直方图查询。

列表 2.2　直方图查询(无 DP)

```
import numpy as np
import matplotlib.pyplot as plt

ages_adult = np.loadtxt("https://archive.ics.uci.edu/ml/machine-learning-
➥ databases/adult/adult.data",
                          usecols=0, delimiter=", ")
hist, bins = np.histogram(ages_adult)
hist = hist / hist.sum()

plt.bar(bins[:-1], hist, width=(bins[1]-bins[0]) * 0.9)
plt.show()
```

我们将得到一个类似于图 2.8 的直方图输出结果。

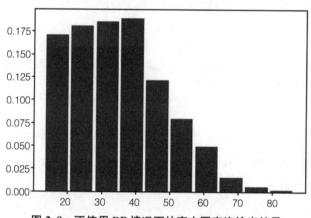

图 2.8　不使用 DP 情况下的直方图查询输出结果

要在这个直方图查询中应用 DP,首先需要计算其敏感度。直方图查询的敏感度为 1(添加或删除一个个体的信息最多只会将单元格中的元素数量改变 1)。因此,直方图查询任务的敏感度为 1。接下来,我们需要在发布查询结果之前,向每个直方图单元格中添加从 Lap$(1/\varepsilon)$ 中得到的噪声,其中 ε 是数据所有者指定的隐私预算。

我们可以使用 NumPy 的 random.laplace 轻松实现这个直方图查询的 DP 版本,就像之前的例子一样。这里我们将探讨使用 IBM 的差分隐私库 diffprivlib 的实现。

首先安装 diffprivlib 并导入 diffprivlib.mechanisms.Laplace:

```
!pip install diffprivlib
from diffprivlib.mechanisms import Laplace
```

现在我们可以使用 `diffprivlib.mechanisms.Laplace` 实现 DP 版本的直方图查询了。

列表 2.3　直方图查询的 DP 版本

```
def histogram_laplace(sample, epsilon=1, bins=10, range=None, normed=None,
➡   weights=None, density=None):
  hist, bin_edges = np.histogram(sample, bins=bins, range=range,
  ➡ normed=None, weights=weights, density=None)
  dp_mech = Laplace(epsilon=1, sensitivity=1)
  dp_hist = np.zeros_like(hist)

  for i in np.arange(dp_hist.shape[0]):
    dp_hist[i] = dp_mech.randomise(int(hist[i]))

  if normed or density:
    bin_sizes = np.array(np.diff(bin_edges), float)
    return dp_hist / bin_sizes / dp_hist.sum(), bin_edges

  return dp_hist, bin_edges
```

差分隐私直方图查询代码如下所示（ε＝0.01）：

```
dp_hist, dp_bins = histogram_laplace(ages_adult, epsilon=0.01)
dp_hist = dp_hist / dp_hist.sum()

plt.bar(dp_bins[:-1], dp_hist, width=(dp_bins[1] - dp_bins[0]) * 0.9)
plt.show()
```

输出结果看起来与图 2.9 右侧的图相似，使用 DP 前后直方图查询的区别很小，分布的形状依旧大致相同。

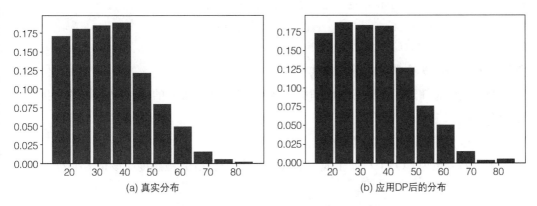

图 2.9　比较应用 DP 前后的直方图查询结果

前面两个例子表明,在应用拉普拉斯机制时最重要的步骤是得到特定应用的合适的敏感度。接下来我们通过一些练习学习如何在不同的场景下确定拉普拉斯机制的敏感度。

练习 1:差分隐私频率估计

假设有一个班的学生,其中一些人喜欢足球(Yes),而其他人不喜欢(No)(见表 2.1)老师想要知道这两类同学中哪类的人数更多。这个问题可以被认为是一个直方图查询的特例。在这个应用实例中,敏感度是多少呢?

表 2.1　学生喜欢或不喜欢足球的情况统计表

学生姓名	是否喜欢足球
Alice	Yes
Bob	No
Eve	Yes
…	…

提示:

在这个班级中的每位同学或者喜欢足球,或者不喜欢足球,所以这个例子中敏感度为 1。根据拉普拉斯机制,我们可以同时计算出喜欢或不喜欢足球的学生的频率,方法是在每个频率中加入从 $Lap(1/\varepsilon)$ 中得到的噪声,其中 ε 表示由学生定义的隐私预算。

可以根据以下伪代码实现方案:

```
sensitivity = 1
epsilon = 0.1

frequency[0] is the number of students who like football
frequency[1] is the number of students do not like football

dp_frequency = frequency[i] + np.random.laplace(loc=0,
➡ scale=sensitivity/epsilon)
```

练习 2:COVID-19 最常见的医学症状

假设我们想知道在一组患者的病史中,COVID-19 最常见的症状(在不同的症状中)是什么(表 2.2):

- 这个应用的敏感度是多少?
- 如果想为 COVID-19 生成一个医学症状的柱状图,敏感度应该是多少?

• 表 2.2　COVID-19 患者的症状

病人	发烧	咳嗽	呼吸困难	疲倦	头痛	喉咙痛	腹泻
Alice	×	×	×				
Bob	×	×	×		×		×
Eve	×	×		×		×	
Mallory	×		×	×		×	×
...	...	...	...	...	...	...	...

提示:

- 由于一个人可以有很多种症状,所以在这个问题上的敏感度很高。然而如果只报告最常见的症状,每个人对最终结果的影响最多只会导致 1 个数字的差异,因此最常见医学症状的敏感度仍是 1。可以通过在最常见的医学症状的每个输出中添加从 $Lap(1/\varepsilon)$ 得到的噪声来获得 ε-差分隐私的结果。

- 如果想要生成 COVID-19 的医学症状直方图,敏感度应该是多少? 由于每个人可能经历多种症状(最多的情况下可能会经历所有的症状),敏感度远超过 1——它可能等于 COVID-19 报告的不同医学症状的总数。因此如表 2.2 所示,COVID-19 医学症状直方图的敏感度应该等于医学症状的总数,即为 7。

2.2.3　指数机制

拉普拉斯机制对于大多数结果为数字输出的查询函数来说效果都很好,并且在输出中添加噪声不会破坏查询函数的整体可用性。然而在某些情况下,如果查询函数的输出是分类或离散的(Discrete),那么直接在输出中添加噪声会产生无意义的查询结果,拉普拉斯机制也就失去了它神奇的力量。

例如给定一个查询函数,其返回结果是乘客的性别(男性或者女性,这是一种分类数据),加入拉普拉斯机制产生的噪声会带来没有意义的查询结果。这种例子还有很多,比如在拍卖会中为获得最高收益而制定拍卖商品的价格[4],即使拍卖价格是真实的数值,哪怕在价格中添加少量的正噪声(以保护投标价格的隐私)也会破坏拍卖收益的评估。

指数机制[7]是为以下场景设计的:查询目标是为了获得"最佳"响应,但在查询函数的输出中直接添加噪声会破坏查询的可用性。在这种情况下,指数机制作为一种自然的解决方案,使用 DP 从一个集合(数字或分类)中选择一个元素。

下面是使用指数机制为查询函数 f 提供 ε-DP 的步骤:

1. 分析者应定义一个由查询函数 f 输出的所有可能组成的集合 A。

2. 分析者应该设计一个效用函数（*Utility Function*，也称为评分函数（*Score Function*））*H*，其输入是数据 *x* 并且潜在输出为 *f(x)*，表示为 *a ∈ A*。*H* 的输出是一个实数，ΔH 表示为 *H* 的敏感度。

3. 给出数据 *x*，指数机制输出的元素 $a \in A$ 与 $\exp(\varepsilon \cdot H(x,a)/2\Delta H)$ 成正比。

接下来探讨一些可以应用指数机制的例子，这样就可以看到效用函数是如何定义的，并推导出敏感度。

示例 3：基于差分隐私的最常见的婚姻状况

假设一个数据使用者想要知道人口普查数据集中最常见的婚姻状况，如果加载数据集并快速浏览"marital-status"列，会注意到记录包含七个不同的类别（married-civ-spouse、divorced、never-married、separated、widowed、married-spouse-absent、married-AF-spouse）。

在继续阅读列表 2.4 之前，先看一下数据集中每个类别的人数。在下载 adult.csv 文件之前，需要访问书籍的代码库以获取文件，文件地址为：https://github.com/nogrady/PPML/。

列表 2.4　每一个婚姻状况组中的人数

```
import matplotlib.pyplot as plt
import pandas as pd
import numpy as np

adult = pd.read_csv("adult.csv")

print("Married-civ-spouse: "+ str(len([i for i in adult['marital-status']
➥ if i == 'Married-civ-spouse'])))
print("Never-married: "+ str(len([i for i in adult['marital-status']
➥ if i == 'Never-married'])))
print("Divorced: "+ str(len([i for i in adult['marital-status']
➥ if i == 'Divorced'])))
print("Separated: "+ str(len([i for i in adult['marital-status']
➥ if i == 'Separated'])))
print("Widowed: "+ str(len([i for i in adult['marital-status']
➥ if i == 'Widowed'])))
print("Married-spouse-absent: "+ str(len([i for i in adult['marital-
➥ status'] if i == 'Married-spouse-absent'])))
print("Married-AF-spouse: "+ str(len([i for i in adult['marital-status']
➥ if i == 'Married-AF-spouse'])))
```

结果将如下所示：

```
Married-civ-spouse: 22379
Never-married: 16117
Divorced: 6633
```

```
Separated: 1530
Widowed: 1518
Married-spouse-absent: 628
Married-AF-spouse: 37
```

可以看到 Married-civ-spouse 是该人口普查数据集中最常见的婚姻状况。

为了使用指数机制，首先需要设计效用函数。可以把它设计成 $H(x, a)$，它与每个婚姻状况 x 的人数成正比，其中 x 是七个婚姻类别之一，a 是最常见的婚姻状况。因此如果属于某个婚姻状况的人数多，效用值也就越高。我们可以用以下代码段实现这个效用函数：

```
adult = pd.read_csv("adult.csv")
sets = adult['marital-status'].unique()

def utility(data, sets):
    return data.value_counts()[sets]/1000
```

有了效用函数，我们可以利用指数机制设计一个差分隐私最常见的婚姻状况查询功能。

列表 2.5   使用指数机制查询每个婚姻状况组中的人数

```
def most_common_marital_exponential(x, A, H, sensitivity, epsilon):
    utilities = [H(x, a) for a in A]          ← 计算A中每个元素的效用

    probabilities = [np.exp(epsilon * utility / (2 * sensitivity))
                     for utility in utilities]

    probabilities = probabilities / np.linalg.norm(probabilities, ord=1)  ←

                                                       将概率归一化以使
                                                       它们的和等于1

    return np.random.choice(A, 1, p=probabilities)[0]

根据每个元素的效用，计算它们的概率

根据概率从A中选择一个元素。
```

在使用此查询之前，需要确定敏感度和隐私预算。对于敏感度，由于增加或删除一个人的信息可以使任何婚姻状况的效用值最多改变 1，所以敏感度应该是 1。对于隐私预算，先试试 $\epsilon = 1.0$：

```
most_common_marital_exponential(adult['marital-status'], sets,
➧ utility, 1, 1)
```

正如你所看到的，输出结果是 Married-civ-spouse。为了更好地说明 most_common_marital_exponential 的表现，查看一下查询 10 000 次后的结果：

```
res = [most_common_marital_exponential(adult['marital-status'], sets,
➧ utility, 1, 1) for i in range(10000)]
pd.Series(res).value_counts()
```

你将得到类似如下的输出：

```
Married-civ-spouse        9545
Never-married             450
Divorced                    4
Married-spouse-absent       1
```

从这些结果可以看出，most_common_marital_exponential 可以随机化最常见的婚姻状况的输出，以提供隐私保护。然而，它产生实际结果（Married-civ-spouse）的概率也很高，从而提供了可用性。

我们还可以通过使用不同的隐私预算来检查这些结果，你将观察到，使用更高的隐私预算更有可能得到真实的 Married-civ-spouse 答案。

练习3：有限集合的差分隐私选择

假设一个城市的居民想要投票决定夏季举办哪种类型的体育比赛。由于预算有限，只能从四个选择［足球（Football）、排球（Volleyball）、篮球（Basketball）和游泳（Swimming）］中选择一个比赛，如表 2.3 所示。市长希望使投票具有差分隐私性质，并且每个人只有一票。如何使用指数机制以差分隐私的方式发布投票结果呢？

表 2.3　不同体育运动的支持人数

运动项目	投票数
Football	49
Volleyball	25
Basketball	6
Swimming	2

提示：

为了使用指数机制，首先应该确定效用函数。可以将效用函数设计为 $H(x,a)$，它与每个类别 x 的投票数量成比例，其中 x 是四个体育项目之一，a 是获得最高投票的体育项目。因此，获得更多投票的体育项目应该具有更高的效用值。然后，可以将指数机制应用于投票结果，以实现 ε-DP。

该效用函数的伪代码可以定义如下：

```
def utility(data, sets):
    return data.get(sets)
```

然后，可以使用以下伪代码实现带有指数机制的差分隐私投票查询函数。

列表 2.6　差分隐私投票查询

```
def votes_exponential(x, A, H, sensitivity, epsilon):
    utilities = [H(x, a) for a in A]          ← 计算A中每个元素的效用

    probabilities = [np.exp(epsilon * utility / (2 * sensitivity))
      for utility in utilities]

    probabilities = probabilities / np.linalg.norm(probabilities, ord=1)  ←
                                                    将概率归一化以使
    return np.random.choice(A, 1, p=probabilities)[0]    它们的和等于1

    根据概率从A中选择一个元素
```

根据每个元素的效用，计算它们的概率

与任何机制一样，在使用此查询之前需要确定敏感度和隐私预算。对于敏感度，由于每个投票者只能投票给一种体育项目，每个人最多可以将任何体育项目的效用值改变1，因此敏感度应该是1。对于隐私预算，首先尝试 $\varepsilon=1$。

可以按照以下伪代码调用 DP 查询函数：

```
A = ['Football', 'Volleyball', 'Basketball', 'Swimming']
X = {'Football': 49, 'Volleyball': 25, 'Basketball': 6, 'Swimming':2}
votes_exponential(X, A, utility, 1, 1)
```

根据这个实现，结果应该类似于练习3，它应该以更高的概率输出获得最高票数的足球运动。当你使用更高的隐私预算时，做出正确选择（选择足球）的可能性将更高。

本节介绍了当今 DP 中使用的三种最流行的机制，它们是许多差分隐私 ML 算法的构造模块。附录 A.2 列出了一些在特殊场景中可以利用的更高级的机制，其中一些是拉普拉斯机制和指数机制的变体。

到目前为止，以隐私保护公司示例为例，我们已经为任务（员工总数和平均工资）设计了满足 DP 的解决方案。然而，这些任务并不彼此独立，当这两个任务（共享员工总数和平均工资）同时进行时需要进一步分析 DP 特性，接下来将进行上述分析。

2.3　差分隐私的特性

到目前为止，你已经学习了 DP 的定义，并了解了如何为简单场景设计差分隐私解决方案。DP 还具有许多有价值的特性，使其成为在敏感个人信息上实现隐私保护数据分析的灵活而完整的框架。本节将介绍应用 DP 时最重要和常用的三个特性。

2.3.1　差分隐私的后处理特性

在大多数数据分析和 ML 任务中，完成整个任务需要多个处理步骤（数据收集、预处理、数据压缩、数据分析等）。当希望数据分析和 ML 任务具有差分隐私性质时，可以在

任何一个处理步骤中设计解决方案。应用 DP 机制之后的步骤被称为*后处理步骤*（*Post-processing Steps*）。

图 2.10 展示了一个典型的差分隐私数据分析和 ML 场景。首先，隐私数据（D_1）存储在由数据所有者控制的安全数据库中。在发布任何关于隐私数据的信息（如总和、计数或模型）之前，数据所有者将使用 DP 的清洗器（添加随机噪声的 DP 机制）来生成差分隐私数据（D_2）。数据所有者可以直接发布 D_2，或者进行后处理以获取 D_3，并将 D_3 发布给数据使用者。

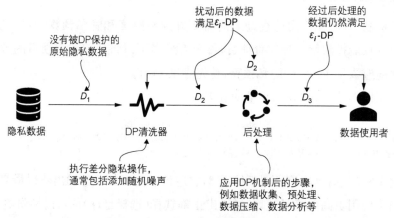

图 2.10 差分隐私的后处理特性

值得注意的是，后处理步骤实际上可以减少 DP 清洗器添加到隐私数据中的随机噪声量，我们使用隐私保护公司场景作为一个具体的例子。

正如之前看到的，该隐私保护公司设计了一个差分隐私解决方案，通过添加尺度参数为 $\Delta f/\varepsilon$ 的拉普拉斯随机噪声来发布其员工总数和平均工资，其中 Δf 是敏感度，ε 是隐私预算。这个解决方案完全符合 DP 的概念。然而，直接添加随机噪声之后再发布数据可能会导致潜在的问题，因为从均值为零的拉普拉斯分布中得到的噪声是一个正实数，也可能是负实数（概率为 50%）。例如将拉普拉斯随机噪声添加到员工总数中可能会产生非整数的数字，比如 $100 \to 100.5$（$+0.5$ 噪声），以及负数，比如 $5 \to -1$（-6 噪声），这是没有意义的。

解决这个问题的一个简单而自然的方法是通过后处理来将负值变为零，并将大于 n 的值向下取整（整数部分）：$100.5 \to 100$（实数的整数部分），$-1 \to 0$（将负值变为零）。

正如你所看到的，后处理步骤解决了这个问题，但是与没有进行后处理时相比，后处理也减少了添加到隐私数据中的噪声量。例如 y 是隐私数据，y 是扰动后的数据，其中

$y=y+\text{Lap}(\Delta f/\varepsilon)$，$y'$是后处理的扰动数据。如果 y 是正数，但是由于添加了拉普拉斯噪声，y 变为负数。通过将 y 变为零（即 $y'=0$），可以清楚地看到它更接近真实答案，因此添加的噪声量减少了。对于 y 是一个实数但大于 y 的情况，也可以得出同样的结论。

在这一点上，可能存在一个问题：执行后处理步骤是否仍然能保持差分隐私性质呢？答案是肯定的。DP 对后处理是具有免疫性的（Immune）[3-4]。后处理特性保证了在给定满足 ε-DP 算法的输出后，任何其他数据分析者在没有关于原始隐私数据库或数据集的额外知识的情况下，都无法提出任何后处理机制或算法使输出变得不满足差分隐私。总结如下：如果算法 $M(x)$ 满足 ε-DP，那么对于任何（确定的或随机的）函数 $F(\cdot)$，$F(M(x))$ 满足 ε-DP。

根据 DP 的后处理特性，一旦个人的敏感数据被认为是采用随机化算法进行了保护，那么其他任何数据分析者都无法增加其隐私损失。后处理技术可以视为对 DP 隐私数据的去噪、聚合、数据分析甚至进行 ML 等任何操作，并且这些操作不涉及原始的隐私数据。

2.3.2　差分隐私的群组隐私特性

在之前的例子中我们只讨论了对个人的隐私保护或泄漏。现在我们来看一个可能涉及一群人的隐私保护或泄露的例子。

图 2.11 展示了这样一个场景，有 k 个科学家通过相互分享他们的结果来合作并进行一项研究。一个真实世界的具体例子是不同的癌症研究机构为了发现一种新药而合作并进行了一项研究，出于隐私考虑，他们不能直接分享患者的记录或配方，但他们可以分享清洗后的结果。

现在假设新闻记者 Alice 想通过采访 k 位科学家来报道这项研究的重点，同时不透露研究的机密信息。为了确保每个科学家不泄露他们的研究机密，科学家们制定了一个协议，要求在每个科学家接受记者采访时，涉及研究的任何信息都必须经由一个 ε-DP 的随机化机制处理。

Alice 对 k 个科学家进行了采访并发布了她的报道。然而，最近一个科学家 Eve（竞争对手）除了知道 Alice 报道的交流内容之外，还知道了研究的详细信息。这是如何发生的呢？

从 DP 的定义中可以得知，ε 是一种隐私预算，它控制着随机机制的输出与现实场景的差异程度。

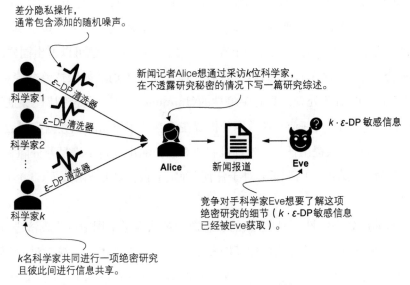

图 2.11　差分隐私的群组隐私特性

k 位科学家 ε-差分隐私随机化机制的输出与现实场景之间的差异最多增长到 $k\cdot\varepsilon$ 的隐私预算。因此采访每位科学家只需要花费一个隐私预算,但由于 k 位科学家共享相同的秘密,采访所有科学家实际上需要花费 $k\cdot\varepsilon$ 的隐私预算。因此隐私保护程度会随着群组规模的增加而适度降低。如果 k 值足够大,即使 k 名科学家中的每一位在回答采访时都遵循 ε-差分隐私随机化机制,Eve 依旧可以知道有关这项研究的一切。一个有意义的隐私保护方法可以给大小约为 $k\approx 1/\varepsilon$ 的组提供有效保护,然而几乎不能对大小约为 $k\approx 100/\varepsilon$ 的组提供有效保护。

上述 k 位科学家的例子说明了 DP 的群组特性,有时一组成员(如家庭或公司员工)希望加入分析研究,敏感数据就可能与所有小组成员有关。综上所述:如果算法 $M(x)$ 满足 ε-DP,则将 $M(x)$ 应用于 k 个相关个体的组满足 $k\cdot\varepsilon$-DP。

DP 的群组隐私特性使研究人员和开发人员能够为一组个体设计高效有用的 DP 算法。例如,考虑一个联邦学习(即协作学习)的场景,一般来说联邦学习使去中心化的数据所有者能够协作学习共享模型,并且能同时保持所有训练数据在本地。这个想法的本质是在不需要共享训练数据的情况下执行 ML,所以重要的是要保护拥有一组数据样本的每个数据所有者的隐私,而不是每个样本本身,DP 可以在其中发挥很大的作用。

2.3.3　差分隐私的组合特性

DP 的另一个非常重要和有用的特性是它的组合定理。DP 严格的数学设计使得可以通过多个差分隐私计算来分析和控制累积隐私损失。理解这些组合特性能够基于更简单的构造模块,更好地设计和分析更复杂的 DP 算法。接下来探讨两个主要的组合特性。

串行组合(Sequential Composition)

在数据分析和 ML 中,相同的信息(统计数据、聚合数据、ML 模型等)通常会被查询多次。例如在之前的隐私保护公司场景中,不同的人(例如 Alice 和 Bob)可以多次查询员工总数和平均工资。尽管每次查询的结果都添加了随机噪声,但更多的查询将花费更多的隐私预算,并可能导致更多的隐私泄露。如果 Alice 或 Bob 可以从当前(静态)数据库中收集到足够多的噪声查询结果,那么他们可以简单地通过计算这些噪声查询结果的平均值来消除噪声,因为随机噪声总是来自相同的零均值拉普拉斯分布。因此,在为多个顺序查询的隐私数据设计差分隐私解决方案时应该多加小心。

为了说明 DP 的串行组合特性,可以考虑另一个方案。假设 Mallory 的个人信息(她的工资)包含在隐私保护公司的员工信息数据库中,该数据库由潜在的业务分析人员在两个不同的隐私查询中使用。第一个查询可能与公司的平均工资有关,而第二个查询可能与工资高于 50 000 美元的人数有关。Mallory 对这两个查询很关注,因为在比较(或合并)两个结果时,可能会揭示个人的工资。

DP 的串行组合特性证实了对数据的多个查询的累积隐私泄漏总是高于单个查询的泄漏。举个例子:如果第一个查询的 DP 分析执行时隐私预算为 $\varepsilon_1 = 0.1$,而第二个查询的隐私预算为 $\varepsilon_2 = 0.2$,那么组合这两个查询可以被视为具有隐私损失参数的单个分析,可能大于 ε_1 或 ε_2,但最多是 $\varepsilon_3 = \varepsilon_1 + \varepsilon_2 = 0.3$。综上所述,若算法 $F_1(x)$ 满足 ε_1-DP,且 $F_2(x)$ 满足 ε_2-DP,则 $F_1(x)$ 与 $F_2(x)$ 的串行组合满足 $(\varepsilon_1 + \varepsilon_2)$-DP。

现在探讨一个展示 DP 的串行组合特性的示例。

示例 4:差分隐私计数查询的串行组合

重新思考示例 1 中展示的场景,我们想要确定人口普查数据集中有多少个人年龄超过 50 岁。不同的是现在有两个具有不同隐私预算的 DP 函数,下面将展示依次应用不同的 DP 函数后会发生什么变化。

在下面的列表中我们定义了四个 DP 函数,其中 F_1 满足 0.1-DP($\varepsilon_1 = 0.1$),F_2 满足 0.2-DP($\varepsilon_2 = 0.2$),F_3 满足 0.3-DP($\varepsilon_3 = \varepsilon_1 + \varepsilon_2$),$F_{seq}$ 是 F_1 和 F_2 的串行组合。

列表 2.7　应用串行组合

```
import numpy as np
import matplotlib.pyplot as plt
ages_adult = np.loadtxt("https://archive.ics.uci.edu/ml/machine-learning-
➥ databases/adult/adult.data", usecols=0, delimiter=", ")

sensitivity = 1
epsilon1 = 0.1
epsilon2 = 0.2
epsilon3 = epsilon1 + epsilon2

def F1(x):
    return x+np.random.laplace(loc=0, scale=sensitivity/epsilon1)    满足 0.1-DP

def F2(x):
    return x+np.random.laplace(loc=0, scale=sensitivity/epsilon2)    满足 0.2-DP

def F3(x):
    return x+np.random.laplace(loc=0, scale=sensitivity/epsilon3)    满足 0.3-DP

def F_seq(x):
    return (F1(x)+F2(x))/2      F1和F2的串行组合
```

现在假设 x 是"人口普查数据集中有多少人超过 50 岁?"的真实值,比较 F_1、F_2 和 F_3 的输出:

```
x = len([i for i in ages_adult if i > 50])
                                                                绘制F1
plt.hist([F1(x) for i in range(1000)], bins=50, label='F1');    绘制F2（应当看起来形状一致）

plt.hist([F2(x) for i in range(1000)], bins=50, alpha=.7, label='F2');

plt.hist([F3(x) for i in range(1000)], bins=50, alpha=.7, label='F3');
                                                                绘制F3（应当看起来形状一致）
plt.legend();
```

从图 2.12 中可以看到 F_3 的输出分布看起来比 F_1 和 F_2 "更清晰",因为 F_3 有更高的隐私预算(ε),这表明有更多的隐私泄露,因此输出结果接近真实答案(6 460)的概率更高。

现在比较 F_3 和 F_{seq} 的输出,代码片段如下:

```
plt.hist([F_seq(x) for i in range(1000)], bins=50, alpha=.7,
➥ label='F_seq');      绘制F_seq                                绘制F3

plt.hist([F3(x) for i in range(1000)], bins=50, alpha=.7, label='F3');

plt.legend();
```

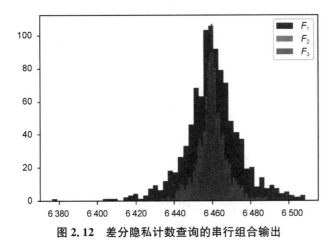

扫码看彩图

图 2.12 差分隐私计数查询的串行组合输出

如图 2.13 所示,F_3 和 F_{seq} 的输出大致相同,这说明了 DP 的串行组合特性。但值得注意的是串行组合只定义了几个 DP 函数串行组合时总的 ϵ 的上界(即最坏情况下的隐私泄露),对隐私的实际累积影响可能更低。有关 DP 串行组合数学理论的更多信息请参见附录 A.3。

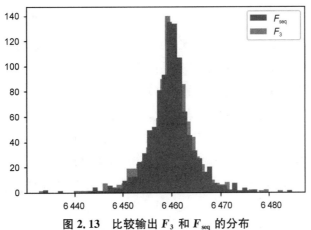

扫码看彩图

图 2.13 比较输出 F_3 和 F_{seq} 的分布

并行组合(Parallel Composition)

如果并行地组合几个不同的 DP 算法会发生什么?为了说明 DP 的并行组合特性,请考虑以下场景。

假设公司 A 有一个员工工资信息的数据库,Alice 想知道 A 公司工资高于 150 000 美元的员工人数,而 Bob 想研究 A 公司工资低于 20 000 美元的员工人数。为了满足公司的隐私保护要求,Alice 使用 ϵ_1-DP 机制访问数据库,而 Bob 使用 ϵ_2-DP 机制访问相同的数据库。Alice 和 Bob 对数据库的访问总共泄露了多少隐私?

由于工资在 15 万美元以上的员工和工资在 2 万美元以下的员工来自两组不相交的集合,因此同时发布两组信息不会对同一员工造成两次隐私泄露。例如根据 DP 的并行组合特性,如果 $\varepsilon_1 = 0.1$ 和 $\varepsilon_2 = 0.2$,则 Alice 和 Bob 对数据库的访问总共使用了 $\varepsilon_3 = \max(\varepsilon_1, \varepsilon_2)$ 的隐私预算。

综上所述:如果算法 $F_1(x_1)$ 满足 ε_1-DP,$F_2(x_2)$ 满足 ε_2-DP,其中 (x_1, x_2) 是整个数据集 x 的一个非重叠分区,则 $F_1(x_1)$ 和 $F_2(x_2)$ 的并行组合满足 $\max(\varepsilon_1, \varepsilon_2)$-DP。$\max(\varepsilon_1, \varepsilon_2)$ 定义了几个 DP 函数并行组合总 ε 的上界(即最坏情况下的隐私泄露),对隐私的实际累积影响可能更低。有关 DP 并行组合数学理论的更多信息请参见附录 A.3。

DP 的串行和并行组合特性被认为是 DP 的固有特性,其中数据聚合器在组合多个 DP 算法时不需要做任何特别的工作来计算隐私界限。DP 的这种组合特性使研究和开发人员能够更多地关注于更简单的差分隐私构造模块(即机制)的设计,并且这些更简单的构造模块组合可以直接用来解决更复杂的问题。

总结

- DP 是一种很有前景且流行的隐私增强技术,它提供了严格的隐私定义。
- DP 在发布数据库、数据集的聚合或统计信息时,不会透露该数据库中是否存在某个人的信息,从而加强了隐私保护。
- 敏感度通常用来衡量每个人的信息对分析输出的最大可能影响。
- 隐私预算 ε 通常由数据所有者设置,以调整所需的隐私保护级别。
- DP 可以通过使用不同的 DP 机制扰动敏感信息的聚合或统计来实现。
- 在二元机制中,来自二元响应(投掷硬币)的随机化有助于扰动结果。
- 拉普拉斯机制通过在目标查询或函数中加入从拉普拉斯分布中得到的随机噪声来实现 DP。
- 指数机制适用于选择最佳策略的场景,但直接向查询函数的输出中添加噪声会完全破坏可用性。
- DP 不受后处理的影响:一旦个人的 DP 敏感数据被随机算法保护,任何其他数据分析师都无法在不涉及原始敏感数据信息的情况下增加其隐私损失。
- DP 可以用于分析和控制来自家庭和组织等群组的隐私损失。
- DP 还具有串行和并行组合特性,能根据简单的差分隐私构造模块设计和分析更复杂的差分隐私算法。

3

机器学习中差分隐私的高级概念

本章内容:

- 差分隐私机器学习算法的设计原则
- 设计和实现差分隐私监督学习算法
- 设计和实现差分隐私无监督学习算法
- 了解并分析差分隐私机器学习算法的设计过程

前一章我们研究了差分隐私(DP)的定义和一般用途,以及差分隐私在不同场景下的特性(后处理特性、群组特性和组合特性)。我们也深入探讨了常见的且被广泛应用的DP机制,这些机制作为基本构造模块在各种隐私保护算法和应用中发挥着重要的作用。本章将逐步介绍如何使用这些构造模块设计和实现多个差分隐私 ML 算法,以及如何将这些算法应用于真实世界的场景中。

3.1 在机器学习中应用差分隐私

第 2 章我们探讨了不同的 DP 机制及其特性。本章将展示如何利用这些差分隐私机制设计和实现各种不同的差分隐私 ML 算法。

如图 3.1 所示,考虑一个包含数据所有者和数据使用者的双方 ML 训练场景。数据所有者提供隐私数据,即输入或训练数据。通常情况下,训练数据要经历数据预处理阶段以清洗数据并消除噪声。然后数据使用者在这些隐私数据上执行特定的 ML 算法(回归、分类、聚类等),训练并生成一个 ML 模型作为输出。

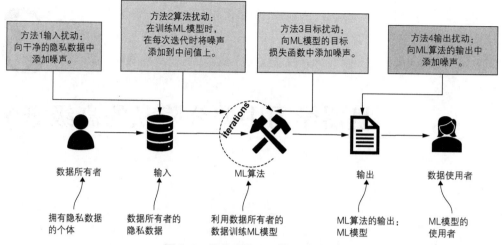

图 3.1　差分隐私 ML 的设计原则

众所周知,DP 在过去十年受到了越来越多的关注,工业界和学术界的研究人员提出、设计并实现了各种差分隐私 ML 算法。DP 可以防止数据使用者通过分析 ML 模型推断隐私数据。如图 3.1 所示,可以在 ML 过程的不同步骤中应用扰动提供差分隐私保证。例如:输入扰动(Input Perturbation)方法直接向干净的隐私数据或在数据预处理阶段添加噪声;算法扰动(Algorithm Perturbation)方法在 ML 模型训练过程中添加噪声;目标扰动(Objective Perturbation)方法在 ML 模型的目标损失函数中添加噪声;输出扰动(Output Perturbation)直接向经过训练的 ML 模型(即机器学习算法的输出)添加噪声。

图 3.2 列举了一些在本章介绍的 ML 算法中常用的扰动策略示例。当然还有其他可能的示例,但我们将专注于这些方法并在下一节中详细讨论这些扰动方法。

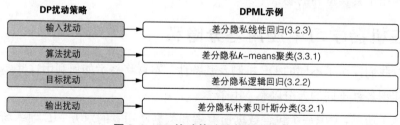

图 3.2　DP 扰动策略及其所在章节

我们将从输入扰动开始,逐步介绍这四种常见的差分隐私 ML 算法的设计原则。

3.1.1　输入扰动

输入扰动噪声被直接添加到输入数据（即训练数据）中，如图 3.3 所示。对经过扰动处理的数据进行非隐私 ML 算法计算（即 ML 训练过程）后，输出（即 ML 模型）将具有差分隐私的性质。例如，主成分分析（PCA）ML 算法的输入是隐私数据的协方差矩阵（Covariance Matrix），输出是一个投影矩阵（PCA 的输出模型）。对协方差矩阵（输入）进行特征分解之前，我们可以向协方差矩阵添加一个对称的高斯噪声矩阵（Symmetric Gaussian Noise Matrix）[1]。现在的输出是一个满足差分隐私的投影矩阵（请记住，这里的目标不是发布投影数据，而是具有 DP 的投影矩阵）。

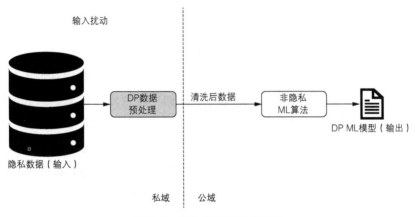

图 3.3　输入扰动的工作流程

输入扰动易于实现，可用于生成经过清洗的数据集且适用于不同类型的 ML 算法。由于这种方法专注于对 ML 模型的输入数据进行扰动，因此相同的过程可以推广到许多不同的 ML 算法中。例如扰动后的协方差矩阵也可以作为许多不同的成分分析算法［如 PCA、线性判别分析（Linear Discriminant Analysis，LDA）和多元判别分析（Multiple Discriminant Analysis，MDA）］的输入。此外根据输入数据的特性，大多数 DP 机制都可以使用输入扰动方法。

然而输入扰动的实现通常需要对 ML 的输入数据添加更多的噪声，因为原始输入数据通常具有较高的敏感度。正如第 2 章所讨论的，DP 中敏感度的最大差异由个人隐私信息导致。具有较高敏感度的数据需要添加更多的噪声以提供相同级别的隐私保证。我们在 3.2.3 节将讨论差分隐私线性回归（Linear Regression），并展示在设计 DP ML 算法时如何使用输入扰动方法。

3.1.2　算法扰动

在算法扰动中,隐私数据被输入到 ML 算法中(可能在非隐私数据预处理程序之后),然后我们使用 DP 机制生成相应的清洗模型(参见图 3.4)。对于需要多次迭代或多个步骤的 ML 算法,采用 DP 机制可以在每次迭代或步骤中扰动中间值(即模型参数)。例如 PCA 的特征分解可以使用幂迭代(Power Iteration)方法,它是一种迭代算法。在带有噪声的幂方法中,可以在算法的每次迭代中添加高斯噪声,该算法可作用于非扰动的协方差矩阵(即输入),从而实现具有 DP 保护机制的 PCA[2]。Abadi 提出了一种基于改进的随机梯度下降(Stochastic Gradient Descent)算法的 DP 深度学习系统,在每次迭代中添加高斯噪声[3]。

由此可见,算法扰动方法通常适用于需要多次迭代或多个步骤的 ML 模型,例如线性回归、逻辑回归(Logistic Regression)或深度神经网络(Deep Neural Networks)。与输入扰动相比,算法扰动需要针对不同 ML 算法进行特定的设计。然而在使用相同隐私预算时,通常会引入较少的噪声,因为训练 ML 模型的中间值通常比原始输入数据具有更低的敏感度。较少的噪声通常会导致 DP ML 模型的可用性更好。3.3.1 节将介绍差分隐私 k-means 聚类,进一步讨论如何在 DP ML 设计中使用算法扰动。

如图 3.4 所示,输入是隐私数据,我们对数据进行预处理(非隐私数据)。然后在 ML 算法训练迭代过程中扰动中间值,最终得到一个 DP ML 模型。

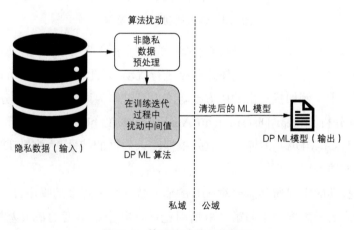

图 3.4　算法扰动的工作流程

3.1.3　输出扰动

如图 3.5 所示,我们使用一个非隐私学习算法以进行输入扰动,然后向生成的模型中添加噪声。例如通过使用指数机制（即通过对一个类似前 k 个 PCA 的子空间的随机的 k 维子空间进行采样）对 PCA 算法生成的投影矩阵进行清洗，实现具有 DP 的 PCA。

一般而言，输出扰动方法通常适用于将复杂统计量作为其模型输出的 ML 算法，例如特征提取和降维算法通常会发布提取的特征。使用投影矩阵进行降维是使用输出扰动的一个合适场景，然而许多需要发布模型并与测试数据进行多次交互的有监督 ML 算法并不适合使用输出扰动，例如线性回归、逻辑回归或支持向量机（Support Vector Machines）。在 3.2.1 节我们将详细介绍差分隐私朴素贝叶斯分类（Naive Bayes Classification），进一步讨论如何在 DP ML 中使用输出扰动。

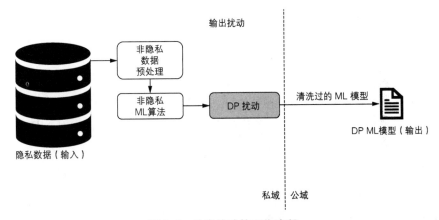

图 3.5　输出扰动的工作流程

如图 3.5 可知，输入隐私数据，我们对数据进行预处理（非隐私），然后对非隐私 ML 算法进行 DP 扰动，最终获得 DP ML 模型。

3.1.4　目标扰动

如图 3.6 所示，目标扰动是指向学习算法的目标函数中添加噪声，例如经验风险最小化算法（Empirical Risk Minimization），使用噪声函数的最小值/最大值作为输出模型。经验风险最小化的核心思想是不能确切地知道一个算法在实际数据上的表现如何，因为不知道算法将处理的数据的真实分布，但是可以根据已知的训练数据集衡量算法的性能，这种衡量称为*经验风险（Empirical Risk）*。因此在目标扰动中，可以设计一种向量机制来调节需要添加的噪声。要详细了解如何实现这一点，请参考附录 A.2。

由图 3.6 可知，输入为隐私数据，我们对数据预处理（非隐私），然后在 ML 模型训练的过程中扰动目标函数，最终得到 DP ML 模型。

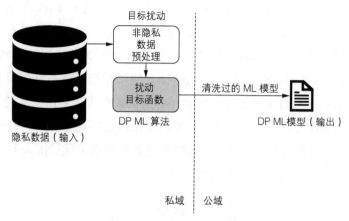

图3.6 目标扰动的工作流程

什么是目标函数?

　　在数学优化中,目标函数试图根据一组约束条件和一个或多个决策变量之间的关系以最大化代价(或最小化损失)。通常损失函数(或代价函数)将一个或多个变量的值映射为实数(数值),然后将其表示为与事件相关的"代价"。在实践中,它可以是一个项目的代价、利润率,甚至是生产线的数量。通过目标函数,我们实现输出、利润、资源利用等方面的目标。

　　在数学术语中,目标函数可以表示如下:

$$\text{Minimize or Maximize} = \sum_{i=1}^{n} c_i X_i$$

　　考虑一个产品利润最大化的例子,有 n 个可能直接影响利润的变量,在这个公式中,X_i 是第 i 个变量,c_i 是第 i 个变量的系数,我们的目标是确定这些变量的最佳设置以达到最大利润。

　　样本空间(*Sample Space*)是一个事件或实验所有可能结果的集合。真实世界的样本空间有时可能既包括有界值(处于特定范围内的值),也包括无限可能结果的无界值,大多数扰动机制都假设样本空间是有界的。当样本空间无界时,会导致敏感度无界,进而导致无界噪声的添加,因此如果样本空间是无界的,可以假设每个样本值在预处理阶段被截断,而截断规则与隐私数据无关。例如可以使用常识或额外的领域知识来确定截断规则。在3.2.2节我们将讨论差分隐私逻辑回归和目标扰动在 DP ML 中的应用。

3.2　差分隐私监督学习算法

监督学习(*Supervised Learning*)使用带有标签的数据,其中每个特征向量与可能是类标签(分类)或连续值(回归)的输出值相关联。有标签的数据用于构建能够预测新特征向量标签的模型(在测试阶段)。在分类任务中,样本通常属于两个或多个类别,ML 算法的目标是确定新样本属于哪个类别。一些算法可能通过找到不同类别之间的分离超平面(Separating Hyperplane)以实现这一目标。以人脸识别为例,可通过测试人脸图像确定他/她是谁。

先前提到的每个应用都可以使用多种分类算法,如支持向量机(SVM)、神经网络或逻辑回归。当样本的标签是连续值(也称为因变量或响应变量)而不是离散值时,任务被称为回归,它的样本由自变量的特征组成。回归的目标是将一个预测模型(如一条线)拟合到观测数据集上,使观测数据点与该线之间的距离最小化。一个例子是根据房屋的位置、邮编和房间数量估计价格。

接下来我们将阐述三种最常见的监督学习算法的 DP 设计:朴素贝叶斯分类、逻辑回归和线性回归。

3.2.1　差分隐私朴素贝叶斯分类

首先我们来了解一下差分隐私朴素贝叶斯分类是如何工作的,以及一些数学解释。

朴素贝叶斯分类

在概率论中,贝叶斯定理描述了由事件相关条件的先验知识支持的事件发生的概率。公式如下所示:

$$P(A \mid B) = \frac{P(B \mid A) \times P(A)}{P(B)}$$

- A 和 B 是事件。
- $P(A \mid B)$ 表示 B 为真的情况下 A 发生的概率。
- $P(B \mid A)$ 表示 A 为真的情况下 B 发生的概率。
- $P(A)$ 和 $P(B)$ 分别表示 A 和 B 独立发生的概率。

朴素贝叶斯分类技术采用贝叶斯定理和特征之间相互独立的假设。

首先假设需要分类的实例是一个 n 维向量 $\boldsymbol{X} = [x_1, x_2, \cdots, x_n]$,特征的名称为 $[F_1, F_2, \cdots, F_n]$,分配给该实例的可能类别 $C = [c_1, c_2, \cdots, c_n]$。

朴素贝叶斯分类器将实例 $\boldsymbol{X}$ 分配给类别 C_s,当且仅当 $1 \leqslant j \leqslant k$ 且 $j \neq s$ 时,$P(C_s \mid$

$\boldsymbol{X}$)$>$$P(C_j|\boldsymbol{X})$。因此分类器需要计算所有类别的 $P(C_j|\boldsymbol{X})$ 并比较这些概率。

使用贝叶斯定理时,概率 $P(C_j|\boldsymbol{X})$ 按下式计算:

$$P(C_j|\boldsymbol{X}) = \frac{P(\boldsymbol{X}|C_j) \times P(C_j)}{P(\boldsymbol{X})}$$

由于 $P(\boldsymbol{X})$ 对于所有类别来说是相同的,我们只需找到具有最大 $P(\boldsymbol{X}|C_j) \cdot P(C_j)$ 的类别。假设特征之间独立,该类别等于 $P(C_j) \cdot \prod_{i=1}^{n} P(F_i = x_i|C_j)$。将 C_j 分配给特定实例 $\boldsymbol{X}$ 的概率与 $P(C_j) \cdot \prod_{i=1}^{3} P(F_i = x_i|C_j)$ 成比例。

以上是朴素贝叶斯分类的数学背景,接下来我们将用示例演示如何应用朴素贝叶斯分类器处理离散和连续数据。

离散朴素贝叶斯

使用表 3.1 中的数据集展示朴素贝叶斯分类器在离散(分类)数据上的概念。

表 3.1　按揭贷款支付数据集的部分摘要

序号	年龄	收入	性别	逾期付款 (Yes 或 No)
1	Young	Low	Male	Yes
2	Young	High	Female	Yes
3	Medium	High	Male	No
4	Old	Medium	Male	No
5	Old	High	Male	No
6	Old	Low	Female	Yes
7	Medium	Low	Female	No
8	Medium	Medium	Male	Yes
9	Young	Low	Male	No
10	Old	High	Female	No

注:年龄、收入和性别是自变量,而逾期按揭付款代表预测任务的因变量。

在这个例子中,分类任务是预测客户是否会逾期按揭付款。因此有两个类别,C_1 和 C_2 分别表示逾期付款和未逾期付款。$P(C_1) = 4/10$,$P(C_2) = 6/10$。此外图 3.7 展示了年龄特征的条件概率,我们可以采用类似的方法计算其他特征的条件概率。

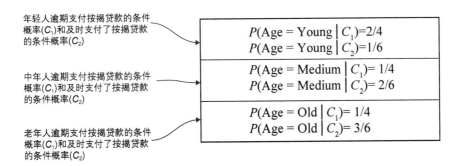

年轻人逾期支付按揭贷款的条件概率(C_1)和及时支付了按揭贷款的条件概率(C_2)

中年人逾期支付按揭贷款的条件概率(C_1)和及时支付了按揭贷款的条件概率(C_2)

老年人逾期支付按揭贷款的条件概率(C_1)和及时支付了按揭贷款的条件概率(C_2)

$P(Age = Young \mid C_1) = 2/4$
$P(Age = Young \mid C_2) = 1/6$

$P(Age = Medium \mid C_1) = 1/4$
$P(Age = Medium \mid C_2) = 2/6$

$P(Age = Old \mid C_1) = 1/4$
$P(Age = Old \mid C_2) = 3/6$

图 3.7 F_1(即年龄)在示例数据集中的条件概率

为了预测中等收入的年轻女性客户是否会逾期付款,可以设置 $X = ($Age$=$Young, Income$=$Medium, Gender$=$Female$)$。然后使用表 3.1 中原始数据的计算结果,得到 $P($Age$=$Young$\mid C_1) = 2/4$,$P($Income$=$Medium$\mid C_1) = 1/4$,$P($Gender$=$Female$\mid C_1) = 2/4$,$P($Age$=$Young$\mid C_2) = 1/6$,$P($Income$=$Medium$\mid C_2) = 1/6$,$P($Gender$=$Female$\mid C_2) = 2/6$,$P(C_1) = 4/10$,以及 $P(C_2) = 6/10$。

为了使用朴素贝叶斯分类器,我们需要比较 $P(C_1) \cdot \prod_{i=1}^{3} P(F_i = x_i \mid C_1)$ 和 $P(C_2) \cdot \prod_{i=1}^{3} P(F_i = x_i \mid C_2)$。由于第一个值等于 0.025(即 $4/10 \times 2/4 \times 1/4 \times 2/4 = 0.025$),第二个值等于 0.005 6(即 $6/10 \times 1/6 \times 1/6 \times 2/6 = 0.005\,6$),通过朴素贝叶斯分类器可以确定给实例 X 分配的结果。换句话说,朴素贝叶斯分类器可以预测一个中等收入的年轻女性客户将会逾期付款。

高斯朴素贝叶斯

涉及连续数据(在任意两个数值数据点之间有无限可能的值)时,一种常见方法是假设这些值符合高斯分布,然后使用这些值的均值和方差计算条件概率。

假设特征 F_i 具有连续的取值范围,对于每个类别 $C_j \in C$,在训练集中计算特征 F_i 的均值 $\mu_{i,j}$ 和方差 $\sigma_{i,j}^2$。然后对于给定的实例 X,使用高斯分布计算条件概率 $P(F_i = x_i \mid C_j)$,公式如下:

$$P(F_i = x_i \mid C_j) = \frac{1}{\sqrt{2\pi\sigma_{i,j}^2}} e^{-\frac{(x_i - \mu_{i,j})^2}{2\sigma_{i,j}^2}}$$

在有大量离散取值的情况下,离散朴素贝叶斯的准确度可能会降低,因为训练集中未出现的值较多,然而高斯朴素贝叶斯也可以用于具有大离散域的特征。

实现差分隐私朴素贝叶斯分类

现在看一下如何使朴素贝叶斯分类实现差分隐私。这个设计遵循输出扰动策略[4]，首先需推导出朴素贝叶斯模型参数的敏感度，然后直接将拉普拉斯机制（即添加拉普拉斯噪声）应用于模型参数（如 2.2.2 节所述）。

首先需要确定模型参数的敏感度，离散朴素贝叶斯和高斯朴素贝叶斯的模型参数具有不同的敏感度。在离散朴素贝叶斯中，模型参数概率值是

$$P(F_i = x_i \mid C_j) = \frac{n_{i,j}}{n}$$

其中，n 是 $C = C_j$ 时训练样本总数，$n_{i,j}$ 是训练样本中同时具有 $F_i = x_i$ 的样本数。

因此 DP 噪声可以添加到训练样本的数量上（即 $n_{i,j}$）。可以看出，无论添加还是删除一个新记录，$n_{i,j}$ 的差异始终为 1。因此对于离散朴素贝叶斯，每个模型参数 $n_{i,j}$ 的敏感度为 1（对于所有特征值 $F_i = x_i$ 和类值 C_j）。

对于高斯朴素贝叶斯，模型参数 $P(F_i = x_i \mid C_j)$ 的值取决于均值 $\mu_{i,j}$ 和方差 $\sigma_{i,j}^2$，因此需要确定这些均值和方差的敏感。假设特征 F_i 的取值受范围 $[I_i, \mu_i]$ 限制。根据 Vaidya 等人[4] 的建议，均值 $\mu_{i,j}$ 的敏感度为 $(\mu_i - I_i)/(n+1)$，方差 $\sigma_{i,j}^2$ 的敏感度为 $n \cdot (\mu_i - I_i)/(n+1)$，其中 n 是 $C = C_j$ 的训练样本数。

为了设计差分隐私朴素贝叶斯分类算法，我们将使用输出扰动策略，每个特征的敏感度计算需考虑特征是离散的还是连续的。适当规模的拉普拉斯噪声（如 2.2.2 节中讨论的拉普拉斯机制）被添加到参数中（对于离散特征是样本数量，对于连续的特征是均值和方差）。图 3.8 展示了算法的伪代码，其中大部分无需解释。

现在我们将实现其中的一些概念，以获得一些实践经验。考虑一个训练朴素贝叶斯分类模型场景，根据人口普查数据集预测一个人年收入是否超过 50 000 美元。在 https://archive.ics.uci.edu/ml/datasets/adult 上可以找到有关数据集的更多细节。

首先需要从成人数据集中加载训练和测试数据。

列表 3.1 载入数据集

```
import numpy as np

X_train = np.loadtxt("https://archive.ics.uci.edu/ml/machine-learning-
➥ databases/adult/adult.data",
➥ usecols=(0, 4, 10, 11, 12), delimiter=", ")

y_train = np.loadtxt("https://archive.ics.uci.edu/ml/machine-learning-
➥ databases/adult/adult.data",
➥ usecols=14, dtype=str, delimiter=", ")
```

```
X_test = np.loadtxt("https://archive.ics.uci.edu/ml/machine-learning-
➡ databases/adult/adult.test",
➡ usecols=(0, 4, 10, 11, 12), delimiter=", ", skiprows=1)

y_test = np.loadtxt("https://archive.ics.uci.edu/ml/machine-learning-
➡ databases/adult/adult.test",
➡ usecols=14, dtype=str, delimiter=", ", skiprows=1)
y_test = np.array([a[:-1] for a in y_test])
```

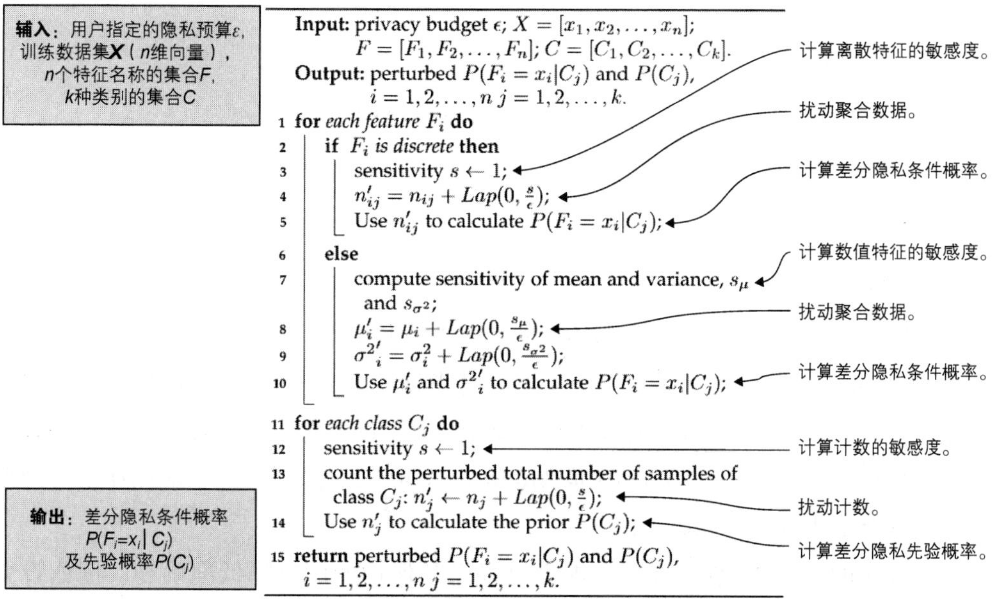

输入：用户指定的隐私预算ϵ, 训练数据集**X**（n维向量）, n个特征名称的集合F, k种类别的集合C	**Input:** privacy budget ϵ; $X = [x_1, x_2, \ldots, x_n]$; $F = [F_1, F_2, \ldots, F_n]$; $C = [C_1, C_2, \ldots, C_k]$. **Output:** perturbed $P(F_i = x_i \mid C_j)$ and $P(C_j)$, $i = 1, 2, \ldots, n$ $j = 1, 2, \ldots, k$.	
	1 **for** *each feature F_i* **do**	
	2 **if** *F_i is discrete* **then**	
	3 sensitivity $s \leftarrow 1$;	计算离散特征的敏感度。
	4 $n'_{ij} = n_{ij} + Lap(0, \frac{s}{\epsilon})$;	扰动聚合数据。
	5 Use n'_{ij} to calculate $P(F_i = x_i \mid C_j)$;	计算差分隐私条件概率。
	6 **else**	
	7 compute sensitivity of mean and variance, s_μ and s_{σ^2};	计算数值特征的敏感度。
	8 $\mu'_i = \mu_i + Lap(0, \frac{s_\mu}{\epsilon})$;	扰动聚合数据。
	9 $\sigma^{2'}_i = \sigma^2_i + Lap(0, \frac{s_{\sigma^2}}{\epsilon})$;	
	10 Use μ'_i and $\sigma^{2'}_i$ to calculate $P(F_i = x_i \mid C_j)$;	计算差分隐私条件概率。
	11 **for** *each class C_j* **do**	
	12 sensitivity $s \leftarrow 1$;	计算计数的敏感度。
	13 count the perturbed total number of samples of class C_j: $n'_j \leftarrow n_j + Lap(0, \frac{s}{\epsilon})$;	扰动计数。
输出：差分隐私条件概率 $P(F_i = x_i \mid C_j)$ 及先验概率 $P(C_j)$	14 Use n'_j to calculate the prior $P(C_j)$;	计算差分隐私先验概率。
	15 **return** perturbed $P(F_i = x_i \mid C_j)$ and $P(C_j)$, $i = 1, 2, \ldots, n$ $j = 1, 2, \ldots, k$.	

图 3.8 差分隐私朴素贝叶斯分类的工作流程

接下来，我们将训练一个常规的（非隐私）朴素贝叶斯分类器并测试其准确度，如以下列表所示。

列表 3.2 非隐私朴素贝叶斯

```
from sklearn.naive_bayes import GaussianNB
nonprivate_clf = GaussianNB()
nonprivate_clf.fit(X_train, y_train)

from sklearn.metrics import accuracy_score

print("Non-private test accuracy: %.2f%%" %
    (accuracy_score(y_test, nonprivate_clf.predict(X_test)) * 100))
```

输出结果将如下所示：

```
> Non-private test accuracy: 79.64%
```

为了应用差分隐私朴素贝叶斯,我们将使用 IBM 的差分隐私库 diffprivlib:

```
!pip install diffprivlib
```

使用 diffprivlib 的 models.GaussianNB 模块,可以训练一个满足差分隐私的朴素贝叶斯分类器。如果没有指定任何参数,模型默认的 epsilon= 1.00。

```
import diffprivlib.models as dp
dp_clf = dp.GaussianNB()

dp_clf.fit(X_train, y_train)

print("Differentially private test accuracy (epsilon=%.2f): %.2f%%" %
➥ (dp_clf.epsilon, accuracy_score(y_test,
➥ dp_clf.predict(X_test)) * 100))
```

将会得到类似输出:

```
> Differentially private test accuracy (epsilon=1.00): 78.59%
```

从上述的输出准确度可以看出,常规(非隐私)朴素贝叶斯分类器的准确度为 79.64%;通过设置 epsilon=1.00,差分隐私朴素贝叶斯分类器的准确度可达到 78.59%。值得注意的是,(非隐私)朴素贝叶斯分类器和差分隐私朴素贝叶斯分类器的训练过程是不确定的,因此可能得到的准确度与列出的准确度略有不同。尽管如此,差分隐私朴素贝叶斯的结果还是略低于其非隐私版本。

使用较小的 epsilon 通常可以在提供更好隐私保护的同时降低准确度。例如设置 epsilon= 0.01:

```
import diffprivlib.models as dp
dp_clf = dp.GaussianNB(epsilon=float("0.01"))
dp_clf.fit(X_train, y_train)

print("Differentially private test accuracy (epsilon=%.2f): %.2f%%" %
➥ (dp_clf.epsilon, accuracy_score(y_test,
➥ dp_clf.predict(X_test)) * 100))
```

现在的输出将如下所示:

```
> Differentially private test accuracy (epsilon=0.01): 70.35%
```

3.2.2　差分隐私逻辑回归

上节介绍了朴素贝叶斯方法在差分隐私监督学习算法中的应用。现在让我们来看一下在差分隐私环境下如何应用逻辑回归。

逻辑回归

逻辑回归(LR)是一种二分类(Binary Classification)模型。LR 通常被表述为通过最小化训练集$(\boldsymbol{X},\boldsymbol{Y})$上的负对数似然来训练参数 $\boldsymbol{w}$,即

$$-\sum_{i=1}^{n}\log(1+\exp(-y_i\boldsymbol{w}^{\mathrm{T}}x_i))$$

其中 $\boldsymbol{X}=[x_1,x_2,\cdots,x_n]$,$\boldsymbol{Y}=[y_1,y_2,\cdots,y_n]$。

与标准的 LR 相比,正则化(Regularized)LR 在损失函数中引入正则化项,因此它被表述为通过训练参数 $\boldsymbol{w}$ 使以下式子最小化:

$$-\sum\log(1+\exp(-y_i\boldsymbol{w}^{\mathrm{T}}x_i))+\lambda\boldsymbol{w}^{\mathrm{T}}\boldsymbol{w}$$

在训练集$(\boldsymbol{X},\boldsymbol{Y})$中,$\boldsymbol{X}=[x_1,x_2,\cdots,x_n]$,$\boldsymbol{Y}=[y_1,y_2,\cdots,y_n]$,$\lambda$ 是设置正则化强度的超参数。

为什么在逻辑回归中需要正则化?

过拟合(Overfitting)是 ML 任务中常见的问题。通常情况下,在一个数据集上训练模型并且模型在该数据集上表现良好,但是在一个新的未见过的数据集上进行测试时,性能会下降。造成这个问题的原因之一是过拟合,即模型过度趋向于训练集,从而忽略泛化的趋势。

正则化被称为缩减方法,因为它会"缩减"回归结果中的系数。这种系数的缩减会降低模型方差,这有助于避免过拟合。简单来说,通过正则化,当输入变量发生变化时,模型的预测相对于没有正则化时变化更小。

实现差分隐私逻辑回归

设计差分隐私逻辑回归时可以采用目标扰动策略,将噪声添加到学习算法的目标函数中。基于经验风险最小化的向量机制决定噪声函数的最小值和最大值,以生成 DP 噪声输出模型。

Chaudhuri 等人提出的定理 3.1 给出了正则化逻辑回归敏感度的表达式[5]。训练数据输入集合$\{(x_i,y_i)\in\boldsymbol{X}\times\boldsymbol{Y}:i=1,2,\cdots,n\}$包含 n 个数据标签对。此外,我们用符号 $\|\boldsymbol{A}\|_2$ 表示 $\boldsymbol{A}$ 的 L_2 范数(norm)。我们要训练参数 $\boldsymbol{w}$,λ 是正则化强度的超参数。

定理 3.1

如果 $\| \boldsymbol{X}_i \| \leqslant 1$ 且 $\sum_{i=1}^{n} \log(1 + \mathrm{e}^{-y_i \boldsymbol{w}^{\mathrm{T}} x_i})$ 是 1-Lipschitz，对于任意的 $\boldsymbol{X}$,

$\boldsymbol{X}'$, $\mathrm{dist}(\boldsymbol{X}, \boldsymbol{X}') = 1$，有 $\| f(\boldsymbol{X}) - f(\boldsymbol{X}') \|_2 \leqslant \dfrac{2}{\lambda \cdot n}$,

其中 $f(\boldsymbol{X}) = \mathrm{argmax}_w \dfrac{1}{n} \sum_{i=1}^{n} \log(1 + \mathrm{e}^{-y_i \boldsymbol{w}^{\mathrm{T}} x_i}) + \dfrac{\lambda}{2} \boldsymbol{w}^{\mathrm{T}} \boldsymbol{w}$。

可以参考原文中的数学证明和具体步骤。现在要关注的是敏感度计算，即 $\| f(\boldsymbol{X}) - f(\boldsymbol{X}') \|_2$ 差值，它小于或等于 $2/\lambda \cdot n$。

现在使用目标扰动策略设计差分隐私逻辑回归算法，其中敏感度根据定理 3.1 计算，图 3.9 是伪代码。关于基于经验风险最小化向量机制的更多细节，请参考原文[5]。

继续之前的场景，基于之前使用的成年人数据集，通过训练一个逻辑回归分类模型预测一个人年收入是否超过 50 000 美元。首先从成年人数据集中加载训练和测试数据。

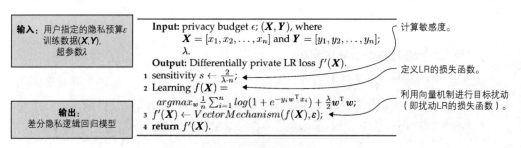

图 3.9　差分隐私逻辑回归的工作流程

列表 3.3　载入测试数据和训练数据

```
import numpy as np

X_train = np.loadtxt("https://archive.ics.uci.edu/ml/machine-learning-
  databases/adult/adult.data",
  usecols=(0, 4, 10, 11, 12), delimiter=", ")

y_train = np.loadtxt("https://archive.ics.uci.edu/ml/machine-learning-
  databases/adult/adult.data",
  usecols=14, dtype=str, delimiter=", ")

X_test = np.loadtxt("https://archive.ics.uci.edu/ml/machine-learning-
  databases/adult/adult.test",
  usecols=(0, 4, 10, 11, 12), delimiter=", ", skiprows=1)

y_test = np.loadtxt("https://archive.ics.uci.edu/ml/machine-learning-
  databases/adult/adult.test",
  usecols=14, dtype=str, delimiter=", ", skiprows=1)

y_test = np.array([a[:-1] for a in y_test])
```

对于 diffprivlib，当特征被缩放并用于控制数据范数时，LogisticRegression 效果最好。为了简化这一过程，在 sklearn 中创建一个 Pipeline：

```
from sklearn.linear_model import LogisticRegression
from sklearn.pipeline import Pipeline
from sklearn.preprocessing import MinMaxScaler

lr = Pipeline([
    ('scaler', MinMaxScaler()),
    ('clf', LogisticRegression(solver="lbfgs"))
])
```

首先训练一个普通（非隐私）的逻辑回归分类器，并测试其准确度：

```
lr.fit(X_train, y_train)

from sklearn.metrics import accuracy_score

print("Non-private test accuracy: %.2f%%" % (accuracy_score(y_test,
➡ lr.predict(X_test)) * 100))
```

将会得到以下输出：

```
> Non-private test accuracy: 81.04%
```

为了应用差分隐私逻辑回归，首先需要安装 IBM 差分隐私库：

```
!pip install diffprivlib
```

使用 diffprivlib 的 diffprivlib.models.LogisticRegression 模块，可以训练一个满足 DP 的逻辑回归分类器。

如果不指定任何参数，模型默认 epsilon= 1 和 data_norm= None。如果初始化时没有指定数据范数（如本例），第一次调用 .fit() 时将对数据进行范数计算并且会抛出一个警告，因为这会导致隐私泄露。为了确保没有额外的隐私泄露，应该明确指定数据范数作为参数，并选择独立于数据的边界。例如可以应用相关的领域知识来达成这一目标。

列表 3.4 训练一个逻辑回归分类器

```
import diffprivlib.models as dp
dp_lr = Pipeline([
    ('scaler', MinMaxScaler()),
    ('clf', dp.LogisticRegression())
])

dp_lr.fit(X_train, y_train)
```

```
print("Differentially private test accuracy (epsilon=%.2f): %.2f%%" %
➡ (dp_lr['clf'].epsilon, accuracy_score(y_test,
➡ dp_lr.predict(X_test)) * 100))
```

将得到与如下内容类似的结果：

```
> Differentially private test accuracy (epsilon=1.00): 80.93%
```

从前面输出准确度可以看出，常规（非隐私）逻辑回归分类器准确度为 81.04%；通过设置 epsilon= 1.00，差分隐私逻辑回归可以达到 80.93% 的准确度。使用较小的 epsilon 通常会带来更好的隐私保护，但准确度较差。例如设置 epsilon= 0.01：

```
import diffprivlib.models as dp
dp_lr = Pipeline([
    ('scaler', MinMaxScaler()),
    ('clf', dp.LogisticRegression(epsilon=0.01))
])

dp_lr.fit(X_train, y_train)

print("Differentially private test accuracy (epsilon=%.2f): %.2f%%" %
➡ (dp_lr['clf'].epsilon, accuracy_score(y_test,
➡ dp_lr.predict(X_test)) * 100))
```

预期结果将会是这样的：

```
> Differentially private test accuracy (epsilon=0.01): 74.01%
```

3.2.3 差分隐私线性回归

与逻辑回归不同，线性回归模型定义了观测目标变量与数据集中多个解释变量之间的线性关系，通常用于趋势预测的回归分析。计算这样一个模型最常见的方法是采用线性近似方法最小化数据集中观测目标（解释变量的）与预测目标（解释变量的）之间的残差平方和。

让我们深入研究一下理论基础，可以将线性回归的标准问题表述为寻找 $\boldsymbol{\beta} = \mathrm{argmin}_{\boldsymbol{\beta}} \parallel \boldsymbol{X\beta} - \boldsymbol{y} \parallel^2$，其中 $\boldsymbol{X}$ 是解释变量的矩阵，$\boldsymbol{y}$ 是被解释变量的向量，而 $\boldsymbol{\beta}$ 是待估计的未知系数向量。

岭回归是线性回归的一种正则化，可以表述为 $\boldsymbol{\beta}^R = \mathrm{argmin}_{\boldsymbol{\beta}} \parallel \boldsymbol{X\beta} - \boldsymbol{y} \parallel^2 + w^2 \parallel \boldsymbol{\beta} \parallel^2$，它有一个封闭形式的解：$\boldsymbol{\beta}^R = (\boldsymbol{X}^{\mathrm{T}}\boldsymbol{X} + w^2 \boldsymbol{I}_{P \times P}) \boldsymbol{X}^{\mathrm{T}} \boldsymbol{y}$，其中 w 被用来最小化 $\boldsymbol{\beta}^R$ 的风险。

设计差分隐私线性回归的问题变成了设计二阶矩阵的差分隐私近似问题。为了实现这一目标，Sheffet[6] 提出了一种使用 Wishart 机制向二阶矩阵添加噪声的算法。关于更多细节，可以参考原文，但这足以让我们继续进行下面的演示。

考虑在一个糖尿病数据集上训练线性回归模型的情景。这是另一个在 ML 研究者中流行的数据集,可以在这个网址找到更多相关信息:https://archive. ics. uci. edu/ml/datasets/diabetes。使用 scikit-learn(https://scikit-learn. org/stable/auto _ examples/linear_model/plot_ols. html)给的例子,我们用糖尿病数据集训练和测试一个线性回归模型。

首先加载数据集并将其划分为训练样本和测试样本(按 80/20 的比例划分):

```
from sklearn.model_selection import train_test_split
from sklearn import datasets

dataset = datasets.load_diabetes()
X_train, X_test, y_train, y_test = train_test_split(dataset.data,
➡ dataset.target, test_size=0.2)
print("Train examples: %d, Test examples: %d" % (X_train.shape[0],
➡ X_test.shape[0]))
```

我们将会得到一个类似下面的结果,结果中包括训练集和测试集中的样本数量:

```
> Train examples: 353, Test examples: 89
```

现在使用 scikit-learn 库中原有的 LinearRegression 函数为实验建立一个非隐私基准。使用 r-squared 分数评估模型的拟合优度(Goodness-of-Fit),r-squared 分数是一个统计指标,表示回归模型中一个或多个自变量所表示的因变量方差的比例。较高的 r-squared 分数表示更好的线性回归模型。

```
from sklearn.linear_model import LinearRegression as sk_LinearRegression
from sklearn.metrics import r2_score

regr = sk_LinearRegression()
regr.fit(X_train, y_train)
baseline = r2_score(y_test, regr.predict(X_test))
print("Non-private baseline: %.2f" % baseline)
```

结果如下所示:

```
> Non-private baseline: 0.54
```

应用差分隐私线性回归,首先要安装 IBM 差分隐私库(如果尚未安装):

```
!pip install diffprivlib
```

现在训练一个差分隐私线性回归器(epsilon=1.00),其中训练得到的模型相对于训练数据是差分隐私的:

```
from diffprivlib.models import LinearRegression
```

```
regr = LinearRegression()
regr.fit(X_train, y_train)

print("R2 score for epsilon=%.2f: %.2f" % (regr.epsilon,
➡ r2_score(y_test, regr.predict(X_test))))
```

我们将获得类似于以下内容的 R2 分数：

```
> R2 score for epsilon=1.00: 0.48
```

3.3　差分隐私无监督学习算法

无监督学习（Unsupervised Learning）是一种从无标签数据中学习模式的算法。在这种类型的学习中，特征向量没有类标签或响应变量。在这种情况下，目标是找到数据的结构。

聚类可能是最常见的无监督学习技术，它的目标是将一组样本分为不同的簇（Clusters）。同一簇中的样本应该与其他簇中的样本相对相似且不同（相似性度量可以是欧几里得距离）。k-means 聚类是最流行的聚类方法之一，在许多应用中都有使用。本节将介绍 k-means 聚类的差分隐私设计，使读者更好地了解该设计过程。

差分隐私 k-means 聚类

现在从研究 k-means 聚类及其工作原理开始，然后转向差分隐私无监督学习算法。

什么是 k-means 聚类？

概括来说，k-means 聚类试图将相似的项目分成簇或组。假设有一组数据点，我们希望根据它们的相似性将其分配到不同的组（或簇）中，组的数量由 k 表示。

k-means 有多种不同的实现方法，包括 Lloyd、MacQueen 和 Hartigan-Wong 的 k-means 算法。我们将看一下 Lloyd 的 k-mean 算法[7]，因为它是最广为人知的 k-means 实现方法之一。

在训练 k-means 模型的过程中，算法首先从随机选择的 k 个质心点开始，这些质心点代表 k 个聚类。然后算法迭代地将样本聚类到最近的质心点，并通过计算聚类到质心点样本的均值更新质心点。

我们来看一个例子，在超市的生鲜区会看到不同种类的水果和蔬菜，这些物品按照种类被分组排放：所有苹果放在一起，橙子放在一起，依此类推。它们很快形成了组或聚类，每个物品都在同类的组中形成聚类。

实现差分隐私 k-means 聚类

上文已经概述了 k-means 聚类，接下来开始逐步介绍差分隐私 k-means 聚类。该设计采用 DPLloyd[8]（Lloyd 的 k-means 的扩展）的算法扰动策略，我们在 Lloyd 算法的迭代更新中应用拉普拉斯机制（即添加拉普拉斯噪声）。实质上，该算法在居中的质心和聚类大小上添加拉普拉斯噪声以实现差分隐私保护。

假设 k-means 聚类的每个样本都是一个 d 维点，并假设 k-means 算法有一个预定的运行迭代次数，用 t 来表示。在 k-means 算法的每次迭代中，计算两个值：

- 每个聚类 C_i 的样本总数，表示为 n_i（即计数查询）
- 每个聚类 C_i 的样本总和（用于重新计算质心），用 s_i 来表示（即求和查询）

然后 k-means 每个样本涉及 $d \cdot t$ 个求和查询和 t 个计数查询。添加或删除一个新样本将使 n_i 增加或减少 1，并且此操作可能在每次迭代中发生，因此 n_i 的敏感度为 t。假设每个样本的维度（即特征）的大小在 $[-r, r]$ 内受限，添加或删除一个新样本，x_i 的差异将为 $d \cdot r \cdot t$。

如上所述，使用算法扰动策略设计差分隐私 k-means 聚类算法，计算计数查询和求和查询的敏感度。我们将拉普拉斯机制（即添加拉普拉斯噪声）应用于 Lloyd 算法的迭代更新，向居中的质心和聚类大小添加噪声。图 3.10 展示了算法的伪代码，大部分无需解释。

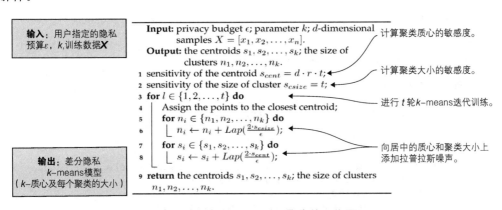

图 3.10　差分隐私 k-means 聚类的工作原理

在 scikit-learn 的 load_digits 数据集上训练一个 k-means 聚类模型。按照 scikit-learn 给出的示例，使用 load_digits 数据集训练和测试 k-means 模型。如列表 3.5 所示，使用几种不同的指标评估聚类性能，评估聚类算法的性能并不像计算错误数量或监督分类算法的精度（Precision）和召回率（Recall）那样简单。因此我们将关注同质性（Homogeneity）、完整性（Completeness）、V-measure 分数以及调整兰德指数（Adjusted Rand Index，ARI）和调整互信息（Adjusted Mutual Information，AMI）分数。请参考 scikit-learn

文档获取详细步骤和数学公式的说明：https://scikit-learn.org/stable/modules/clustering.html#clustering-evaluation。

列表 3.5　训练一个 k-means 聚类模型

```python
import numpy as np
from time import time
from sklearn import metrics
from sklearn.cluster import KMeans
from sklearn.datasets import load_digits
from sklearn.preprocessing import scale

X_digits, y_digits = load_digits(return_X_y=True)
data = scale(X_digits)

n_samples, n_features = data.shape
n_digits = len(np.unique(y_digits))
labels = y_digits

sample_size = 1000

print("n_digits: %d, \t n_samples %d, \t n_features %d"
    % (n_digits, n_samples, n_features))
> n_digits: 10,   n_samples 1797,   n_features 64

print('init\t\tttime\tinertia\thomo\tcompl\tv-meas\tARI\tAMI\tsilhouette')
> nit time inertia homo compl v-meas ARI AMI silhouette

def bench_k_means(estimator, name, data):
    t0 = time()
    estimator.fit(data)
    print('%-9s\t%.2fs\t%i\t%.3f\t%.3f\t%.3f\t%.3f\t%.3f\t%.3f'
          % (name, (time() - t0), estimator.inertia_,
             metrics.homogeneity_score(labels, estimator.labels_),
             metrics.completeness_score(labels, estimator.labels_),
             metrics.v_measure_score(labels, estimator.labels_),
             metrics.adjusted_rand_score(labels, estimator.labels_),
             metrics.adjusted_mutual_info_score(labels,
             estimator.labels_),
             metrics.silhouette_score(data, estimator.labels_,
                                      metric='euclidean',
                                      sample_size=sample_size)))
```

现使用 scikit-learn 库中的 KMeans 函数建立实验的非隐私基准。使用 k-means++ 和 random 初始化方法：

```python
bench_k_means(KMeans(init='k-means++', n_clusters=n_digits, n_init=100),
              name="k-means++", data=data)

bench_k_means(KMeans(init='random', n_clusters=n_digits, n_init=100),
              name="random", data=data)
```

结果可能类似于图 3.11。上述代码涵盖了不同的评分指标,如同质性、完整性等。同质性、完整性和 V-measure 分数的取值范围在 0.0 到 1.0 之间,数值越高越好。直观上,对于具有较差 V-measure 的聚类使用同质性和完整性分数进行定性分析可以更好地确定分配中出现了哪些错误。对于 ARI、AMI 和轮廓系数分数,取值范围为−1 到 1,同样数值越高越好。最后要注意,较低的值通常表示两个基本独立的标签,而接近 1 的值表示存在显著一致性。

```
init         time    inertia homo    compl   v-meas  ARI     AMI     silhouette
k-means++    3.57s   69404   0.605   0.653   0.628   0.467   0.624   0.149
random       2.03s   69408   0.600   0.648   0.623   0.464   0.619   0.152
```

图 3.11　比较结果:k-means＋＋与随机初始化

现在应用差分隐私进行 k-means 聚类:

```
!pip install diffprivlib
from diffprivlib.models import KMeans

bench_k_means(KMeans(epsilon=1.0, bounds=None, n_clusters=n_digits,
➡ init='k-means++', n_init=100), name="dp_k-means", data=data)
```

一旦应用差分隐私 k-means 聚类,我们将看到类似图 3.12 的结果。与 k-means＋＋和随机初始化相比,dp_k-means 的结果变化更大,但它提供了更好的隐私保障。比较不同评分指标的数值时,我们将看到 DP 是如何影响最终结果的。

```
init         time    inertia homo    compl   v-meas  ARI     AMI     silhouette
k-means++    3.59s   69418   0.604   0.653   0.628   0.467   0.624   0.139
random       2.20s   69406   0.605   0.653   0.628   0.469   0.623   0.146
dp_k-means   0.14s   97953   0.253   0.392   0.307   0.142   0.300   -0.005
```

图 3.12　应用差分隐私 k-means 聚类的比较结果

现在已经研究了几种差分隐私 ML 算法的设计和应用,并进行了一些实践性实验。下一节我们将以差分隐私主成分分析(PCA)作为一个案例研究,让读者能更好地了解设计差分隐私 ML 算法的过程。

3.4　案例研究——差分隐私主成分分析

前面的章节讨论了目前应用中常用的 DP 机制以及各种差分隐私 ML 算法的设计和应用。本节将讨论如何设计差分隐私主成分分析(PCA),并把它作为一个案例研究使读者更好地了解设计差分隐私 ML 算法的过程。本节的部分内容已发表在论文[9]中,可以参考该论文获取更多详细信息。此案例研究的实现可以在本书的 GitHub 仓库中找到:
https://github.com/nogrady/PPML/blob/main/Ch3/distr_dp_pca-master.zip。

注意 本节旨在使读者更好地了解案例研究中所有的数学公式和实证评估,理解如何从头开发一个差分隐私应用。如果暂时不需要了解这些实现细节,可以跳过本节,稍后再回来阅读。

3.4.1 横向分割数据上 PCA 的隐私

PCA 是一个统计过程,它从底层数据中计算一个低维子空间,并生成一组新变量,这些变量是原始变量的线性组合。主成分分析广泛应用于各种数据挖掘和 ML 应用中,如网络入侵检测(Network Intrusion Detection)、推荐系统(Recommendation Systems)、文本和图像处理等。

2016 年,Imtiaz 等人首先提出了隐私保护的分布式 PCA 协议[10]。该协议的主要思想是通过聚合每个数据所有者的局部 PCA 以逼近全局 PCA,其中数据所有者持有横向分割(Horizontally Partitioned)的数据。然而他们的工作在运行时间和可用性方面存在问题,并且局部主成分无法很好地表示数据。具体而言,他们的解决方案要求所有数据所有者在线并逐个传输局部 PCA 数据。这种串行计算使协议依赖于数据数量,严重降低了效率和可扩展性(Scalability)。此外,当数据量远小于特征数量时,局部主成分无法很好地表示主成分的可用性。

> **数据的横向分割和纵向分割的区别**
>
> 在许多实际的大规模解决方案中,数据通常被划分为可以单独管理和访问的分割。分割可以提高可扩展性和性能,同时减少竞争(Contention)。横向分割[通常称为分片(Sharding)]将行分割成具有相同模式和列的多个数据库,纵向分割(Vertical Partitioning)将列分割成包含相同行的多个数据存储区。

案例研究假设数据是横向分割的,这意味着所有的数据共享相同的特征。数据所有者的数量超过数百个。假设一个不可信的数据使用者希望知道分布式数据的主成分,诚实但好奇的中间方被称为代理(Proxy),其在数据使用者和数据所有者之间工作。

数据所有者对自己的数据进行加密同时将其发送给代理,代理在加密数据上运行差分隐私聚合算法,并将输出发送给数据使用者。然后数据使用者在无需知道底层数据的内容的情况下根据输出计算主成分。

在实验中我们将研究所提出的协议的运行时间、可用性和隐私权衡,并将其与先前的工作进行比较。

> **"诚实但好奇"是什么意思?**
>
> 通常在通信协议中,诚实但好奇的攻击者是合法的参与者或用户,他们不会违背协议所定义的限制,但会尝试从合法接收的消息中获取尽可能多的信息。

在继续协议设计之前,简要回顾一下 PCA 和同态加密(Homomorphic Encryption)的概念。

主成分分析是如何工作的

我们来快速了解一下 PCA 的数学表达式。给定一个方阵 A,A 的特征向量 v 是一个非零向量,当 A 作用于它时方向不发生改变,因此

$$Av = \lambda v$$

λ 是一个实数标量,称为特征值。假设 $A \in \mathbb{R}^{n \times n}$ 是一个矩阵,最多有 n 个特征向量,每个特征向量都与一个不同的特征值相关联。

考虑一个包含 N 个样本 $(X_1, X_2, \cdots, X_N)$ 的数据集,每个样本有 M 个特征 $(x^i \in)$。中心调整的散布矩阵(Center-Adjusted Scatter Matrix)$\bar{S} \in \mathbb{R}^{M \times M}$ 计算如下:

$$\bar{S} = \sum_{i=1}^{N} (x_i - \mu)(x_i - \mu)^{\mathrm{T}} = U\Lambda U^{\mathrm{T}}$$

μ 是均值向量,$\mu = 1/N \sum_{i=1}^{N} X_i$。通过对 $\bar{S}$ 进行特征值分解(EVD),可以得到 Λ 和 U,$\Lambda = \mathrm{diag}(\lambda_1, \lambda_2, \cdots, \lambda_M)$ 是一个特征值的对角矩阵。

这些特征值可以按照绝对值非递增的顺序进行排列,换句话说,$\|\lambda_1\| \geqslant \|\lambda_2\| \geqslant \cdots \geqslant \|\lambda_M\|$,$U = [u_1 \quad u_2 \quad \cdots \quad u_M]$ 是一个 $M \times M$ 的矩阵,其中 u_j 表示的是第 j 个特征向量。

在 PCA 中,每个特征向量代表一个主成分。

什么是同态加密?

同态加密是这项工作的基本构造模块,它允许在加密数据上进行计算,解密生成的结果与在明文上执行的操作结果相匹配。本节将使用 Paillier 加密系统实现该协议。

正如前文所述,Paillier 加密系统是由 Pascal Paillier 引入的一种用于公钥密码学的概率非对称算法(一种半同态加密方案)。

函数 $\varepsilon_{pk}[\cdot]$ 是使用公钥 pk 的加密方案,函数 $D_{sk}[\cdot]$ 是用私钥 sk 的解密方案。加法同态加密可以定义为:

$$a+b=D_{sk}\left[\varepsilon_{pk}[a]\otimes\varepsilon_{pk}[b]\right]$$

$\otimes$表示在加密域中的模乘法运算符,a 和 b 是明文消息。乘法同态加密可以定义为:

$$a \cdot b=D_{sk}\left[\varepsilon_{pk}[a]^{b}\right]$$

由于加密系统只接受整数作为输入,实数应该离散化。在这个例子中,将采用以下公式:

$$\text{Discretize}_{e,F}(x)=\left\lfloor \frac{(2^{e}-1) \cdot (x-\min_{F})}{\max_{F}-\min_{F}}\right\rfloor$$

其中 e 表示位数,$\min_{F}$ 和 $\max_{F}$ 是特征 F 的最小值和最大值,x 是要离散化的实数,而 $\text{Discretize}_{(e,F)}(x)$ 的取值范围为 $[0,2^{(e-1)}]$。

3.4.2 在横向分割的数据上设计差分隐私 PCA

首先回顾一下想要实现的目标(参见图 3.13)。假设有 L 个数据所有者,每个数据所有者 l 都有一个数据集 $X^{l} \in \mathbb{R}^{N^{l}\times M}$,$M$ 是维数,N^{l} 是 l 持有的样本数。对 X^{l} 的横向聚合,$l=1,2,\cdots,L$ 生成一个数据矩阵 $\boldsymbol{X} \in \mathbb{R}^{(N\times M)}$,其中 $N=\sum_{l=1}^{L}N^{l}$。现在假设数据使用者想在 $\boldsymbol{X}$ 上执行 PCA。为了保护原始数据的隐私,数据所有者不会以明文形式与数据使用者共享原始数据。

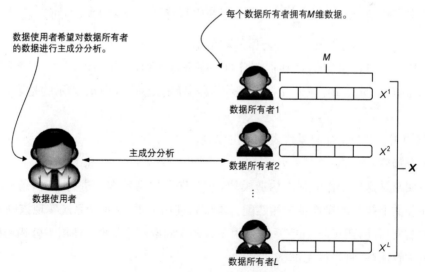

图 3.13 分布式 PCA 的高级概述

为了满足上述要求,需要设计一个差分隐私分布式 PCA 协议,允许数据使用者执行 PCA,但除了主成分之外 PCA 不能学习到任何其他信息。图 3.14 是差分隐私分布式 PCA 协议的设计。在这种情况下,假设数据所有者是诚实的,不会相互串谋,但数据使用者是不可信的并且希望学习到比主成分更多的信息。代理作为一个诚实但好奇的中间方,不会与数据使用者或所有者串谋。

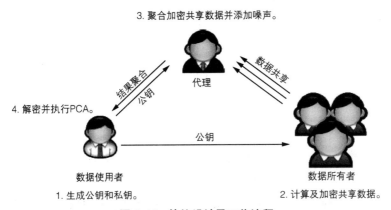

图 3.14 协议设计及工作流程

为了学习 X 的主成分,需要计算 X 的散布矩阵。在协议中,每个数据所有者 l 计算 X^l 的共享数据。为了防止代理知道原始学习数据,每份共享数据在发送给代理之前都是加密的。一旦代理收到每个数据所有者加密的共享数据,代理就会运行差分隐私聚合算法并将聚合结果发送给数据使用者。然后数据使用者根据结果构建散布矩阵并计算主成分。图 3.14 概括了这些步骤。

计算散布矩阵

分布式散布矩阵的计算。

假设有 L 个数据所有者,每个数据所有者 l 都有一个数据集,$X^l \in \mathbb{R}^{N^l \times M}$,其中 M 是维数,N^l 是 l 所持有的样本数。每个数据所有者在本地计算共享数据,包含

$$R^l = \sum_{i=1}^{N^l} \boldsymbol{x}_i \boldsymbol{x}_i^{\mathrm{T}}, \quad \boldsymbol{v}^l = \sum_{i=1}^{N^l} \boldsymbol{x}_i$$

其中 $\boldsymbol{x}_i = [\begin{matrix} x_{i1} & x_{i2} & \cdots & x_{iM} \end{matrix}]^{\mathrm{T}}$e,散布矩阵 $\bar{\boldsymbol{S}}$ 可以通过对每个数据所有者的共享数据求和进行计算:

$$\bar{S} = \sum_{i=1}^{N} (x_i - \mu)(x_i - \mu)^{\mathsf{T}}$$

$$= \sum_{i=1}^{N} x_i x_i^{\mathsf{T}} - N\mu\mu^{\mathsf{T}}$$

$$= \sum_{l=1}^{L} R^l - \frac{1}{N}vv^{\mathsf{T}}$$

$$= R - \frac{1}{N}vv^{\mathsf{T}}$$

其中

$$\mu = \frac{1}{N}\sum_{i=1}^{N} x_i, \quad R = \sum_{l=1}^{L} R^l, \quad v = \sum_{l=1}^{L} v^l, \quad N = \sum_{l=1}^{L} R^l$$

分布式散布矩阵计算允许每个数据所有者同时计算局部结果。与其他方法[10]不同，这种方法减少了数据所有者之间的依赖性并允许同时发送共享数据。

协议设计

防止代理泄漏任何可能的数据是至关重要的，所以每份共享数据都应该由数据所有者加密，然后代理将接收到的加密共享数据进行聚合。为了防止来自 PCA 的推断，代理在聚合结果中添加了一个噪声矩阵，使得散布矩阵的近似值满足(ε,δ)-DP，随后将聚合结果发送给数据使用者。

什么是(ε,δ)-DP？δ是另一个隐私预算参数。当$\delta=0$时，算法满足ε-DP，它比$\delta>0$的(ε,δ)-DP 有更强的隐私保证。关于δ的更多细节可以在附录 A.1 中找到。

这可以看作是一种松弛的ε-DP，它通过允许以一个小概率的δ使隐私预算上界ε不成立削弱了差分隐私的定义。如果考虑 DP 的实用性，会导致数据发布处于两难境地，你不能始终忠实于数据并保护所有人的隐私。在输出的可用性和隐私之间存在一个权衡，特别是在有异常值的情况下，一个ε隐私发布几乎没有任何可用性（因为敏感度非常大，导致添加大量的噪声）。

另一种方法是移除异常值或将其值裁剪（Clip）到更合理的敏感度范围内。这样的输出将有更好的可用性，但不再是数据集的真实表示。

所有这些都会导致(ε,δ)隐私问题。数据使用者解密结果，构建散布矩阵的近似矩阵并进行之前描述的 PCA 计算。下面介绍这些步骤：

1. 数据使用者为 Paillier 加密系统生成密钥对（pk 和 sk），并将 pk 发送给代理和数据所有者。在实践中，密钥的安全分发很重要，但这里不强调这个过程。

此后,数据所有者计算共享值 $R^l, v^l, l=1,2,\cdots,L$,并将 $\varepsilon_{pk}[R^l]$、$\varepsilon_{pk}[v^l]$、$\varepsilon_{pk}[N^l]$ 发送给代理。

2. 收到每个数据所有者的加密共享数据后,代理聚合这些共享值并应用对称矩阵噪声使其满足 DP。图 3.15 的算法 1 展示了该过程。

接下来看一下算法 1 是如何工作的:

1. 2～4 行:聚合每个数据所有者的共享数据。

$$\varepsilon_{pk}[R]=\otimes_{l=1}^{L}\varepsilon_{pk}[R^l]$$

$$\varepsilon_{pk}[v]=\otimes_{l=1}^{L}\varepsilon_{pk}[v^l]$$

$$\varepsilon_{pk}[N]=\otimes_{l=1}^{L}\varepsilon_{pk}[N^l]$$

2. 5～7 行:构建带有噪声的 $\varepsilon_{pk}[v']$。为了防止数据使用者从 v 中学到信息,代理将随机向量 $\varepsilon_{pk}[b]$ 与 $\varepsilon_{pk}[v]$ 相加生成一个带有噪声的 $\varepsilon_{pk}[v']$,使得 $\varepsilon_{pk}[v']=\varepsilon_{pk}[v]\otimes\varepsilon_{pk}[b]$。可以证明,$v'v'^{\mathrm{T}}$ 的元素 v'_{ij} 是

$$v'_{ij}=(v_i+b_i)(v_j+b_j)$$
$$=v_iv_j+v_ib_j+b_iv_j+b_ib_j$$

方程两边都除以 N,得到

$$\frac{v'v'^{\mathrm{T}}}{N}=\frac{vv^{\mathrm{T}}}{N}+G$$

$$G_{ij}=\frac{v_ib_j+b_iv_j+b_ib_j}{N}$$

因此

$$\frac{v'_{ij}}{N}=\frac{v_iv_j}{N}+\frac{v_ib_j+b_iv_j+b_ib_j}{N}$$

回顾一下,在 Paillier 加密系统中,乘法同态性质被定义为

$$\varepsilon_{pk}[a \cdot b]=\varepsilon_{pk}[a]^b$$

$\varepsilon_{pk}[G_{ij}]$ 计算公式如下

$$\varepsilon_{pk}[G_{ij}]=\varepsilon_{pk}[v_i]^{\frac{b_j}{N}}\otimes\varepsilon_{pk}[v_j]^{\frac{b_i}{N}}\otimes\varepsilon_{pk}\left[\frac{b_ib_j}{N}\right]$$

在这里可以将 b 与 N 相乘使指数成为整数。需要注意的是在加密过程中,代理

必须知道 N。为了实现这一点，代理向数据使用者发送 $\varepsilon_{pk}[N]$，数据使用者在解密后将 N 作为明文返回。

3. 8～10 行：应用对称矩阵使其满足 (ε,δ)-DP。代理根据 DP 参数 (ε,δ) 生成 $G' \in \mathbb{R}^{M \times M}$，并得到 $\varepsilon_{pk}[R']$、$\varepsilon_{pk}[v']$，其中

$$\varepsilon_{pk}[R'] = \varepsilon_{pk}[R] \otimes \varepsilon_{pk}[G] \otimes \varepsilon_{pk}[G']$$
$$\varepsilon_{pk}[v'] = \varepsilon_{pk}[v] \otimes \varepsilon_{pk}[b]$$

然后将 $\varepsilon_{pk}[R']$、$\varepsilon_{pk}[v']$ 发送给数据使用者。

在收到代理发送的聚合结果 $\varepsilon_{pk}[N]$、$\varepsilon_{pk}[R']$、$\varepsilon_{pk}[v']$ 后，数据使用者对每个结果进行解密并计算。

$$\bar{S}' = R' - \frac{1}{N} v' v'^{\mathrm{T}}$$

通过 $\bar{S}'$，数据使用者可以进行特征向量计算并获取主成分。

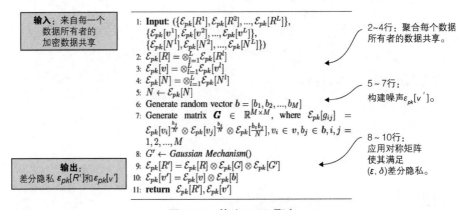

输入：来自每一个数据所有者的加密数据共享

2～4行：聚合每个数据所有者的数据共享。

5～7行：构建噪声 $\varepsilon_{pk}[v']$。

8～10行：应用对称矩阵使其满足 (ε,δ) 差分隐私。

输出：差分隐私 $\varepsilon_{pk}[R']$ 和 $\varepsilon_{pk}[v']$

图 3.15　算法 1：DP 聚合

安全和隐私性分析

现在需要确定该协议是否足够安全。在示例中，假设数据使用者是不可信的，代理是诚实但好奇的。此外，假设代理不会与数据使用者或数据所有者串谋。

为了保护数据免受代理的攻击，数据所有者对 R^l、v^l 和 N^l 进行加密。在协议执行过程中，代理只以明文形式学习 N，并且不会泄露任何单个数据所有者的隐私。在不与数据使用者串谋的情况下，代理无法获取 R^l、v^l 和 N^l 的值。另一方面，代理将 R 和 v 与随机噪声混合，以防止数据使用者获取除主成分之外的信息。

数据使用者解密从代理处收到的 $\varepsilon_{pk}[N]$、$\varepsilon_{pk}[R']$、$\varepsilon_{pk}[v']$，然后继续构建一个散布

矩阵的近似矩阵 $\bar{S} = \bar{S} + G'$，其中 G' 是 R' 包含的高斯对称矩阵。对于 $\bar{S}'$ 的后处理算法，(ε, δ)-DP 是封闭的。由于代理不与数据使用者串谋，数据使用者无法获取 R 和 v 的值，因此数据使用者除了计算得到的主成分之外，不能获取其他信息。

作为一种灵活的设计，这种方法可以与不同的对称噪声矩阵结合，以满足 (ε, δ)-DP。为了展示该协议，我们执行了高斯机制，如算法 2 所示（图 3.16）。

1：**Input**：$\varepsilon > 0, \delta > 0$

2：Set $\tau = \sqrt{2\ln(1.25/\delta)}\, / \varepsilon$

3：Let $E \in R^{n \times n}$ be the symmetric matrix with the upper triangle (including the diagonal) entry is i. i. d samples from $\mathcal{N} \sim (0, \tau^2)$, and $E_{ji} = E_{ij}, \forall i < j$.

4：**return** E

图 3.16 算法 2：高斯机制

值得注意的是，一旦数据使用者从协议中得知隐私保护的主成分，他们就可以将主成分公开并供其他人进一步使用，代理就可以访问这些成分。在这种情况下，代理仍然没有获得足够的信息以从完整的主成分集合中恢复协方差矩阵，这意味着代理无法用已发布的隐私保护的主成分恢复协方差矩阵的近似矩阵。此外数据使用者可能只发布主成分的一个子集（前 K 个），而不是完整的成分集合，这将使代理更难将协方差矩阵恢复。如果不知道协方差矩阵的近似矩阵，代理无法通过去除添加的噪声推断出原始数据。

3.4.3 通过实验评估协议的性能

讨论完协议的理论背景，现在让我们来实现差分隐私分布式 PCA（Differentially Private Distributed PCA, DPDPCA）协议，并在对效率、可用性和隐私进行评估。在效率方面，测量 DPDPCA 的运行时间效率并与文献[10]中类似的工作进行比较；实验表明 DPDPCA 优于文献中的方法。

该实验将使用 Python 和 Python Paillier 同态加密系统库，该库已发布在 https://github. com/mikeivanov/paillier。

数据集和评估方法

实验将使用六个数据集（Dataset），如表 3.2 所示。Aloi 数据集是一个小物体的彩色图像集合，Facebook 评论量数据集包含从 Facebook 帖子中提取的特征（Feature），Million Song 数据集由音频特征组成。Aloi、Facebook 和 Million Song 的基数（Cardinality）均超过 100 000，并且每个数据集的维度都小于 100。CNAE 数据集是一个从商业文件中提取的文本数据集，其属性是词频。GISETTE 数据集包含高度易混淆数字 4 和 9 的灰度图像，其曾用于 NIPS 2003 特征选择挑战。ISOLET 是一个口语字母数据集，记录了来自 150 名受试者的 26 个英语字母，具有谱系数（Spectral Coefficients）和轮廓特征（Contour Features）等组合特征。所有的数据集，除了 Aloi，都来自 UCI ML 资源库，而 Aloi 来自 LIBSVM 资源库。我们将根据 CNAE、GISETTE 和 ISOLET 数据集上 SVM 分类评估 DPDPCA 性能。

表 3.2　实验数据集摘要

Dataset	Feature	Cardinality
Aloi	29	108 000
Facebook	54	199 030
Million Song	90	515 345
CNAE	857	1 080
ISOLET	617	7 797
GISETTE	5 000	13 500

因为数据集不平衡，我们将测量精度、召回率和 F1 分数（F1 Scores）。关于测量细节，可以参考下面的数学公式。所有实验将运行 10 次，结果的均值和标准差将绘制成图表。

$$Precision = \frac{TruePositive(TP)}{TruePositive(TP) + FalsePositive(FP)}$$

$$Recall = \frac{TruePositive(TP)}{TruePositive(TP) + FalseNegative(FN)}$$

$$F1Score = 2 \cdot \frac{Precision \cdot Recall}{Precision + Recall}$$

方法的效率

如前文所述，先前的工作存在两个主要问题：协议运行时间过长；在本地主成分不能提供良好的数据表示时导致可用性下降。本节将从这两个方面比较两种协议。为了简洁起见，我们将提出的协议称为"DPDPCA"，Imtiaz 和 Sarwate[11] 的工作称为"Private-LocalPCA"。

首先，我们来查看 DPDPCA 和 PrivateLocalPCA 的运行时间结果，DPDPCA 的总运行时间包括以下内容：

- 数据所有者的平均本地计算时间
- 代理的隐私聚合算法的时间
- 数据使用者执行 PCA 的时间

- 各方之间的数据传输时间

对于 PrivateLocalPCA,运行时间为从第一个数据所有者开始到最后一个数据所有者结束,包括本地 PCA 计算和传输时间。我们使用 I/O 操作而不是本地网络模拟数据传输,以保持通信的一致性和稳定性。我们测量了不同数量的数据所有者的协议运行时间,并将所有样本均匀分配给每个数据所有者。实验在台式机(i7-5820k,64 GB 内存)上运行。

结果如图 3.17 所示,横轴表示数据所有者的数量,纵轴表示运行时间(以秒为单位)。

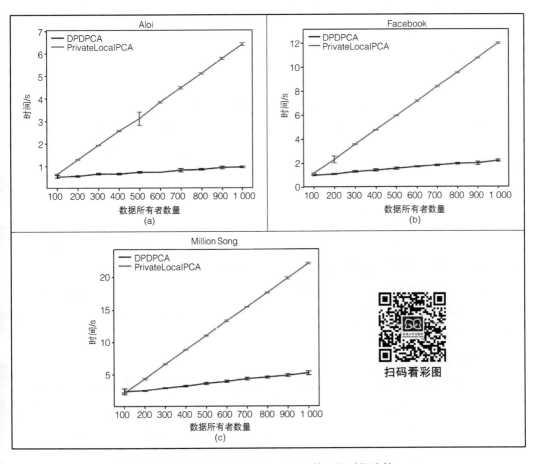

图 3.17　DPDPCA 和 PrivateLocalPCA 的运行时间比较,ε=3

可以看到,PrivateLocalPCA 在数据所有者的数量上几乎是线性运行的,这是因为 PrivateLocalPCA 要求将本地主成分逐个传输给数据所有者,下一个数据所有者必须等待前一个数据所有者的结果。因此它的时间复杂度为 $O(n)$,其中 n 是数据所有者的数量。相比之下,在数据所有者的数量相同时,DPDPCA 花费的时间远少于 PrivateLocalPCA。

原因是：首先分布式散布矩阵计算允许每个数据所有者同时计算其本地数据，其次代理可以并行实现本地共享数据的聚合，这与数据所有者的数量呈对数线性关系。总体而言，在数据所有者的数量方面，DPDPCA 比 PrivateLocalPCA 有更好的可扩展性。

对应用可用性的影响

接下来探讨 PrivateLocalPCA 和 DPDPCA 在数据量远小于特征数量时可用性下降的问题。在每个数据所有者持有的数据集中，基数可能远小于特征数量，例如图像、音乐和电影的评分以及个人活动数据。为了模拟这种情况，在实验中向每个数据所有者分发不同大小的样本。对于 PrivateLocalPCA，只使用前几个主成分来表示数据，所以方差没有被完全保留。

相比之下，DPDPCA 不受每个数据所有者持有的样本数量影响，并且通过聚合本地的描述性统计数据来构建散布矩阵，因此总体方差不会丢失。该实验测量了经过不同数量隐私保护的主成分转换后数据的 F1 分数，主成分的数量由每个数据所有者的数据量排名确定。训练数据和测试数据通过各个协议的主成分被投影到低维空间。我们采用变换后的数据训练具有 RBF 内核的 SVM 分类器，并使用未见过的数据对分类器进行测试。为了提供基准数据，我们还对训练数据进行了无噪声 PCA。为了进行公平比较，DPDPCA 也应用了相同的对称矩阵噪声机制[10]。

如图 3.18 所示，横轴表示每个数据所有者持有的样本数量，纵轴表示 F1 得分。可以看到，DPDPCA 的 F1 得分不随数据所有者的样本数量变化，并且结果与无噪声 PCA 相一致，这意味着高效性得到了保持。相比之下，PrivateLocalPCA 的 F1 得分受到每个数据所有者样本数量的严重影响，在样本量较少的情况下无法保持可用性。总体而言，在 CNAE 和 GISETTE 数据集上，DPDPCA 的 F1 得分在所有设置下都优于 PrivateLocalPCA。

可用性和隐私之间的权衡

另一个重要问题是可用性和隐私之间的权衡。我们采用高斯机制测量隐私保护主成分捕获的方差以研究 DPDPCA 的权衡，其中添加的噪声的标准差与 ε 成反比。ε 越小，添加的噪声越多，获得的隐私越多。结果如图 3.19 所示，横轴表示 ε，纵轴表示捕获的方差的比例。从图中可以看出，在给定的 ε 范围内，高斯机制捕获的方差几乎保持在同一水平。此外该比例的值表示高斯机制捕获了大部分方差。

总之，该案例研究中提出了一种高效且可扩展的 (ε, δ)-DP 分布式 PCA 协议，即 DP-DPCA。如上文所述，我们考虑了一个数据集是横向分割的场景，不受信任的数据使用者想在短时间内学习分布式数据的主成分。由此，我们可以联想到一些实际的应用，如灾害管理、紧急响应等。与先前的研究相比，DPDPCA 提供了更高的效率和更好的可用性，此外它可以结合不同的对称矩阵方案实现(ε,δ)-DP。

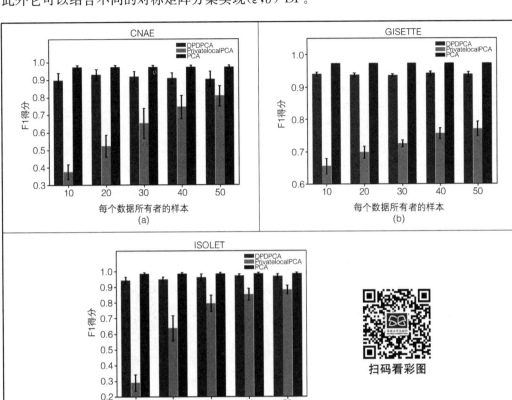

图 3.18　DPDPCA 和 PrivateLocalPCA 的主成分效用比较，$\varepsilon-0.5$

总结

- DP 技术通过向输入数据、算法中的迭代过程或算法输出添加随机噪声来抵抗成员推理攻击。

- 基于输入扰动的 DP 方法将噪声添加到数据本身，在噪声输入过程中执行非隐私计算，输出将具有差分隐私的性质。

- 基于算法扰动的 DP 方法将噪声添加到迭代 ML 算法的中间值。

- 基于输出扰动的 DP 方法涉及运行非隐私学习算法，并向生成的模型中添加噪声。

- 目标扰动 DP 方法需要向学习算法的目标函数添加噪声，例如经验风险最小化。

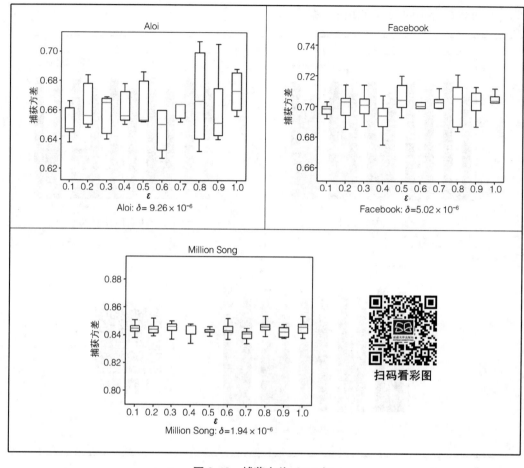

图 3.19   捕获方差,$\delta=1/N$

- 差分隐私朴素贝叶斯分类是基于贝叶斯定理和特征对之间的独立性假设的。
- 采用目标扰动策略设计差分隐私逻辑回归算法,向学习算法的目标函数中添加噪声。
- 差分隐私 k-means 聚类将拉普拉斯噪声添加到居中的质心和聚类大小上,并最终生成差分隐私 k-means 模型。
- DP 的概念可以应用于许多分布式 ML 场景以设计高效且具有可扩展性的(ε, δ)-DP 分布式协议,如 PCA。

第二部分
本地化差分隐私和合成数据生成

第二部分介绍了另一种差分隐私,称为本地化差分隐私,还介绍了合成数据的生成以确保隐私。第 4 章介绍了本地化差分隐私的核心概念和定义。第 5 章介绍了更高级的本地化差分隐私机制,重点关注各种数据类型以及在真实世界中的应用,然后展示了另一个案例研究。第 6 章的重点是为机器学习任务生成合成数据。

4

本地化差分隐私机器学习

本章内容:

- 本地化差分隐私(LDP)
- 实现 LDP 的随机响应机制
- 一维数据频率估计的 LDP 机制
- 在一维数据上实现不同 LDP 机制并进行实验

在前两章中我们讨论了中心化差分隐私(Centralized Differential Privacy,DP),其中存在一个可信的数据管理者,该管理者从个人那里收集数据,并应用不同的技术获取关于人口的差分隐私统计数据,然后管理者会发布有关该人口的隐私保护统计数据。然而当个人不完全信任数据管理者时,这些技术就不适用了。因此为了消除对可信数据管理者的依赖,人们研究了各种技术来满足本地环境下的 DP。本章将介绍 DP 的本地化版本,即本地化差分隐私(Local Differential Privacy,LDP)的概念、机制和应用。

本章主要研究如何在 ML 算法中实现 LDP,我们将通过不同的例子和代码实现来介绍相关内容。下一章还会通过一个案例研究,使读者更好地了解如何在真实世界的数据集上应用 LDP 朴素贝叶斯分类算法。

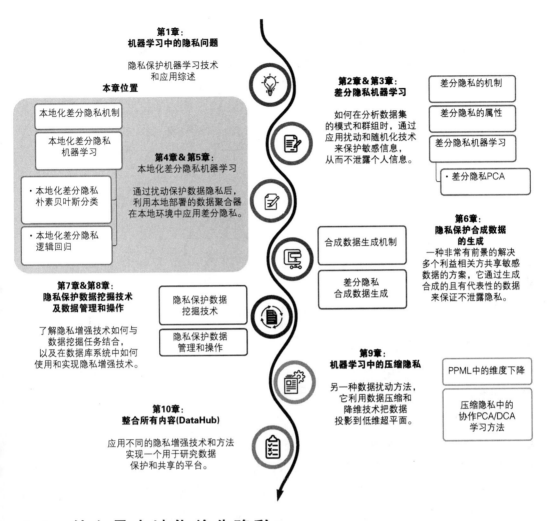

4.1 什么是本地化差分隐私?

DP 是一种被广泛接受的量化个人隐私的标准。在 DP 的原始定义中,有一个受信任的数据管理者,他从个人那里收集数据并应用技术来获得差分隐私统计数据,然后该数据管理者公布关于人口的隐私保护统计数据。第 2 章和第 3 章讨论了如何在 ML 的背景下满足 DP 的问题,然而当个人对数据管理者不完全信任时,这些技术就无法应用了。

在没有可信数据管理者的情况下,研究人员已经提出了不同的技术来确保本地环境下的 DP。在 LDP 中,个人通过扰动技术对数据进行隐私保护后,将其发送给数据聚合器(见图 4.1),这些技术为个人提供了合理推诿。数据聚合器收集所有扰动后的值,并对统计数据进行估计,例如估计每个值在人口数据中出现的频率。

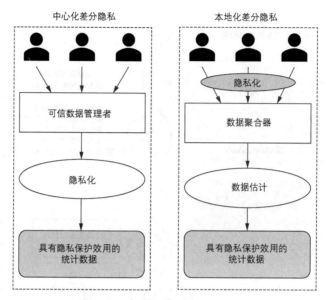

中心化差分隐私   本地化差分隐私

图 4.1　本地化 DP 与中心化 DP

4.1.1　本地化差分隐私的概念

许多真实世界的应用,包括谷歌和苹果,都采用了 LDP。在讨论 LDP 的概念及其工作原理之前,我们先看看它是如何应用于真实世界的产品的。

谷歌和苹果如何使用 LDP

2014 年谷歌推出了随机聚合隐私保护顺序响应(RAPPOR)[1]技术,用于在终端用户客户端软件中进行匿名众包统计,该技术具有强大的隐私保证,最近这项技术被整合到了 Chrome 浏览器中。在过去的五年中,RAPPOR 已经以一种保证 LDP 的方式处理了数十亿个每日随机化报告,该技术旨在收集大量客户的客户端值和字符串的统计数据,例如类别、频率、直方图和其他统计数据。对于任何报告值,RAPPOR 都为报告的客户端提供了强有力的推诿保证,正如 DP 所衡量的那样,这严格限制了所披露的隐私信息,它甚至适用于经常报告相同值的单个客户端。

2017 年苹果公司还发表了一篇研究论文,讨论如何使用 LDP 深入了解大量用户的行为来提升产品的用户体验。例如哪些新词正在流行能给用户提供最相关的输入建议?哪些网站可能存在影响电池寿命的问题?人们最常使用哪些表情符号?苹果公司所使用的 DP 技术基于这样一个想法:在与苹果公司共享数据之前,在用户的数据中添加具有轻微偏差的统计噪声可以掩盖用户的真实数据。如果许多人提交相同的数据,通过在平均大量数据点上添加的噪声可以消除噪声的影响,苹果公司从而可以看到有意义的信息。苹果公司详细介绍了两种能在保护用户隐私的同时收集数据的技术：Count Mean Sketch 和 Hadamard Count Mean Sketch，这两种方法都将随机信息加入到正在收集的数据中，这些随机信息有效地混淆了数据的识别信息，这样根据信息无法追溯到个人。

LDP 通常用于均值或频率估计。在调查（或类似调查的问题）中，频率估计是日常应用中最常见的利用 LDP 的方法之一。例如公司、组织机构和研究人员经常采用调查的方法来分析行为或评估想法和意见，但由于隐私原因，为了研究目的而收集个人信息是具有挑战性的。个人可能会不信任数据聚合器，从而不会共享敏感或隐私信息，即使一个人可能以匿名方式参与调查，但有时人们仍有可能通过所提供的其他信息来识别这个人。另一方面，尽管与具体的个人信息相比，进行调查的人更关心调查结果的分布，但当涉及敏感信息时他们依然很难获得调查对象的信任，这正是 LDP 发挥作用的地方。

LDP 详细介绍

现在我们已经知道了一些关于如何使用 LDP 的背景知识，下面来看看详细情况。在数据聚合器不可信的情况下，LDP 是衡量个人隐私的一种方式。LDP 的目标是保证当一个人提供一个值时，很难根据该值识别出原始值，以此提供隐私保护。许多 LDP 机制也旨在根据从所有人收集到的扰动数据的聚合，尽可能准确地估计人口的分布。

图 4.2 展示了 LDP 的典型用法。首先每个人（数据所有者）生成或收集自己的数据，

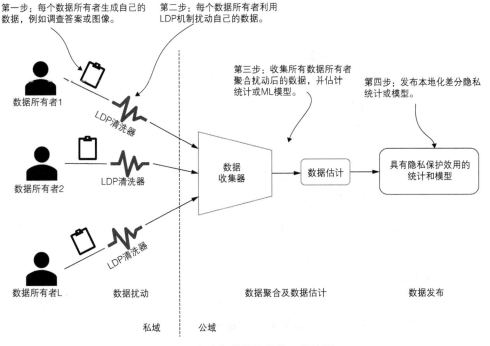

图 4.2 本地化差分隐私的工作流程

例如调查结果或个人数据。然后每个人使用特定的 LDP 机制(将在 4.2 节中讨论)对其数据进行本地扰动。在进行扰动之后,每个人将其数据发送给数据聚合器,数据聚合器将进行数据聚合和统计或模型估计。最后发布估计的统计数据或模型。基于此类发布信息(根据 LDP 定义所保证的),攻击者很难推断出一个人的数据。

　　LDP 规定对于任何使用 ε-LDP 机制发布的估计统计量或模型,数据聚合器(或公共领域中的任何其他攻击者)区分两个输入值(即一个人的数据)的概率最多为 $e^{-\epsilon}$。

　　如果对于任意两个输入值 v_1 和 v_2 以及 P 的输出空间中的任何输出 o,协议 P 满足 ε-LDP,则

$$\Pr[P(v_1)=o] \leqslant \Pr[P(v_2)=o] \cdot e^{\epsilon}$$

其中 $\Pr[\cdot]$ 表示概率,$\Pr[P(v_1)=o]$ 表示给定 P 的输入为 v_1 时,它输出 o 的概率。定义中的 ε 参数是隐私参数或隐私预算,它有助于调整定义所提供的隐私量。较小的 ε 值要求 P 在给定相似的输入时提供非常相似的输出,因此提供较高的隐私级别;较大的 ε 值允许输出的相似性较低,因此提供较低的隐私性。例如,如图 4.3 所示,对于较小的 ε 值,给定一个扰动后的值 o,它(几乎)同样可能来自于任何输入值,即 v_1 或 v_2。这样,仅仅通过观察一个输出,很难推断出其对应的输入,因此数据的隐私得到了保证。

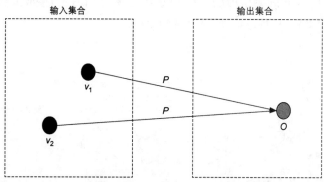

图 4.3　ε-LDP 的工作原理(给定一个扰动值 o,它(几乎)
同样可能来自任何输入值——在本例中是 v_1 或 v_2)

　　现在我们已经讨论了 LDP 的概念和定义,并了解了它与中心化 DP 的区别。在介绍 LDP 机制之前,先来看一个应用 LDP 的场景。

一个 LDP 调查场景

　　如今,通过 SurveyMonkey 等工具回答在线调查或社交网络测试中的问题是一种普遍的做法。LDP 可以在这些调查结果离开数据所有者之前保护它们。本章将使用以下

场景来展示 LDP 机制的设计和实现过程。

假设 A 公司想要确定其客户的分布情况（用于有针对性的广告活动），它进行了一个调查，抽样调查的问题可能是这样的：

- 你结婚了吗？
- 你的职业是什么？
- 你多大了？
- 你的种族是什么？

然而这些问题是高度敏感和隐私的。为了鼓励其客户参与调查，在进行调查时 A 公司应提供隐私保证，同时尽可能保证其客户估计分布的准确度。

LDP 是一种对公司有益的技术，有几种不同的 LDP 机制可用来处理不同的场景（即数据类型、数据维度等）。例如："你结婚了吗？"这个问题的答案是一个分类的二元结果——"是"或"否"，一个随机响应机制适合用于这种场景。另一方面，"你的职业是什么？"和"你的种族是什么？"这些问题的答案仍然是分类的，但其将是一组可能答案中的单个记录。对于这种场景，直接编码（Direct Encoding）和一元编码（Unary Encoding）机制会更好。此外对于像"你的年龄是多少？"这种答案是数值的问题，所有答案的汇总看起来像一个直方图，这种情况下可以使用直方图编码（Histogram Encoding）。

我们已经简单概述了如何在实践中使用 LDP，接下来将通过设计和实施针对不同调查问题应用的不同 LDP 机制的解决方案来介绍 LDP 如何在真实世界场景中工作。接下来将从最简单的 LDP 机制开始介绍，即随机响应。

4.1.2 用于本地化差分隐私的随机响应

如第 2 章所述，随机响应（二元机制）是最早和最简单的 DP 机制之一，但它也满足 LDP。本节将学习如何使用随机响应来设计和实现一个隐私保护二元调查的 LDP 解决方案。

假设要调查一组人，确定这一组人中年龄超过 50 岁的人数。每个人都会被问到，"你的年龄超过 50 岁了吗？"从每个人那里收集的答案将是"是"或"否"。这个答案是对调查问题的一个二元响应，给每个"是"的答案赋值为 1，给每个"否"的答案赋值为 0。因此最终的目标是通过计算发送 1 作为答案的人的数量来确定年龄超过 50 岁的人数。如何使用随机响应机制设计和实现一个本地化差分隐私调查来收集这个简单的"是"或"否"问题的答案？

我们先来介绍隐私保护问题。如列表 4.1 所示，每个人要么回答真实答案，要么根据算法提供一个随机答案。因此个人的隐私会得到很好的保护。此外，由于每个人都会以 0.75 的概率提供真实答案（即 $1/2+1/4=0.75$），并以 0.25 的概率给出错误答案，因此更多的人将提供真实答案。这将保留足够的用来估计人口统计数据的分布（即年龄超过 50 岁的人数）的基本信息。

列表 4.1　基于随机响应的算法

```
def random_response_ages_adult(response):
    true_ans = response > 50

    if np.random.randint(0, 2) == 0:          ← 投掷第一枚硬币。
        return true_ans
    else:
        return np.random.randint(0, 2) == 0   ← 投掷第二枚硬币并返回随机答案。
```

返回真实答案。

在美国人口普查数据集上实现并测试算法的代码如列表 4.2 所示。下一节我们将讨论更实际的用例，但现在将使用人口普查数据集来演示如何估计聚合值。

列表 4.2　在美国人口普查数据集上实现并测试算法

```
import numpy as np
import matplotlib.pyplot as plt

ages_adult = np.loadtxt("https://archive.ics.uci.edu/ml/machine-
➡ learning-databases/adult/adult.data", usecols=0, delimiter=", ")

total_count = len([i for i in ages_adult])
age_over_50_count= len([i for i in ages_adult if i > 50])

print(total_count)
print(age_over_50_count)
print(total_count-age_over_50_count)
```

输出如下：

```
32561
6460
26101
```

美国人口普查数据集中有 32 561 人：6 460 人的年龄超过 50 岁，26 101 人的年龄小于或等于 50 岁。

现在我们来看一下，如果把基于随机响应的算法应用于同一应用会发生什么。

列表 4.3　数据扰动

```
perturbed_age_over_50_count = len([i for i in ages_adult
➡ if random_response_ages_adult(i)])
print(perturbed_age_over_50_count)
print(total_count-perturbed_age_over_50_count)
```

结果如下：

```
11424
21137
```

在应用了随机响应算法后，年龄超过 50 岁的受扰动人数变为 11 424，而年龄小于或等于 50 岁的受扰动人数是 21 137。在这个结果中，年龄超过 50 岁的人数仍然少于或等于 50 岁的人数，这与原始数据集的趋势一致。但是 11 424 这个结果似乎与想要估计的真实结果 6 460 之间有点距离。

现在的问题是如何根据基于随机响应的算法和目前得到的结果估计年龄超过 50 岁的人的真实数量。显然，直接使用 1 或"是"的值的数量并不能精确地估计出真实值。

为了精确地估计年龄超过 50 岁的人的真实数量，应该在基于随机响应的算法中考虑随机性的来源，并估计实际年龄超过 50 岁的人中答案赋值为 1 的数量，以及来自随机响应结果中的 1 的数量。在该算法中，每个人说实话的概率为 0.5，再次做出随机响应的概率也为 0.5。每个随机响应都有 0.5 的概率得到 1 或"是"。因此，一个人仅仅基于随机性（而不是因为他们的真实年龄超过 50 岁）回答 1 或"是"的概率是 0.5×0.5＝0.25。因此总数中 25% 的 1 或"是"的答案是假的。

另一方面，第一次投掷硬币后，我们把讲真话的人和给出随机响应的人分开了。换句话说，可以假设两组人中年龄超过 50 岁的人数大致相同，因此年龄超过 50 岁的人数大约是说真话的人群中年龄超过 50 岁的人数的两倍。

知道了这个问题，可以用下面的方法来估计年龄超过 50 岁的人的总数。

列表 4.4　数据聚合和估计

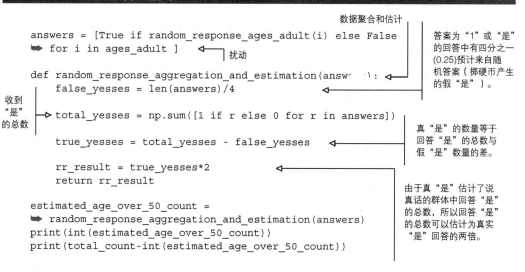

```
answers = [True if random_response_ages_adult(i) else False
➥ for i in ages_adult ]

def random_response_aggregation_and_estimation(answers):
    false_yesses = len(answers)/4

    total_yesses = np.sum([1 if r else 0 for r in answers])

    true_yesses = total_yesses - false_yesses

    rr_result = true_yesses*2
    return rr_result

estimated_age_over_50_count =
➥ random_response_aggregation_and_estimation(answers)
print(int(estimated_age_over_50_count))
print(total_count-int(estimated_age_over_50_count))
```

数据聚合和估计

答案为"1"或"是"的回答中有四分之一（0.25）预计来自随机答案（掷硬币产生的假"是"）。

扰动

收到"是"的总数

真"是"的数量等于回答"是"的总数与假"是"数量的差。

由于真"是"估计了说真话的群体中回答"是"的总数，所以回答"是"的总数可以估计为真实"是"回答的两倍。

输出如下：

```
6599
25962
```

现在对年龄超过 50 岁的人数有了更精确的估计,这个估计值有多接近实际值呢? 其相对误差仅为(6 599－6 460)/6 460＝2.15%。这种基于随机响应的算法似乎在估计 年龄超过 50 岁的人数时表现很好。另外,根据第 2 章的分析,该算法的隐私预算为 ln(3) (即 ln(3)≈1.099)。换句话说,该算法满足 ln(3)-LDP。

本节通过设计和实现一个隐私保护的二元问题调查应用,重新讨论了在 LDP 环境 中的随机响应机制。随机响应机制只擅长处理基于单一二元问题的场景,即"是"或"否" 的问题。

在实践中,大多数问题或任务不仅仅涉及"是"或"否"的问题,它们可能涉及从一组 有限的值集(例如"你的职业是什么?")中进行选择或返回一个数据集(例如一组人的年 龄分布)的直方图,这些问题需要采用更普遍和更高级的机制来处理。下一节将介绍更 常见的 LDP 机制,这些机制可以在更广泛和复杂的情况下使用。

4.2　本地化差分隐私机制

前面我们已经讨论了 LDP 的概念和定义,以及如何使用随机响应机制。本节将讨 论一些常用的且在更普遍和复杂的场景中工作的 LDP 机制。在下一章的案例研究中, 这些机制也将是 LDP ML 算法的构造模块。

4.2.1　直接编码

随机响应机制适用于解决 LDP 的二元(是或否)问题,但是如果问题的答案不止两 个呢? 例如如果我们想确定美国人口普查数据集中从事每种职业的人数该怎么办呢? 这些职业可以是销售、工程、金融、技术支持类工作等。在差分隐私的本地模型中[2-4],人 们已经提出了大量不同的算法来解决这个问题。这里我们将从一种最简单的机制开始 介绍,其称为*直接编码*(*Direct Encoding*)。

给定一个需要使用 LDP 的问题,第一步是定义不同答案的域。例如如果想了解在 美国人口普查数据集中每种职业有多少人,那么这个域就是数据集中的职业集合。在下 面我们列出了人口普查数据集中的所有职业。

列表 4.5 每种职业域的人数

```
import pandas as pd
import numpy as np
import matplotlib.pyplot as plt
import sys
import io
import requests
import math

req = requests.get("https://archive.ics.uci.edu/ml/machine-learning-
➥ databases/adult/adult.data").content          ◄——————— 载入数据
adult = pd.read_csv(io.StringIO(req.decode('utf-8')),
➥ header=None, na_values='?', delimiter=r", ")
adult.dropna()
adult.head()

domain = adult[6].dropna().unique()    ◄——— 域
domain.sort()
domain
```

结果如下所示:

```
array(['Adm-clerical', 'Armed-Forces', 'Craft-repair', 'Exec-managerial',
       'Farming-fishing', 'Handlers-cleaners', 'Machine-op-inspct',
       'Other-service', 'Priv-house-serv', 'Prof-specialty',
       'Protective-serv', 'Sales', 'Tech-support', 'Transport-moving'],
      dtype=object)
```

正如上一节所讨论的,LDP 机制通常包含三个函数:编码,对每个答案进行编码;扰动,对编码后的答案进行扰动;聚合和估计,将扰动后的结果聚合,并对最终结果进行估计,下面为直接编码机制定义这三个函数。

在直接编码机制中,通常不对输入值进行编码。可以使用域集中每个输入的索引作为其编码值。例如"Armed-Forces"是域中的第二个元素,因此"Armed-Forces"的编码值为 1(索引从 0 开始)。

列表 4.6 采用直接编码

```
def encoding(answer):
    return int(np.where(domain == answer)[0])

print(encoding('Armed-Forces'))    ◄——————— 测试编码
print(encoding('Craft-repair'))
print(encoding('Sales'))
print(encoding('Transport-moving'))
```

列表 4.6 的输出如下所示:

1
2
11
13

如前文所述，将"Armed-Forces"赋值为 1，"Craft-repair"赋值为 2，以此类推。

下一步是扰动。回顾一下直接编码的扰动（如图 4.4 所示）。每个人正确报告他们的值 v 的概率如下：

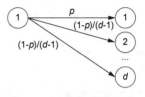

图 4.4 直接编码的扰动

$$p = \frac{e^{\varepsilon}}{(e^{\varepsilon} + d - 1)}$$

或者他们可能报告其余 $d-1$ 个值中的一个，其概率如下：

$$q = \frac{(1-p)}{(d-1)} = \frac{1}{(e^{\varepsilon} + d - 1)}$$

其中 d 是域集的大小。

例如在上述例子中，由于在美国人口普查数据集中列出了 14 种不同的职业，因此该域集的大小为 $d=14$。如列表 4.7 所示，如果选择 $\varepsilon=5.0$，则 $p=0.92, q=0.006\,2$，这会以更高的概率输出真实值。如果选择 $\varepsilon=0.1$，则 $p=0.078, q=0.071$，这样得到真实值的概率就小很多，因此就提供了更多的隐私保证。

列表 4.7 直接编码中的扰动算法

```
def perturbation(encoded_ans, epsilon = 5.0):          域集的大小
    d = len(domain)
    p = pow(math.e, epsilon) / (d - 1 + pow(math.e, epsilon))
    q = (1.0 - p) / (d - 1.0)

    s1 = np.random.random()
    if s1 <= p:
        return domain[encoded_ans]                     以概率p返回自身
    else:
        s2 = np.random.randint(0, d - 1)
        return domain[(encoded_ans + s2) % d]
                                                        测试扰动，
print(perturbation(encoding('Armed-Forces')))          epsilon=5.0
print(perturbation(encoding('Craft-repair')))
print(perturbation(encoding('Sales')))
print(perturbation(encoding('Transport-moving')))
print()
                                                        测试扰动，
print(perturbation(encoding('Armed-Forces'), epsilon = .1))    epsilon=.1
print(perturbation(encoding('Craft-repair'), epsilon = .1))
print(perturbation(encoding('Sales'), epsilon = .1))
print(perturbation(encoding('Transport-moving'), epsilon = .1))
```

输出如下所示：

```
Armed-Forces
Craft-repair
Sales
Transport-moving

Other-service
Handlers-cleaners
Farming-fishing
Machine-op-inspct
```

我们来试着理解这里发生了什么。将 epsilon 值设置为 5.0 时（观察输出中的前四个结果），得到真实值的概率要高很多，在本例中准确度为 100%。但是当将 epsilon 值设置为一个很小的数时（在本例中为 0.1），该算法得到真实值的概率会很低，因此隐私保障会更好。从输出中的后四个结果可以看出，答案中包括不同的职业，可以在代码中设置不同的 epsilon 值，以观察它是如何影响最终结果的。

接下来看看在对"你的职业是什么？"这个调查问题的答案应用扰动后会发生什么？如下所示。

列表 4.8 扰动后的直接编码的结果

```
perturbed_answers = pd.DataFrame([perturbation(encoding(i))
➥ for i in adult_occupation])
perturbed_answers.value_counts().sort_index()
```

应用直接编码后的结果如下所示：

```
Adm-clerical          3637
Armed-Forces           157
Craft-repair          3911
Exec-managerial       3931
Farming-fishing       1106
Handlers-cleaners     1419
Machine-op-inspct     2030
Other-service         3259
Priv-house-serv        285
Prof-specialty        4011
Protective-serv        741
Sales                 3559
Tech-support          1021
Transport-moving      1651
```

现在有了扰动结果，我们将它们与真实结果进行比较。

列表 4.9　真实结果与扰动值的比较

```
adult_occupation = adult[6].dropna()
adult_occupation.value_counts().sort_index()
```
每种职业类别中的人数

以下这些是各职业类别人数的真实结果：

```
Adm-clerical           3770
Armed-Forces              9
Craft-repair           4099
Exec-managerial        4066
Farming-fishing         994
Handlers-cleaners      1370
Machine-op-inspct      2002
Other-service          3295
Priv-house-serv         149
Prof-specialty         4140
Protective-serv         649
Sales                  3650
Tech-support            928
Transport-moving       1597
```

为清楚起见，我们把结果放在一起比较，如表 4.1 所示。可以看出与真实值相比，一些扰动答案的聚合有很高的误差。例如对于职业为"Armed-Forces"的人数，扰动值是157，而真实值是9。

表 4.1　扰动前后各职业的人数

序号	职业	人数	
		初始值	扰动后的值
1	Adm-clerical	3 770	3 637
2	Armed-Forces	9	157
3	Craft-repair	4 099	3 911
4	Exec-managerial	4 066	3 931
5	Farming-fishing	994	1 106
6	Handlers-cleaners	1 370	1 419
7	Machine-op-inspct	2 002	2 030
8	Other-service	3 295	3 259
9	Priv-house-serv	149	285
10	Prof-specialty	4 140	4 011
11	Protective-serv	649	741

序号	职业	人数	
		初始值	扰动后的值
12	Sales	3650	3 559
13	Tech-support	928	1 021
14	Transport-moving	1 597	1 651

为了克服这些误差，需要在直接编码机制的基础上采用一个聚合和估计函数。在聚合和估计中，当聚合器收集 n 个人的扰动值时，它会估计每种职业 $I \in \{1,2,\cdots,d\}$ 出现的频率，如：首先，c_i 是报告 i 的次数，按 $E_i = (c_i - n \cdot q)/(p-q)$ 计算值 i 在总体中出现的估计次数。为了确保估计值始终是一个非负值，设置 $E_i = \max(E_i, 1)$。可以尝试实现列表 4.10，看看它是如何工作的。

列表 4.10　将聚合和估计应用于直接编码

```python
def aggregation_and_estimation(answers, epsilon = 5.0):
    n = len(answers)
    d = len(domain)
    p = pow(math.e, epsilon) / (d - 1 + pow(math.e, epsilon))
    q = (1.0 - p) / (d - 1.0)

    aggregator = answers.value_counts().sort_index()          数据聚合
                                                              和估计
    return [max(int((i - n*q) / (p-q)), 1) for i in aggregator]

estimated_answers = aggregation_and_estimation(perturbed_answers)
list(zip(domain, estimated_answers))
```

会得到如下输出：

```
[('Adm-clerical', 3774),
 ('Armed-Forces', 1),
 ('Craft-repair', 4074),
 ('Exec-managerial', 4095),
 ('Farming-fishing', 1002),
 ('Handlers-cleaners', 1345),
 ('Machine-op-inspct', 2014),
 ('Other-service', 3360),
 ('Priv-house-serv', 103),
 ('Prof-specialty', 4183),
 ('Protective-serv', 602),
 ('Sales', 3688),
 ('Tech-support', 909),
 ('Transport-moving', 1599)]
```

根据这个结果，我们将估计结果与真实结果进行比较，如表 4.2 所示。当使用隐私

预算 $x=5.0$ 时,直接编码机制的估计结果要比扰动结果精确很多。可以尝试在此代码中更改隐私预算,或将该代码应用于其他数据集,看看它是如何工作的,以查看其工作原理。

表 4.2　聚合和估算前后各职业的人数

序号	职业	人数	
		初始值	扰动后的值
1	Adm-clerical	3 770	3 774
2	Armed-Forces	9	1
3	Craft-repair	4 099	4 074
4	Exec-managerial	4 066	4 095
5	Farming-fishing	994	1 002
6	Handlers-cleaners	1 270	1 345
7	Machine-op-inspct	2 002	2 014
8	Other-service	3 295	3 360
9	Priv-house-serv	149	103
10	Prof-specialty	4 140	4 183
11	Protective-serv	649	602
12	Sales	3 650	3 688
13	Tech-support	928	909
14	Transport-moving	1 597	1 599

现在我们已经清楚一种使用直接编码的 LDP 机制,这些步骤可以概括为以下三个部分:

- 编码:直接编码(二元随机响应的泛化)

- 扰动:$p=\dfrac{e^{\varepsilon}}{d-1+e^{\varepsilon}}$ 满足 ε-LDP

- 估计:$E_i=\dfrac{\sum_i -nq}{p-q}$,其中 $q=(1-p)/(d-1)$

4.2.2　直方图编码

直接编码机制能够将 LDP 应用于分类和离散问题。相反,直方图编码能够将 LDP 应用于数值连续型数据(Numerical and Continuous Data)。

　　考虑一个有数值连续型答案的调查问题。例如假设有人想知道一组人的年龄分布或直方图(这一点无法通过直接编码实现)。他们可以进行调查,问每个人一个调查问题——"你的年龄是多少?",我们以美国人口普查数据集为例,绘制人们的年龄直方图。

列表 4.11　绘制人口年龄直方图

```
import pandas as pd
import numpy as np
import matplotlib.pyplot as plt
import sys
import io
import requests
import math

req = requests.get("https://archive.ics.uci.edu/ml/machine-learning-
➥ databases/adult/adult.data").content               ←── 加载数据
adult = pd.read_csv(io.StringIO(req.decode('utf-8')),
➥ header=None, na_values='?', delimiter=r", ")
adult.dropna()
adult.head()

adult_age = adult[0].dropna()                 ←── 人口年龄
ax = adult_age.plot.hist(bins=100, alpha=1.0)
```

　　输出类似于图 4.5 的直方图,用来表示每个年龄类别中的人数。可以看出年龄在 20 岁到 40 岁之间的人数最多,而年龄为其他数值的人数较少。直方图编码机制就是为了处理这种数值连续型数据而设计的。

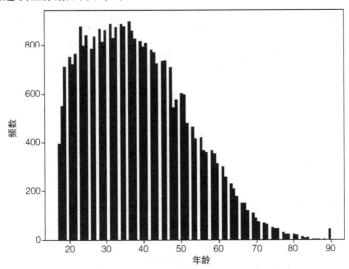

图 4.5　美国人口普查数据集中的人口年龄直方图

首先需要定义输入域（即调查结果），假设所有参与调查的人都在 10 岁到 100 岁之间。

列表 4.12　调查人口年龄的输入域

```
domain = np.arange(10, 101)   ◄─┐
domain.sort()                   └── 该域在10到100的范围内。
domain
```

因此输入域如下所示：

```
array([ 10,  11,  12,  13,  14,  15,  16,  17,  18,  19,  20,  21,  22,
        23,  24,  25,  26,  27,  28,  29,  30,  31,  32,  33,  34,  35,
        36,  37,  38,  39,  40,  41,  42,  43,  44,  45,  46,  47,  48,
        49,  50,  51,  52,  53,  54,  55,  56,  57,  58,  59,  60,  61,
        62,  63,  64,  65,  66,  67,  68,  69,  70,  71,  72,  73,  74,
        75,  76,  77,  78,  79,  80,  81,  82,  83,  84,  85,  86,  87,
        88,  89,  90,  91,  92,  93,  94,  95,  96,  97,  98,  99, 100])
```

在直方图编码中，一个人将其值 v 编码为一个长度为 d 的向量 $[0.0, 0.0, \cdots, 0.0, 1.0, 0.0, \cdots, 0.0]$，其中只有第 v 个元素是 1.0，其余元素是 0.0。例如假设总共有 6 个值（$\{1, 2, 3, 4, 5, 6\}$），也就是说 $d=6$，而实际要编码的值是 6。这种情况下，编码将输出向量（$\{0.0, 0.0, 0.0, 0.0, 0.0, 1.0\}$），其中只有向量的第六个位置是 1.0，其他位置都是 0.0（见图 4.6）。

下面的列表展示了编码函数如何实现。

图 4.6　直方图编码的工作原理

列表 4.13　直方图编码

```
def encoding(answer):
    return [1.0 if d == answer else 0.0 for d in domain]

print(encoding(11))   ◄──────── 测试输入年龄11的编码。          绘制数据编码。

answers = np.sum([encoding(r) for r in adult_age], axis=0)  ◄─┐
plt.bar(domain, answers)                                      └┘
```

列表 4.13 的输出如下，直方图结果如图 4.7 所示：

```
[0.0, 1.0, 0.0, 0.0, 0.0, 0.0, 0.0, 0.0, 0.0, 0.0, 0.0, 0.0, 0.0, 0.0, 0.0,
 0.0, 0.0, 0.0, 0.0, 0.0, 0.0, 0.0, 0.0, 0.0, 0.0, 0.0, 0.0, 0.0, 0.0, 0.0,
 0.0, 0.0, 0.0, 0.0, 0.0, 0.0, 0.0, 0.0, 0.0, 0.0, 0.0, 0.0, 0.0, 0.0, 0.0,
 0.0, 0.0, 0.0, 0.0, 0.0, 0.0, 0.0, 0.0, 0.0, 0.0, 0.0, 0.0, 0.0, 0.0, 0.0,
 0.0, 0.0, 0.0, 0.0, 0.0, 0.0, 0.0, 0.0, 0.0, 0.0, 0.0, 0.0, 0.0, 0.0, 0.0,
 0.0, 0.0, 0.0, 0.0, 0.0, 0.0, 0.0]
```

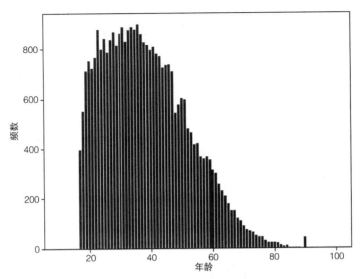

图 4.7 编码后年龄的直方图

数据所有者通过在编码值的每个元素上添加 $\mathrm{Lap}(2/\varepsilon)$ 的噪声对其进行扰动,其中 $\mathrm{Lap}(2/\varepsilon)$ 是来自均值为 0,尺度参数为 $2/\varepsilon$ 的拉普拉斯分布中的一个样本。如果需要复习一下拉普拉斯分布及其特性,请回顾 2.1.2 节。

当数据聚合器收集到所有扰动值时,聚合器有两种估计方法可供选择:

- 直方图编码求和(Summation with Histogram Encoding,SHE)
- 直方图编码阈值化(Thresholding with Histogram Encoding,THE)

直方图编码求和(SHE)

直方图编码求和(SHE)可用于计算人们报告的所有数值出现的频数。为了估计值 i 在人口中出现的次数,我们采用数据聚合器对所有报告值中第 i 个元素的值求和。

下面的列表展示了使用 SHE 扰动的实现过程。

列表 4.14　直方图编码求和

```
def she_perturbation(encoded_ans, epsilon = 5.0):
    return [she_perturb_bit(b, epsilon) for b in encoded_ans]

def she_perturb_bit(bit, epsilon = 5.0):
    return bit + np.random.laplace(loc=0, scale = 2 / epsilon)

print(she_perturbation(encoding(11)))    ◄──── 测试扰动, epsilon=5.0
print()

print(she_perturbation(encoding(11), epsilon = .1))    ◄─┤ 测试扰动, epsilon=0.1
```

```
she_estimated_answers = np.sum([she_perturbation(encoding(r))
 ➥ for r in adult_age], axis=0)           ◁─────┐
plt.bar(domain, she_estimated_answers)          │  数据扰动、聚合和估计
```

列表 4.14 的输出如下，图 4.8 展示了结果的直方图。

```
[0.4962679135705772, 0.3802597925066964, -0.3025917322894866,
 ➥ -1.3184657393652501, ......, 0.2728526263450592,
 ➥ 0.6818717769557512, 0.5099963270758622,
 ➥ -0.3750514505079954, 0.3577214398174087]

[14.199378030914811, 51.55958531259166, -3.168607913723072,
 ➥ -14.592805035271969, ......, -18.342283098694853,
 ➥ -33.37135136829752, 39.56097740265926,
 ➥ 15.187624540264636, -6.307239922495188,
 ➥ -18.130661553271608, -5.199234599011756]
```

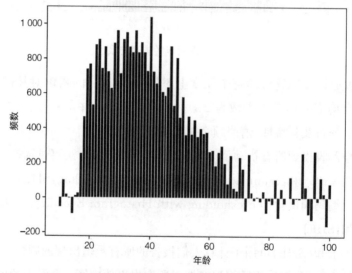

图 4.8　使用 SHE 估计年龄总和

从图 4.8 可以看出，使用 SHE 的估计值形状与图 4.7 中的原始编码直方图相似。然而图 4.8 的直方图是使用估计函数生成的，这些估计值中有噪声，所以它们不是真实的，并且可能出现负值。在本例中，负的年龄频数是无效的，所以可以丢弃这些值。

直方图编码阈值化（THE）

在直方图编码阈值化（THE）的情况下，数据聚合器将所有大于阈值 θ 的值设为 1，其余值设为 0。然后估计人口中 i 的数量为 $E_i = (c_i - n \cdot q)/(p - q)$，其中 $p = 1 - 1/2e^{(\varepsilon \cdot (1-\theta)/2)}$，$q = 1/2e^{(\varepsilon \cdot (0-\theta)/2)}$，$c_i$ 是应用阈值后所有报告值中第 i 个元素为 1 的值的数量。

下面的列表展示了使用 THE 实现扰动的情况。

列表 4.15 直方图编码阈值化

```python
def the_perturbation(encoded_ans, epsilon = 5.0, theta = 1.0):
    return [the_perturb_bit(b, epsilon, theta) for b in encoded_ans]

def the_perturb_bit(bit, epsilon = 5.0, theta = 1.0):
    val = bit + np.random.laplace(loc=0, scale = 2 / epsilon)

    if val > theta:
        return 1.0
    else:
        return 0.0

print(the_perturbation(encoding(11)))          ◄──── 测试扰动, epsilon=5.0
print()
                                                     测试扰动, epsilon=.1
print(the_perturbation(encoding(11), epsilon = .1))  ◄

the_perturbed_answers = np.sum([the_perturbation(encoding(r))
➡ for r in adult_age], axis=0)             ◄─────
plt.bar(domain, the_perturbed_answers)           总扰动
plt.ylabel('Frequency')
plt.xlabel('Ages')

def the_aggregation_and_estimation(answers, epsilon = 5.0, theta = 1.0):  ◄
    p = 1 - 0.5 * pow(math.e, epsilon / 2 * (1.0 - theta))
    q = 0.5 * pow(math.e, epsilon / 2 * (0.0 - theta))
                                                     THE-聚合和估计
    sums = np.sum(answers, axis=0)
    n = len(answers)

    return [int((i - n * q) / (p-q)) for i in sums]
```

对于不同的 epsilon 值，输出结果如下所示。图 4.9 展示了未使用 THE 估计函数的扰动输出。

```
[0.0, 1.0, 0.0, 0.0, 0.0, 0.0, 0.0, 0.0, 1.0, 0.0, 0.0, 0.0, 0.0, 0.0, 0.0,
    0.0, 0.0, 0.0, 1.0, 0.0, 0.0, 0.0, 0.0, 0.0, 0.0, 1.0, 0.0, 0.0, 0.0,
    0.0, 0.0, 0.0, 0.0, 0.0, 0.0, 0.0, 0.0, 0.0, 0.0, 0.0, 0.0, 0.0, 0.0,
    0.0, 0.0, 0.0, 0.0, 0.0, 0.0, 0.0, 0.0, 0.0, 0.0, 0.0, 0.0, 0.0, 0.0,
    0.0, 0.0, 0.0, 0.0, 0.0, 0.0, 0.0, 0.0, 0.0, 0.0, 0.0, 0.0, 0.0, 0.0,
    0.0, 0.0, 0.0, 0.0, 0.0, 0.0, 0.0, 0.0, 0.0, 0.0, 0.0, 0.0, 0.0, 0.0,
    0.0, 0.0, 0.0, 1.0, 0.0, 0.0, 0.0, 0.0, 0.0, 0.0, 0.0, 0.0, 0.0, 0.0,
    0.0, 0.0, 0.0, 0.0, 0.0, 0.0]

[1.0, 1.0, 1.0, 0.0, 0.0, 0.0, 0.0, 0.0, 1.0, 0.0, 0.0, 0.0, 0.0, 0.0, 1.0,
    1.0, 0.0, 1.0, 0.0, 1.0, 1.0, 0.0, 1.0, 1.0, 0.0, 0.0, 0.0, 1.0, 0.0,
    0.0, 0.0, 1.0, 0.0, 0.0, 1.0, 1.0, 1.0, 0.0, 0.0, 1.0, 0.0, 0.0, 0.0,
    1.0, 1.0, 1.0, 0.0, 0.0, 0.0, 1.0, 1.0, 0.0, 0.0, 0.0, 0.0, 0.0, 1.0,
    0.0, 1.0, 1.0, 0.0, 1.0, 0.0, 1.0, 0.0, 0.0, 0.0, 1.0, 1.0, 1.0, 1.0,
    0.0, 0.0, 0.0, 1.0, 0.0, 0.0, 0.0, 0.0, 0.0, 1.0, 1.0, 0.0, 1.0, 0.0,
    1.0, 0.0, 0.0, 0.0, 0.0, 1.0]
```

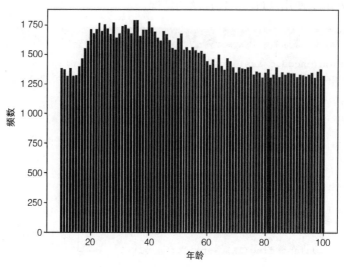

图 4.9 使用 THE 扰动答案的直方图

可从如下代码片段得到估计值：

```
# Data aggregation and estimation
the_perturbed_answers = [the_perturbation(encoding(r)) for r in adult_age]
estimated_answers = the_aggregation_and_estimation(the_perturbed_answers)
plt.bar(domain, estimated_answers)
plt.ylabel('Frequency')
plt.xlabel('Ages')
```

输出直方图如图 4.10 所示。THE 的估计值形状与图 4.7 的原始编码直方图相似。

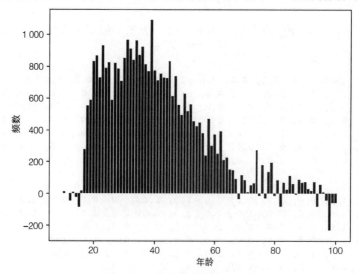

图 4.10 使用阈值化估计年龄

综上所述,直方图编码能够将 LDP 应用于数值连续型数据,我们讨论了直方图编码下 LDP 的两种估计机制——SHE 和 THE。SHE 将所有用户报告的噪声直方图相加,而 THE 将高于阈值的每个噪声计数赋值为 1,将低于阈值的每个计数赋值为 0。在比较直方图编码和直接编码时,我们发现当域集 d 变大时,直接编码的方差更明显。使用THE 时,通过固定 ε,可以选择一个 θ 值来最小化方差。这意味着与 THE 相比,SHE 可以提高估计结果准确度,因为阈值化限制了大量噪声的影响:

- 直方图编码求和(SHE):
  - 编码:$\mathrm{Encode}(v) = [0.0, 0.0, \cdots, 1.0, \cdots, 0.0]$,其中只有第 v 个元素是 1.0。
  - 扰动:在每个元素上添加 $\mathrm{Lap}(2/\varepsilon)$ 的噪声。
  - 估计:将所有人报告的噪声直方图相加。

- 直方图编码阈值化(THE):
  - 编码:$\mathrm{Encode}(v) = [0.0, 0.0, \cdots, 1.0, \cdots, 0.0]$,其中只有第 v 个元素是 1.0。
  - 扰动:在每个元素上添加 $\mathrm{Lap}(2/\varepsilon)$ 的噪声。把大于 θ 的值设为 1,其余值设为 0。
  - 估计:$E_i = \dfrac{\sum^i - nq}{p - q}$,其中 $p = 1 - \dfrac{1}{2} e^{\frac{\varepsilon}{2}(1-\theta)}$,$q = \dfrac{1}{2} e^{-\frac{\varepsilon}{2}(\theta)}$。

4.2.3　一元编码

对于分类和离散问题,一元编码机制是一种更通用且更有效的 LDP 机制。在这种方法中,一个人对这两类问题的值 v 编码,生成一个长度为 d 的二进制向量 $[0, \cdots, 1, \cdots, 0]$,其中只有第 v 个比特位为 1,其余比特位都为 0。然后,对于编码后的向量中的每一个比特位,如果输入比特位为 1,那么他们正确报告该值的概率为 p,错误报告该值的概率为 $1-p$。否则他们正确报告该值的概率为 $1-q$,错误报告该值的概率 q。

在一元编码中,再次有两种不同的方法可供选择:

- 对称一元编码(Symmetric Unary Encoding,SUE)
- 最优一元编码(Optimal Unary Encoding,OUE)

在对称一元编码的场景下,p 为 $\dfrac{e^{\frac{\varepsilon}{2}}}{e^{\frac{\varepsilon}{2}} + 1}$,$q$ 为 $1-p$。在最优一元编码中,p 为 $1/2$,q 为 $1/(e^{\varepsilon} + 1)$。然后数据聚合器将人口中 1 的数量估计为 $E_i = (c_i - m \cdot q)/(p - q)$,其中 c_i 表示所有报告值中第 i 位为 1 的值的数量。

举一个一元编码机制的例子,假设有人想确定不同种族分别有多少人,他们需要询问每个人一个问题——"你的种族是什么?",让我们尝试在美国人口普查数据集上实现 SUE。OUE 是 SUE 实现的扩展,它只是在实现中改变了 p 和 q 的定义。(也可以参考代码库中 OUE 的示例实现。)

　　首先,让我们加载数据并检查域。

列表 4.16　在数据集中检索不同的种族类别

```
import pandas as pd
import numpy as np
import matplotlib.pyplot as plt
import sys
import io
import requests
import math

req = requests.get("https://archive.ics.uci.edu/ml/machine-learning-
➡ databases/adult/adult.data").content                          ◄──────┐
adult = pd.read_csv(io.StringIO(req.decode('utf-8')),                   │  载入数据
➡ header=None, na_values='?', delimiter=r", ")
adult.dropna()
adult.head()

domain = adult[8].dropna().unique()        ◄────────── 域
domain.sort()
domain
```

　　列表 4.16 的输出如下所示:

```
array(['Amer-Indian-Eskimo', 'Asian-Pac-Islander', 'Black', 'Other',
       'White'], dtype= object)
```

可以看到数据集中有 5 个不同的种族。

　　现在我们来看看美国人口普查数据库中不同种族的真实人数。

列表 4.17　每个种族的数量

```
adult_race = adult[8].dropna()
adult_race.value_counts().sort_index()
```

　　下面是数据集中真实数量的输出:

```
Amer-Indian-Eskimo      311
Asian-Pac-Islander      1039
Black                   3124
Other                   271
White                   27816
```

可以看到有 311 人属于"Amer-Indian-Eskimo"类,1 039 人属于"Asian-Pac-Islander"类,以此类推。

现在我们来看看 SUE 机制的实现过程。

列表 4.18　对称一元编码

```
def encoding(answer):
    return [1 if d == answer else 0 for d in domain]

print(encoding('Amer-Indian-Eskimo'))    ◄──────── 测试编码
print(encoding('Asian-Pac-Islander'))
print(encoding('Black'))
print(encoding('Other'))
print(encoding('White'))
```

会得到类似如下的输出:

```
[1, 0, 0, 0, 0]
[0, 1, 0, 0, 0]
[0, 0, 1, 0, 0]
[0, 0, 0, 1, 0]
[0, 0, 0, 0, 1]
```

正如在本节开始时所讨论的,其思想是每个人对其值 v 进行编码,得到长度为 d 的二进制向量 $[0,\cdots,1,\cdots,0]$,其中只有第 v 个比特位为 1,其余比特位为 0。

下面的列表展示了如何实现 SUE 机制的扰动,它基本上是不需要解释的。

列表 4.19　对称一元编码的扰动

```
def sym_perturbation(encoded_ans, epsilon = 5.0):    ◄──────┐
    return [sym_perturb_bit(b, epsilon) for b in encoded_ans]

def sym_perturb_bit(bit, epsilon = 5.0):
    p = pow(math.e, epsilon / 2) / (1 + pow(math.e, epsilon / 2))
    q = 1 - p

    s = np.random.random()                        对称一元编码──扰动
    if bit == 1:
        if s <= p:
            return 1
        else:
            return 0
    elif bit == 0:
        if s <= q:
            return 1
        else:
            return 0
                                                  测试扰动, epsilorn=5.0
print(sym_perturbation(encoding('Amer-Indian-Eskimo')))   ◄──┘
print(sym_perturbation(encoding('Asian-Pac-Islander')))
print(sym_perturbation(encoding('Black')))
```

```
print(sym_perturbation(encoding('Other')))
print(sym_perturbation(encoding('White')))
print()

print(sym_perturbation(encoding('Amer-Indian-Eskimo'), epsilon = .1))
print(sym_perturbation(encoding('Asian-Pac-Islander'), epsilon = .1))
print(sym_perturbation(encoding('Black'), epsilon = .1))
print(sym_perturbation(encoding('Other'), epsilon = .1))
print(sym_perturbation(encoding('White'), epsilon = .1))
```

测试扰动，epsilorn=.1

列表 4.19 的输出如下所示：

```
[1, 0, 0, 0, 0]
[0, 1, 0, 0, 0]
[0, 0, 1, 0, 0]
[0, 0, 0, 1, 0]
[0, 0, 0, 0, 1]

[1, 1, 0, 0, 1]
[0, 1, 1, 0, 1]
[1, 0, 1, 0, 0]
[1, 0, 0, 0, 1]
[1, 0, 0, 0, 1]
```

输出结果为两组向量，与之前的机制类似，第一组把 epsilon 赋值为 5.0，另一组把 epsilon 赋值为 0.1。

现在可以测试一下，看看扰动的答案：

```
sym_perturbed_answers = np.sum([sym_perturbation(encoding(r))
➥ for r in adult_race], axis=0)
list(zip(domain, sym_perturbed_answers))
```

会得到类似如下的结果：

```
[('Amer-Indian-Eskimo', 2851),
 ('Asian-Pac-Islander', 3269),
 ('Black', 5129),
 ('Other', 2590),
 ('White', 26063)]
```

记住，这些只是扰动后的值，我们还没有完成！

接下来是 SUE 机制的聚合和估计。

列表 4.20　对称一元编码的估计

```
def sym_aggregation_and_estimation(answers, epsilon = 5.0):
    p = pow(math.e, epsilon / 2) / (1 + pow(math.e, epsilon / 2))
    q = 1 - p

    sums = np.sum(answers, axis=0)
```

对称一元编码——聚合与估计

```
n = len(answers)

return [int((i - n * q) / (p-q)) for i in sums]

sym_perturbed_answers = [sym_perturbation(encoding(r)) for r in adult_race]  ←┐
estimated_answers = sym_aggregation_and_estimation(sym_perturbed_answers)
list(zip(domain, estimated_answers))
```

数据聚合和估计 ┘

估计的最终值如下所示：

```
[('Amer-Indian-Eskimo', 215),
 ('Asian-Pac-Islander', 1082),
 ('Black', 3180),
 ('Other', 196),
 ('White', 27791)]
```

现在我们已经知道 SUE 是如何工作的，接下来将真实值和估计值并排比较一下，看看有什么不同。如果仔细观察表 4.3，就会明白在处理这种分类数据时 SUE 效果更好。

表 4.3　每个种族应用 SUE 前后的人数

序号	种族	人口数量	
		原始值	应用 SUE 后的值
1	Amer-Indian-Eskimo	311	215
2	Asian-Pac-Islander	1 039	1 082
3	Black	3 124	3 180
4	Other	271	196
5	White	27 816	27 791

本节介绍了两种一元编码的 LDP 机制：

- 对称一元编码（SUE）：
  —编码：$\mathrm{Encode}(v) = [0, 0, \cdots, 1, \cdots, 0]$，其中只有第 v 个比特位为 1。

  —扰动：在二元随机响应机制中，每个比特位都受到扰动。$p = \dfrac{e^{\frac{\varepsilon}{2}}}{e^{\frac{\varepsilon}{2}} + 1}$ 满足 ε-LDP。

  —估计：对于每个值，使用二元随机响应机制中的估计公式。

- 最优一元编码（OUE）：
  —编码：$\mathrm{Encode}(v) = [0, 0, \cdots, 1, \cdots, 0]$，其中只有第 v 个比特位为 1。

—扰动：$p = 1/2, q = 1/(e^\varepsilon + 1)$（如图 4.11 所示）。

—估计：$E_i = \dfrac{\sum_i - nq}{p - q}$。

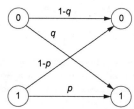

图 4.11　最优一元编码的扰动

这一章主要关注不同的 LDP 机制是如何工作的，尤其是将其应用于一维数据的情况。第 5 章将扩展讨论，看看如何使用更高级的机制来处理多维数据。

总结

- 与中心化 DP 不同，LDP 不需要可信的数据管理者；因此，个人可以使用扰动技术把进行隐私保护后的数据发送给数据聚合器。
- 许多实际用例将 LDP 应用于均值或频率估计。
- 可以通过设计与实现隐私保护算法将随机响应机制用于 LDP。
- 直接编码可以将 LDP 应用于分类和离散数据，直方图编码可以将 LDP 应用于数值连续型变量。
- 当数据聚合器收集扰动值时，聚合器有两种估计方法可供选择：直方图编码求和（SHE）和直方图编码阈值化（THE）。
- 直方图编码求和（SHE）计算个人报告的所有值的总和。
- 在直方图编码阈值化（THE）的情况下，数据聚合器将所有大于阈值 θ 的值设为 1，其余值设为 0。
- 一元编码机制是一种更通用、更有效的 LDP 机制，适用于分类和离散问题。

5

机器学习中的高级 LDP 机制

本章内容：

- 高级 LDP 机制
- 使用朴素贝叶斯进行 ML 分类工作
- 使用 LDP 朴素贝叶斯对离散特征进行处理
- 使用 LDP 朴素贝叶斯对连续特征和多维数据处理
- 设计和分析一个 LDP ML 算法

上一章我们研究了本地化差分隐私(LDP)的基本概念和定义以及其基本机制和一些例子。然而，这些机制大多是为一维数据和频率估计技术设计的，如直接编码、直方图编码、一元编码等等。本章将进一步讨论如何处理多维数据。

首先介绍一个朴素贝叶斯分类的机器学习(ML)应用案例。然后通过设计和分析一个 LDP 机器学习算法的案例研究实现 LDP 朴素贝叶斯。

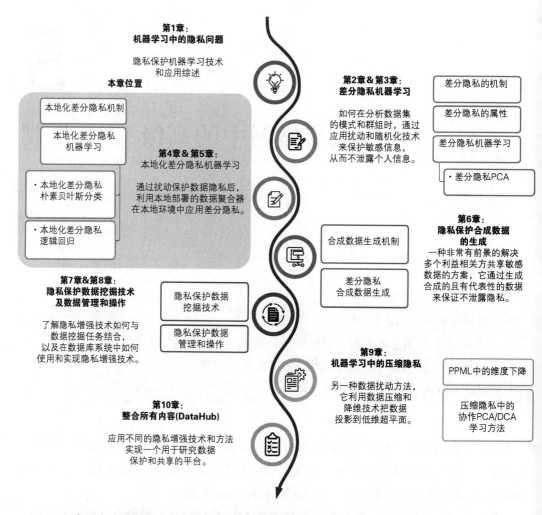

第1章:
机器学习中的隐私问题

隐私保护机器学习技术
和应用综述

本章位置

本地化差分隐私机制

本地化差分隐私
机器学习

- 本地化差分隐私
朴素贝叶斯分类

- 本地化差分隐私
逻辑回归

第2章&第3章:
差分隐私机器学习

如何在分析数据集
的模式和群组时,通过
应用扰动和随机化技术
来保护敏感信息,
从而不泄露个人信息。

差分隐私的机制

差分隐私的属性

差分隐私机器学习

- 差分隐私PCA

第4章&第5章:
本地化差分隐私机器学习

通过扰动保护数据隐私后,
利用本地部署的数据聚合器
在本地环境中应用差分隐私。

合成数据生成机制

差分隐私
合成数据生成

第6章:
隐私保护合成数据
的生成

一种非常有前景的解决
多个利益相关方共享敏感
数据的方案,它通过生成
合成的且有代表性的数据
来保证不泄露隐私。

第7章&第8章:
隐私保护数据挖掘技术
及数据管理和操作

了解隐私增强技术如何与
数据挖掘任务结合,
以及在数据库系统中如何
使用和实现隐私增强技术。

隐私保护数据
挖掘技术

隐私保护数据
管理和操作

第9章:
机器学习中的压缩隐私

另一种数据扰动方法,
它利用数据压缩和
降维技术把数据
投影到低维超平面。

PPML中的维度下降

压缩隐私中的
协作PCA/DCA
学习方法

第10章:
整合所有内容(DataHub)

应用不同的隐私增强技术和方法
实现一个用于研究数据
保护和共享的平台。

5.1 本地化差分隐私的快速回顾

正如在上一章所讨论的,当数据聚合器不可信时,LDP 是衡量个人隐私的一种方法。LDP 的目标是保证当个人提供特定值时,难以通过该特定值识别这个人的身份,从而提供隐私保护。许多 LDP 机制旨在通过聚合从多个人中收集到的扰动数据,以尽可能准确地估计人群的分布情况。

图 5.1 总结了在不同应用场景下应用 LDP 的步骤。更多有关 LDP 是如何工作的内容,请参见第 4 章。

现在我们已经回顾了 LDP 的基本原理,接下来将展示一些更高级的 LDP 机制。

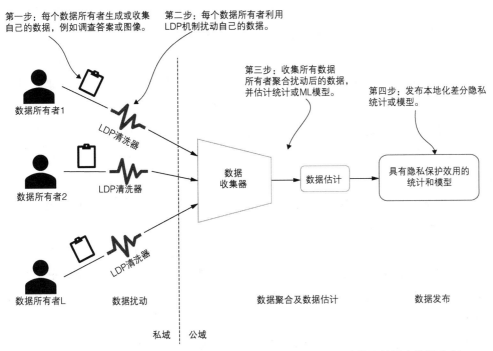

图 5.1 LDP 的工作原理:每个数据所有者对数据进行本地扰动并将其提交给聚合器

5.2 高级 LDP 机制

第 4 章介绍了直接编码、直方图编码和一元编码等 LDP 机制。这些算法适用于一维分类数据或离散数值数据。例如,回答调查问题"你的职业是什么?",将得到一个职业类别,这是一维分类数据。对于调查问题"你的年龄是多少?",回答将是一个一维的离散数值。然而,许多其他数据集更加复杂,尤其是在处理 ML 任务时,包含多维的连续数值数据。例如,基于像素的图像通常是高维的,移动设备的传感器数据[如陀螺仪(Gyroscope)或加速计传感器(Accelerometer Sensors)]是多维的,通常包含连续数值数据。因此,学习处理这类场景的 ML 任务所需的 LDP 机制是非常必要的。

本节将重点讨论三种不同的为多维连续数值数据设计的机制:拉普拉斯机制、Duchi 机制和 Piecewise 机制。

5.2.1 LDP 中的拉普拉斯机制

第 2 章介绍了中心化差分隐私的拉普拉斯机制,我们可以采用类似的方法实现 LDP 的拉普拉斯机制,在此之前先回顾一下基础知识。

为了简化表述,我们假设 LDP 机制中的每个参与者为 u_i,每个 u_i 的数据记录为 t_i。这些 t_i 通常是一维数值,取值范围在 -1 到 1 之间(如前一章所讨论的),可以用数学符号表示为 $t_i \in [-1,1]$。然而本节讨论的是多维数据,因此 t_i 可以被定义为取值范围在 -1 到 1 的 d 维数值向量,即 $t_i \in [-1,1]^d$。此外,我们使用拉普拉斯机制对 t_i 进行扰动,因此使用 t_i^* 表示经过 LDP 处理后 t_i 的扰动数据记录。

有了这些基础知识,现在我们可以深入了解 LDP 的拉普拉斯机制。假设有一个参与者 u_i,他的数据记录是 $t_i \in [-1,1]^d$。请注意这个数据记录现在是多维的。为了满足 LDP,在这种情况下,需要使用拉普拉斯分布产生的噪声对这个数据记录进行扰动。定义一个随机函数 $t_i^* = t_i + \mathrm{Lap}(2*d/\varepsilon)$ 以产生一个扰动值 t_i^*,其中 $\mathrm{Lap}(\lambda)$ 是一个尺度参数为 λ 的拉普拉斯分布随机变量。

提示 你是否想知道为什么在谈到差分隐私时,总是要研究拉普拉斯机制?原因是高斯扰动并不总是令人满意的,因为它不能用于实现 pure DP(ε-DP),pure DP 需要更重的尾部分布。因此,最受欢迎的分布是拉普拉斯机制,其尾部对于实现 pure DP 来说非常合适。

下面的列表展示了实现 LDP 的拉普拉斯机制的 Python 代码。

列表 5.1　LDP 的拉普拉斯机制

```python
def getNoisyAns_Lap(t_i, epsilon):
    loc = 0
    d = t_i.shape[0]
    scale = 2 * d / epsilon
    s = np.random.laplace(loc, scale, t_i.shape)
    t_star = t_i + s
    return t_star
```

拉普拉斯机制为 LDP 扰动多维连续数值数据提供了基本功能。然而,正如 Wang 等人[1]所研究的,当使用较小的隐私预算 ε(即 $\varepsilon < 2.3$)时,拉普拉斯机制常常会给受扰动的数据带来更大的方差,从而导致效用表现更差。在下一节我们将探讨 Duchi 机制,该机制在使用较小的隐私预算时表现更好。

5.2.2　LDP 的 Duchi 机制

拉普拉斯机制是一种用于产生噪声的方法,可用于实现 LDP 中的数据扰动,Duchi 等人[2]提出了另一种方法,称为 Duchi 机制,专门用于处理差分隐私中的多维连续数值数据。其概念与拉普拉斯机制相似,但对数据扰动的处理方式不同。

先了解一下 Duchi 机制是如何扰动一维数值数据的。对于一个参与者 u_i,假设他的

一维数据记录为 $t_i \in [-1,1]$，同时给定隐私预算 ε，那么 Duchi 机制的执行过程如下：

1. 对伯努利变量 u 进行采样，使得 $\Pr[u=1] = \dfrac{e^\varepsilon - 1}{2e^\varepsilon + 2} \cdot t_i + \dfrac{1}{2}$。

2. 如果 $u=1$，则扰动后的数据为 $t_i^* = \dfrac{e^\varepsilon + 1}{e^\varepsilon - 1}$；否则，扰动后的数据为 $t_i^* = -\dfrac{e^\varepsilon + 1}{e^\varepsilon - 1}$。

3. Duchi 机制的输出是经过扰动后的数据 $t_i^* \in \left\{ -\dfrac{e^\varepsilon + 1}{e^\varepsilon - 1}, \dfrac{e^\varepsilon + 1}{e^\varepsilon - 1} \right\}$。

下面是该算法的 Python 实现代码：

列表 5.2 一维数据的 Duchi 机制

```python
def Duchi_1d(t_i, eps, t_star):
    p = (math.exp(eps) - 1) / (2 * math.exp(eps) + 2) * t_i + 0.5
    coin = np.random.binomial(1, p)
    if coin == 1:
        return t_star[1]
    else:
        return t_star[0]
```

什么是伯努利分布？

在概率论中，伯努利分布是最简单易懂的分布之一，通常用于构建更复杂分布。概括来说，伯努利分布是一种离散型概率分布，随机变量只有两个可能的取值，其中取值为 1 的概率为 p，取值为 0 的概率为 $q = 1-p$。

简单地说，如果一个实验只有两种可能结果，即"成功"和"失败"，并且成功的概率为 p，则：

$$P(n) = \begin{cases} 1-p, & n=0 \\ p, & n=1 \end{cases}$$

在本书中，通常认为"成功"是想要追踪的结果。

前面我们已经介绍了 Duchi 机制是如何处理一维数据的，现在将其扩展到多维数据。给定一个 d 维数据记录 $t_i \in [-1,1]^d$ 和隐私预算 ε，Duchi 的多维数据处理机制如下所示：

1. 从以下分布中独立地对每个 $v[A_j]$ 进行采样，生成一个随机的 d 维数据记录 $v \in [-1,1]^d$。

$$\Pr[v[A_j]=x]=\begin{cases} \dfrac{1}{2}+\dfrac{1}{2}t_i[A_j], & x=1 \\[3mm] \dfrac{1}{2}-\dfrac{1}{2}t_i[A_j], & x=-1 \end{cases}$$

其中 $v[A_j]$ 是 v 的第 j 个值。

2. 定义 $T^+(T^-)$ 为所有数据记录的集合 $t^* \in \{-B,B\}^d$，使得 $t^* \cdot v \geqslant 0(t^* \cdot v \leqslant 0)$，其中有：

$$B=\frac{\exp(\varepsilon)+1}{\exp(\varepsilon)-1} \cdot C_d$$

$$C_d=\begin{cases} \dfrac{2^{d-1}}{\dbinom{d-1}{\frac{d-1}{2}}} & \text{如果 } d \text{ 是偶数} \\[8mm] \dfrac{2^{d-1}+\dfrac{1}{2}\dbinom{d}{\frac{d}{2}}}{\dbinom{d-1}{\frac{d}{2}}} & \text{其他情况} \end{cases}$$

3. 对伯努利变量 u 进行采样，使得 $\Pr[u=1]=\dfrac{e^\varepsilon}{e^\varepsilon+1}$。

4. 最后，如果 $u=1$，则从 T^+ 中均匀地选择一条数据记录作为输出；否则，从 T^- 中均匀地选择一条数据记录作为输出。

下面的列表展示了该算法的 Python 实现代码。如果按照刚才讨论的步骤仔细思考，可以很快理解代码中执行的操作。

列表 5.3　多维数据的 Duchi 机制

```
def Duchi_md(t_i, eps):
    d = len(t_i)
    if d % 2 != 0:
        C_d = pow(2, d - 1) / comb(d - 1, (d - 1) / 2)
    else:
        C_d = (pow(2, d - 1) + 0.5 * comb(d, d / 2)) / comb(d - 1, d / 2)

    B = C_d * (math.exp(eps) + 1) / (math.exp(eps) - 1)
    v = []
    for tmp in t_i:
```

```
        tmp_p = 0.5 + 0.5 * tmp
        tmp_q = 0.5 - 0.5 * tmp
        v.append(np.random.choice([1, -1], p=[tmp_p, tmp_q]))
    bernoulli_p = math.exp(eps) / (math.exp(eps) + 1)
    coin = np.random.binomial(1, bernoulli_p)

    t_star = np.random.choice([-B, B], len(t_i), p=[0.5, 0.5])
    v_times_t_star = np.multiply(v, t_star)
    sum_v_times_t_star = np.sum(v_times_t_star)

    if coin == 1:
        while sum_v_times_t_star <= 0:
            t_star = np.random.choice([-B, B], len(t_i), p=[0.5, 0.5])
            v_times_t_star = np.multiply(v, t_star)
            sum_v_times_t_star = np.sum(v_times_t_star)
    else:
        while sum_v_times_t_star > 0:
            t_star = np.random.choice([-B, B], len(t_i), p=[0.5, 0.5])
            v_times_t_star = np.multiply(v, t_star)
            sum_v_times_t_star = np.sum(v_times_t_star)
return t_star.reshape(-1)
```

Duchi 机制在较小的隐私预算下(即 $\varepsilon < 2.3$)表现良好。然而,在使用较大的隐私预算时,它的可用性表现比拉普拉斯机制差。因此是否存在一种通用的算法,能够在不同大小的隐私预算下都能有效地工作? 下一节将介绍 Piecewise 机制。

5.2.3 LDP 的 Piecewise 机制

到目前为止,在本章我们已经介绍了两种可用于 LDP 的机制。第三种机制称为 Piecewise 机制[1],它可以克服拉普拉斯和 Duchi 机制的缺点,可用于处理 LDP 中的多维连续数值数据。其思想是用渐近最优误差界扰动多维数值。因此,每个个体只需要向数据聚合器发送一个比特的数据。

首先了解一下可用于一维数据的 Piecewise 机制。给定参与者 u_i 的一维数据记录 $t_i \in [-1,1]$ 和隐私预算 ε,Piecewise 机制执行如下:

1. 在 0 到 1 的范围内,均匀随机选择一个值 x。

2. 如果 $x < \dfrac{\mathrm{e}^{\frac{\varepsilon}{2}}}{\mathrm{e}^{\frac{\varepsilon}{2}}+1}$,则从区间 $[l(t_i), r(t_i)]$ 中均匀随机采样,得到 t_i^*。否则,从区间 $[-C, l(t_i) \bigcup r(t_i), C]$ 中均匀随机采样,得到 t_i^*,其中:

$$C = \frac{\exp\left(\dfrac{\varepsilon}{2}\right)+1}{\exp\left(\dfrac{\varepsilon}{2}\right)-1}$$

$$l(t_i) = \frac{C+1}{2} \cdot t_i - \frac{C-1}{2}$$

同时

$$r(t_i) = l(t_i) + C - 1$$

3. 扰动后的数据 $t_i^* \in \{-C, C\}$ 将成为 Piecewise 机制的输出。

Piecewise 机制由三段组成：中段、右段 $r()$ 和左段 $l()$。中段计算为 $t_i^* \in [l(t_i), r(t_i)]$，右段计算为 $t_i^* \in [r(t_i), C]$，左段则计算为 $t_i^* \in [-C, l(t_i)]$。我们可以在下面的列表中看到该算法的 Python 实现代码。

列表 5.4 一维数据的 Piecewise 机制

```
def PM_1d(t_i, eps):
    C = (math.exp(eps / 2) + 1) / (math.exp(eps / 2) - 1)
    l_t_i = (C + 1) * t_i / 2 - (C - 1) / 2
    r_t_i = l_t_i + C - 1

    x = np.random.uniform(0, 1)
    threshold = math.exp(eps / 2) / (math.exp(eps / 2) + 1)
    if x < threshold:
        t_star = np.random.uniform(l_t_i, r_t_i)
    else:
        tmp_l = np.random.uniform(-C, l_t_i)
        tmp_r = np.random.uniform(r_t_i, C)
        w = np.random.randint(2)
        t_star = (1 - w) * tmp_l + w * tmp_r

    return t_star
```

在 uniform() 函数中提供 size 参数会生成一个 ndarray（多维数组）。

如何处理多维数据？可以将 Piecewise 机制从一维版本扩展到多维数据的处理中。假设有 d 维数据记录 $t_i \in [-1, 1]^d$ 和隐私预算 ε，多维数据的 Piecewise 机制执行如下：

1. 从 $\{1, 2, \cdots, d\}$ 中无放回地均匀抽取 k 个值，其中：

$$k = \max\left\{1, \min\left\{d, \left\lfloor \frac{\varepsilon}{2.5} \right\rfloor \right\}\right\}$$

2. 对于每个采样值 j，将 $t_i[A_j]$ 和 $\frac{\varepsilon}{k}$ 作为一维 Piecewise 机制的输入，得到一个噪声值 $x_{i,j}$。

3. 输出 t_i^*，其中 $t_i^*[A_j] = \frac{d}{k} x_{i,j}$。

下面的列表展示了这种算法的 Python 实现代码。

列表 5.5　多维数据的 Piecewise 机制

```
def PM_md(t_i, eps):
    d = len(t_i)
    k = max(1, min(d, int(eps / 2.5)))
    rand_features = np.random.randint(0, d, size=k)
    res = np.zeros(t_i.shape)
    for j in rand_features:
        res[j] = (d * 1.0 / k) * PM_1d(t_i[j], eps / k)
    return res
```

现在我们已经探讨了多维数值数据的三种高级 LDP 机制,下面将用一个案例研究展示如何在真实世界的数据集中实现 LDP。

5.3　一个实现 LDP 朴素贝叶斯分类的案例研究

前一章介绍了一组可用于实现 LDP 协议的机制。本节将使用 LDP 朴素贝叶斯分类设计作为案例研究来介绍 LDP ML 算法的设计过程。本节内容已部分发表在我们的一篇研究论文中[3]。此案例研究的实现和完整代码可从 https://github.com/nogrady/ PPML/tree/main/Ch5 中查找。

注:本节将让读者更好地了解本案例研究的数学公式和实证评估,以便能够从头开始学习如何开发 LDP 应用。如果你现在不需要了解这些实现细节,可以跳到下一章。

5.3.1　使用朴素贝叶斯和 ML 分类

3.2.1 节介绍了差分隐私朴素贝叶斯分类的工作原理及其数学公式,本节将进一步探讨如何将朴素贝叶斯与 LDP 结合使用。正如前一章所述,LDP 涉及要将个人数据通过扰动的方式进行隐私保护并发送到数据聚合器。这些技术可为个人提供合理推诿。数据聚合器随后收集所有扰动值,并估计统计数据,例如每个值在总体中的频率。

为了在分类任务中保证提供训练数据的个人的隐私,可以在数据收集阶段使用 LDP 技术。本章将在朴素贝叶斯分类器上使用 LDP 技术,它们是一组基于贝叶斯定理的简单概率分类器。简单回顾一下,朴素贝叶斯分类器假设每对特征之间相互独立,最重要的是这些分类器具有高度可扩展性,特别适用于特征数量较多或训练数据较少的情况。尽管朴素贝叶斯很简单,但它通常可以比更复杂的分类方法表现得更好或接近更复杂的方法。

现在让我们来讨论一下细节。给定一个新实例(已知类别值),朴素贝叶斯先计算每个类标签的条件概率,然后将具有最大似然的类标签分配给给定的实例。其思想是,根据贝叶斯定理和特征独立性假设,每个条件概率可以分解为多个概率的乘积。为了实现朴素贝叶斯分类,需要使用训练数据计算每个概率。由于必须通过保护隐私的方式收集来自个人的训练数据,因此可以利用 LDP 频率和统计估计方法收集个人扰动数据,然后使用朴素贝叶斯分类估计条件概率。

在这个案例研究中,我们首先将探讨如何使用 LDP 朴素贝叶斯分类器处理离散特征,同时保留类标签和特征之间的关系。其次,将介绍连续特征的处理方法,讨论如何对数据进行离散化,并将拉普拉斯噪声添加到数据中以满足 LDP 的要求,之后应用高斯朴素贝叶斯分类器。我们还将展示如何使用连续数据扰动方法。最后,将通过一组实验场景和真实数据集来探索和实现这些技术,展示如何在保持分类器准确度的同时满足 LDP。

> **离散与连续特征**
>
> 离散变量是在任意两个值之间具有可数个值的数值变量。离散变量始终为数字变量,例如,缺陷零件的数量或逾期的付款次数可以视为离散值。相比之下,连续变量是在任意两个值之间具有无限个值的数字变量。连续变量可以是数字变量,也可以是日期/时间,例如零件的长度或收到付款的日期/时间。然而,根据应用的不同,有时可以将离散数据视为连续的,将连续数据视为离散的。

5.3.2　使用具有离散特征的 LDP 朴素贝叶斯

在深入探讨理论之前,我们先来看一个例子。一个独立的分析师想要训练一个机器学习分类器,用于预测"一个人逾期按揭付款的可能性有多大"。他的想法是使用来自不同按揭和金融公司的数据来训练模型,并使用该模型预测未来客户的行为。然而,这些金融公司都不愿意参与,因为他们不想共享客户的隐私或敏感信息。因此,他们最好的选择是共享他们扰动后的数据,以保护客户的隐私。但是,如何扰动数据,使分析师可以在用它来训练朴素贝叶斯分类器的同时保护隐私呢?这就是接下来我们将要探讨的内容。

3.2.1 节讨论了朴素贝叶斯分类的工作原理,所以在这里我们只回顾基本要点。更多细节请参阅第 3 章。

在概率论中,贝叶斯定理描述了基于可能与事件相关的条件的先验知识来计算事件的概率,它表述如下:

$$P(A|B) = \frac{P(B|A) \cdot P(A)}{P(B)}$$

朴素贝叶斯分类技术使用贝叶斯定理和每对特征之间独立的假设。假设要分类的实例是 n 维向量 $\boldsymbol{X} = \{x_1, x_2, \cdots, x_n\}$，特征的名称是 $F_1, F_2, \cdots, F_n$，可以分配给实例的可能类别是 $C = \{C_1, C_2, \cdots, C_k\}$。当且仅当 $P(C_s|\boldsymbol{X}) > P(C_j|\boldsymbol{X})(1 \leqslant j \leqslant k$ 且 $j \neq s)$ 时，朴素贝叶斯分类器将实例 $\boldsymbol{X}$ 分配给类 C_s。因此，分类器需要计算所有类别的 $P(C_j|\boldsymbol{X})$ 并比较这些概率。使用贝叶斯定理，概率 $P(C_j|\boldsymbol{X})$ 可以计算为

$$P(C_j|\boldsymbol{X}) = \frac{P(\boldsymbol{X}|C_j) \cdot P(C_j)}{P(\boldsymbol{X})}$$

由于 $P(\boldsymbol{X})$ 对于所有类别都是相同的，所以找到具有最大 $P(\boldsymbol{X}|C_j) \cdot P(C_j)$ 的类就足够了。

首先考虑所有特征都是数值并离散的情况。假设(在这些金融公司中)有 m 个不同的记录或个人可以用来训练这个分类器。表 5.1 展示了在第 3 章中所讨论的按揭付款数据集的摘录。

表 5.1　按揭贷款支付数据集的摘录

序号	年龄	收入	性别	逾期付款(Yes 或 No)
1	Young	Low	Male	Yes
2	Young	High	Female	Yes
3	Medium	High	Male	No
4	Old	Medium	Male	No
5	Old	High	Male	No
6	Old	Low	Female	Yes
7	Medium	Low	Female	No
8	Medium	Medium	Male	Yes
9	Young	Low	Male	No
10	Old	High	Female	No

表 5.1 中，年龄、收入和性别是自变量，而逾期付款代表预测任务的因变量。我们的目的是使用这些数据来训练一个分类器，该分类器可用于预测未来的客户，并确定特定客户按揭付款是否可能逾期。因此，在这种情况下，分类任务是预测客户的行为(他们按

揭付款是否会逾期),这使得它成为一种二元分类——只有两个可能的类别。

就像第 3 章中所做的那样,我们将这两个类定义为 C_1 和 C_2,其中 C_1 表示逾期付款,C_2 表示没有。根据表 5.1 中呈现的数据,这些类别的概率可计算如下:

$$P(C_1)=\frac{4}{10} \quad P(C_2)=\frac{6}{10}$$

我们也可以采用类似的方法计算条件概率。表 5.2 总结了在第 3 章中已经计算出的年龄特征的条件概率。

表 5.2　为年龄特征计算条件概率的总结

条件概率	结果
$P(\text{Age}=\text{Young}\mid C_1)$	2/4
$P(\text{Age}=\text{Young}\mid C_2)$	1/6
$P(\text{Age}=\text{Medium}\mid C_1)$	1/4
$P(\text{Age}=\text{Medium}\mid C_2)$	2/6
$P(\text{Age}=\text{Old}\mid C_1)$	1/4
$P(\text{Age}=\text{Old}\mid C_2)$	3/6

一旦掌握了所有的条件概率,我们就可以进行预测,例如一个中等收入的年轻女性是否会逾期付款。要做到这一点,首先需要将 $\boldsymbol{X}$ 设置为 $\boldsymbol{X}=(\text{Age}=\text{Young},\text{Income}=\text{Medium},\text{Gender}=\text{Female})$。第 3 章介绍了使用朴素贝叶斯分类器的剩余步骤和计算过程,必要时可以进行参考。

基于这些计算的结果,朴素贝叶斯分类器将实例 $\boldsymbol{X}$ 归为 C_2 类。换句话说,中等收入的年轻女性不会逾期付款。

$$P(C_1)\cdot\prod_{i=1}^{3}P(F_i=x_i\mid C_1)=0.025$$

并且

$$P(C_2)\cdot\prod_{i=1}^{3}P(F_i=x_i\mid C_2)=0.005\,6$$

基于对朴素贝叶斯分类器工作原理的简单理解,接下来我们将展示如何用前面讨论的 LDP 频率估计方法来计算朴素贝叶斯分类器的必要概率。在 LDP 中,数据聚合器会计算 $C=\{C_1,C_2,\cdots,C_k\}$ 中所有类的类概率 $P(C_j)$ 和所有可能的 x_i 值的条件概率

$P(F_i = x_i | C_j)$。

假设 Alice 的数据是 $(a_1, a_2, \cdots, a_n)$，她的类标签是 C_v。为了满足 LDP，需要预处理她的输入并对其进行扰动。下面将展示如何预处理和扰动 Alice 数据的细节，以及如何通过数据聚合器估计类概率和条件概率。

计算类概率

由于 Alice 的类标签是 C_v，为了计算类概率，她的输入变为 $v \in \{1, 2, \cdots, k\}$。然后 Alice 对值 v 进行编码和扰动，并发送给数据聚合器。这个过程可以采用前面讨论过的任何一种 LDP 频率估计方法。类似地，其他人也向数据聚合器发送他们被扰动后的类标签。

数据聚合器收集所有扰动数据，并将每个值 $j \in \{1, 2, \cdots, k\}$ 的频率估计为 E_j。现在概率 $P(C_j)$ 的计算公式为

$$\frac{E_j}{\sum_{i=1}^{k} E_i}$$

为了便于理解，让我们考虑一个例子：在表 5.1 的示例数据集中，只有两个类标签选项：有逾期付款与没有逾期付款。假设 Alice 逾期付款，那么 Alice 的输入 v 变为 1，她将其发送给数据聚合器。同样，如果没有逾期付款，她会向数据聚合器发送 2 作为她的输入。图 5.2 展示了三个人向数据聚合器发送其扰动值。之后数据聚合器估计每个值的频率并计算类别概率。

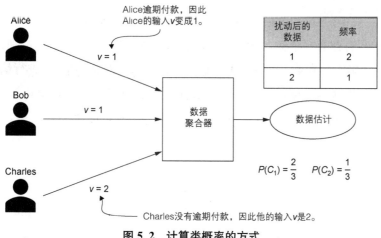

图 5.2 计算类概率的方式

计算条件概率

为了估计条件概率 $P(F_i = x_i | C_j)$，直接发送特征值是不够的。为了计算这些概率，必须保留类标签和特征之间的关系，这意味着每个人需要将特征值和类标签结合起来作为他们的输入。

F_i 有 n_i 个可能值，如果 Alice 在第 i 维中的值为 $a_i \in \{1, 2, \cdots, n_i\}$，并且她的类标签值为 $v \in \{1, 2, \cdots, k\}$，则 Alice 对特征 F_i 的输入变为 $v_i = (a_i - 1) \cdot k + v$。因此，每个人在 $[1, k \cdot n_i]$ 范围内计算第 i 个特征的输入。

这样理解有点困难，我们可以通过一个例子来解释这个问题。例如，假设表 5.1 中的年龄值设置为（Young＝1），（Medium＝2），（Old＝3）。对于这个年龄特征，一个人的输入可以是 1 到 6 之间的值，如表 5.3 所示，其中 1 表示年轻且逾期付款，6 表示年老且没有逾期付款。

表 5.3　将特征值和类标签的组合作为输入

类标签与特征之间的关系	枚举值
$(\text{Age} = \text{Young} | C_1)$	1
$(\text{Age} = \text{Young} | C_2)$	2
$(\text{Age} = \text{Medium} | C_1)$	3
$(\text{Age} = \text{Medium} | C_2)$	4
$(\text{Age} = \text{Old} | C_1)$	5
$(\text{Age} = \text{Old} | C_2)$	6

表 5.2 中每行都有一个输入值。同样，收入方面的输入量可能为 6，性别方面的输入量可能为 4。在确定了在第 i 个特征中的输入之后，Alice 对她的值 v_i 进行编码和扰动，并将扰动后的值发送给数据聚合器。为了估计 F_i 的条件概率，数据聚合器通过估计输入 $(y-1) \cdot k + z$ 的频率来估计具有值 $y \in \{1, 2, \cdots, n_i\}$ 和类标签 $z \in \{1, 2, \cdots, k\}$ 的个体频率 $E_{y,z}$。因此条件概率 $P(F_i = x_i | C_j)$ 等于

$$\frac{E_{x_{i,j}}}{\sum_{h=1}^{n_i} E_{h,j}}$$

对于表 5.3 中的内容，为了估计概率 $P(\text{Age} = \text{Medium} | C_2)$，数据聚合器将 2、4 和 6 的频率分别估计为 $E_{1,2}$、$E_{2,2}$ 和 $E_{3,2}$。则 $P(\text{Age} = \text{Medium} | C_2)$ 可以估计为

$$\frac{E_{2,2}}{E_{1,2}+E_{2,2}+E_{3,2}}$$

值得注意的是,为了利用计算类概率和条件概率,每个人可以准备 $n+1$ 个输入(例如 Alice$\{v,v_1,v_2,\cdots,v_n\}$),这些输入可以在扰动后上传。但是上传多个相互依赖的值通常会降低隐私级别,因此每个人只上传一个输入值。

最后,当数据聚合器估计诸如 E_j 或 $E_{(y,z)}$ 的值时,估计值可能是负的,可以把所有的负估计值设置为 1,以获得有效和合理的概率。

LDP 在多维数据中的应用

上述频率和平均值估计方法仅适用于一维数据。如果我们有更高维度的数据该怎么办?如果每个人拥有的数据是多维的,使用这些方法上传每个值可能会因为对特征的依赖而导致隐私泄漏。

为此,可以对 n 维数据使用三种常见的方法:

- *方法 1*——如果噪声与维数 n 成比例,可以使用 LDP 拉普拉斯机制(在第 3 章已讨论过)。因此,如果每个人的输入为 $\boldsymbol{V}=(v_1,v_2,\cdots,v_n)$,使得对于所有 $i\in\{1,2,\cdots,n\}$,$v_i\in[-1,1]$,则每个人可以在添加 $\mathrm{Lap}(2n/\varepsilon)$ 后发送每个 v_i。然而,如果维数 n 较高,则不适合使用这种方法,因为大量的噪声会降低准确度。

- *方法 2*——可以利用在 5.2.3 节中讨论的 Piecewise 机制。采用 LDP 协议,Piecewise 机制可用于扰动多维数值。

- *方法 3*——数据聚合器可以要求每个人提供一个扰动后的输入,以满足 ε-DP。每个人可以均匀随机选择要发送的输入,或者聚合器可以将人们分成 n 组,并从每个组中请求不同的输入值。因此,每个特征大约由 m/n 个人报告。当人数 m 远高于特征数 n 时,适合使用这种方法。否则,由于每个特征的报告值数量较少,准确度会降低。

现在我们已经研究了多维数据如何与 LDP 相结合,接下来探讨 LDP 在连续数据的朴素贝叶斯分类中的细节。

5.3.3 使用具有连续特征的 LDP 朴素贝叶斯

到目前为止,我们已经介绍了如何将 LDP 应用于离散特征,接下来我们将探讨如何将相同的概念用于连续特征。连续数据的朴素贝叶斯分类中的 LDP 可以通过两种不同的方式来实现:

- 可以将连续数据离散化,并应用上一节所讲述的离散朴素贝叶斯进行求解。在这种情况下,连续的数值数据被划分为桶(Buckets),使数据具有有限性和离散性,在离散化后每个人对他们的输入进行扰动。

- 数据聚合器可以使用高斯朴素贝叶斯来估计概率。

首先从第一种方法开始介绍,即离散朴素贝叶斯。

离散朴素贝叶斯

对于离散朴素贝叶斯,我们需要离散连续数据,并使用 LDP 频率估计技术来估计频率。基于连续域内的已知特征,数据聚合器须确定桶的间隔以便对域进行离散化——等宽离散化(Equal-Width Discretization,EWD)或等宽分箱(Equal-Width Binning,EWB)可用于对域进行均等划分。EWD 根据(max-min)/n_b 计算每个桶的宽度,其中 max 和 min 是最大和最小特征值,n_b 是所需箱的数量。在 5.3.4 节中,我们将在一些实验中使用 EWD 方法进行离散化。

什么是等宽分箱?

通常情况下,分箱是一种数据预处理方法,通过将原始数据值划分为称为"箱子"的小间隔来最小化观测误差的影响。然后,原始值被替换为用于计算该箱子的通用值。总的来说,分箱方法将数值变量转换为分类变量,但不使用目标(或类别)信息。这在较小的数据集的情况下更有可能减少过度拟合的问题。

将数据分成箱子的基本方法有两种:

- 等频分箱(Equal Frequency Binning,EFB)——在这种情况下,所有的箱子都具有相等的频率。
  - 输入数据示例:[0,4,12,16,16,18,24,26,28]
  - Bin 1:[0,4,12]
  - Bin 2:[16,16,18]
  - Bin 3:[24,26,28]

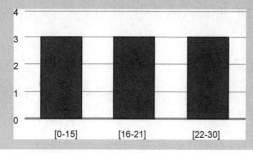

- 等宽分箱(Equal Width Binning,EWB)——在这种情况下,数据被划分为等大小的区间,其中区间(或宽度)的定义为 $w=(\max-\min)/($箱子数量$)$。
  - 输入数据示例:$[0,4,12,16,16,18,24,26,28]$
  - Bin 1:$[0,4]$
  - Bin 2:$[12,16,16,18]$
  - Bin 3:$[24,26,28]$

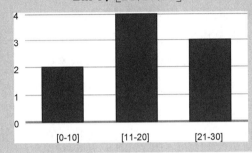

当数据聚合器与个人共享区间时,每个人都将其连续特征值离散化,并应用类似具有离散特征的 LDP 朴素贝叶斯的处理过程。数据聚合器还使用与采用 LDP 朴素贝叶斯对数据进行离散的相同的过程来估计概率。每个人应上传一个扰动值,以保证 ε-LDP。通过分箱进行离散化是一种数据预处理方法,实际的隐私保护是通过离散朴素贝叶斯实现的。

高斯朴素贝叶斯

连续数据的第二种处理方法是高斯朴素贝叶斯,在这种情况下,最常见的做法是假设数据是正态分布的。对于 LDP 高斯朴素贝叶斯,计算类概率与离散特征的方法是相同的。要计算条件概率,需要给定数据聚合器类标签的每个特征的训练值的均值和方差。换句话说,为了计算 $P(F_i=x_i|C_j)$,数据聚合器需要使用具有类标签 C_j 的每个人的 F_i 值的估计均值 $\mu_{(i,j)}$ 和方差 $\sigma_{i,j}^2$。这意味着必须维护特征和类标签之间的关联关系(类似于离散朴素贝叶斯分类器)。

我们已经讨论了均值估计的过程,但是为了同时计算均值 $\mu_{(i,j)}$ 和方差 $\sigma_{i,j}^2$,数据聚合器可以将人们分成两组。其中一组通过扰动其输入并与数据聚合器共享获得均值估计(即 $\mu_{(i,j)}$)。另一组则通过扰动其输入的平方并将其与数据聚合器共享获得平方均值的估计(即 $\mu_{i,j}^s$)。

再考虑另一个例子,假设 Bob 有一个类标签 C_j 和一个取值为 b_i 的特征 F_i。另外假设每个特征的范围都被归一化在$[-1,1]$之间。如果 Bob 在第一组中，他将在其值 b_i 上添加拉普拉斯噪声，并获得扰动后的特征值 b'_i。当数据聚合器从具有类标签 C_j 的第一组人中收集所有扰动的特征值时，它会计算扰动特征值的均值，并给出了均值 $\mu_{(i,j)}$ 的估计，因为每个人添加的噪声的均值为 0。第二组也可以采用类似的方法，如果 Bob 在第二组中，他将在其平方值 b_i^2 上添加噪声以获得 b'^2_i，并与数据聚合器共享。同样，数据聚合器会计算平方均值的估计值（$\mu_{i,j}^s$）。最后，方差 $\sigma_{i,j}^2$ 可以按 $\mu_{i,j}^s - (\mu_{i,j})^2$ 计算。再次强调，每个人在扰动后只上传其值中的一个或其值的平方，因为它们是相关的。

到目前为止，概率的计算是清晰明确的。但是应当注意到，在计算均值和方差时，每个人的类标签对数据聚合器并不是隐藏的？我们如何才能隐藏原始的类标签呢？

为了解决这个问题并隐藏类标签，可以采用以下方法：假设 Bob 正在上传与类别 C_j 相关联的特征值 $F_i = b_i$，其中 $j \in \{1, 2, \cdots, k\}$。首先，他构造一个长度为 k 的向量，其中 k 是类标签的数量。除了与第 j 个类标签相对应的第 j 个元素被设置为特征值 b_i 之外，其他向量都被初始化为零。之后，向量的每个元素都像往常一样被扰动（即通过添加拉普拉斯噪声）并被发送给数据聚合器。由于噪声被添加到了向量的零元素中，数据聚合器将无法推断实际的类标签或实际的值。

对于每个类的实际均值（和平方值的均值）的估计，数据聚合器只需要像往常一样计算扰动值的均值，然后除以该类别的概率。为了理解为什么需要这样做，假设一个类别 j 的概率为 $P(C_j)$。因此，对于特征 F_i，个体中只有 $P(C_j)$ 在输入向量的第 j 个元素中具有其实际值，而其余部分（$1-P(C_j)$）为零。因此，实际均值附近的噪声在聚集后相互抵消，零附近的噪声聚集后也相互抵消，最终得到 $P(C_j) \times \mu_{(i,j)} = \text{observed(shifted)mean}$。然后，可以将观察到的均值除以 $P(C_j)$ 以获得估计的均值。这同样适用于计算平方值的均值，因此也适用于方差计算。

5.3.4 评估不同的 LDP 协议的性能表现

前面的章节已经讲解了理论知识，现在我们来讨论一下实现策略和不同 LDP 协议的实验评估结果。这些实验基于 UCI 机器学习库[4]获得的数据集。表 5.4 总结了实验中使用的数据集。

为了评估在 LDP 下朴素贝叶斯分类的准确度，在 Python 中使用 pandas 和 NumPy 库实现前面章节中讨论的方法。我们实现了用于频率估计的五种不同的 LDP 协议——直接编码（DE）、直方图编码求和（SHE）、直方图编码阈值化（THE）、对称一元编码（SUE）和最优一元编码（OUE）——并且在 THE 中使用不同的 θ 值进行了实验。通过这些实验,能够发现当 $\theta=0.25$ 时可以实现最佳准确度,因此我们给出 $\theta=0.25$ 时 SHE 的实验结果。简而言之,本节将比较这些不同算法实现的结果,以展示哪种算法最适合这些数据集。

表 5.4　实验中使用的数据集

数据集名称	实例数量	特征数量	类标签数量
Car evaluation	1 728	6	4
Chess	3 196	36	2
Mushroom	8 124	22	2
Connect-4	67 557	42	3
Australian credit approval	690	14	2
Diabetes	768	8	2

具有离散特征的 LDP 朴素贝叶斯的评估

为了评估使用 LDP 朴素贝叶斯对离散特征数据进行分类的准确度,我们使用了来自 UCI ML 库的四个不同数据集(Car evaluation,Chess,Mushroom 和 Connect-4)。首先,把没有 LDP 的朴素贝叶斯分类作为基准,比较 LDP 下不同编码机制的准确度。

图 5.3 展示了 ε 值变化到 5 时的实验结果。虚线表示没有隐私保护时的准确度。正如预期的那样,当训练集中实例的数量增加时,较小的 ε 值对应的准确度更好。例如在 Connect-4 数据集中,即使在非常小的 ε 值下,除了 SHE 之外的所有协议也达到超过 65% 的准确度。由于没有隐私保护的准确度约为 75%,因此,所有这些协议在 ε 值小于 1 的情况下的准确度都是显而易见的,对于 Mushroom 数据集,结果也类似。当 $\varepsilon=0.5$ 时,除了 SHE 之外的所有协议都达到约 90% 的分类准确度。

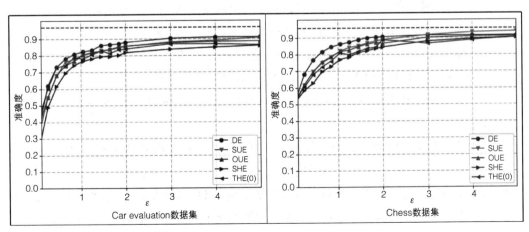

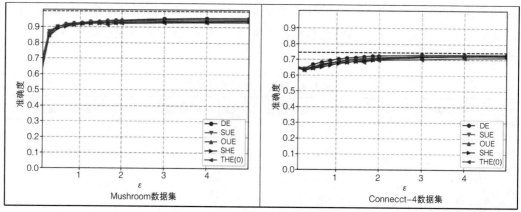

**图 5.3　具有离散特征数据集的 LDP
朴素贝叶斯分类准确度**

扫码看彩图

在所有数据集中,可以看到准确度最差的协议是 SHE,因为此协议仅对噪声值进行求和,其方差高于其他协议。此外,在 Car Evaluation 和 Chess 数据集中,因为输入域很小,DE 在小 ε 值下达到最佳准确度。另一方面,DE 的方差与输入域的大小成正比,因此当输入域很小时,其准确度更好。我们还可以看到,在所有实验中,SUE 和 OUE 提供类似的准确度。当输入域很大时,它们的表现比 DE 更好。尽管 OUE 旨在减少方差,但在这组实验中,我们没有观察到 SUE 和 OUE 之间显著的效用差异。

具有连续特征的 LDP 朴素贝叶斯的评估

本节讨论具有连续特征的 LDP 朴素贝叶斯的结果。在这种情况下,实验是在两个不同的数据集上进行的:澳大利亚信贷审批(Australian Credit Approval)数据集和糖尿病(Diabetes)数据集。澳大利亚信贷审批数据集有 14 个原始特征,糖尿病数据集有 8 个特征。

首先应用离散化方法,然后使用两种降维技术(PCA 和 DCA)来观察它们对准确度的影响。图 5.4 给出了两个数据集在不同 ε 值下的结果,此外还展示了两种在不同大小的域下提供最佳准确度的 LDP 方案,即直接编码和优化一元编码。

对于澳大利亚数据集,输入域被划分为 $d=2$ 个桶,对于糖尿病数据集,输入域被划分为 $d=4$ 个桶。

从实验结果中可以观察到,对于澳大利亚数据集,当特征数减少到 1 时,使用主成分分析(PCA)和判别成分分析(DCA)可获得最佳结果。另一方面,对于糖尿病数据集,当 PCA 将特征数减少到 6,DCA 将特征数减少到 1 时,可以获得最佳准确度。如图 5.4 所示,DCA 提供了最佳的分类准确度,这展示了在离散化之前使用降维技术的优势。还可以看到 DCA 的准确度优于 PCA,因为 DCA 主要是为分类而设计的。

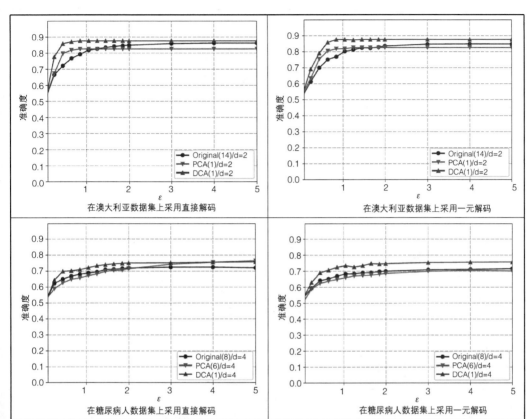

**图 5.4 利用离散化对连续特征数据集进行
LDP 朴素贝叶斯分类的准确度**

扫码看彩图

PCA 和 DCA 是什么?

   主成分分析(PCA)和判别成分分析(DCA)是两种常用的降维方法,通常用于降低大型数据集的维度。PCA 和 DCA 都可将数据投影到低维超平面,然而它们之间的关键区别在于 PCA 假设与梯度的关系是线性的,而 DCA 假设是单峰的。我们将在第 9 章中更详细地讨论不同的降维方法。

   此外,我们还在两个相同的数据集上应用了 LDP 高斯朴素贝叶斯(LDP-GNB),实现了针对多维数据讨论的所有三种扰动方法(在标题为"LDP 在多维数据中的应用"的小节中)。图 5.5 展示了在这两个数据集上执行 LDP-GNB 的结果。

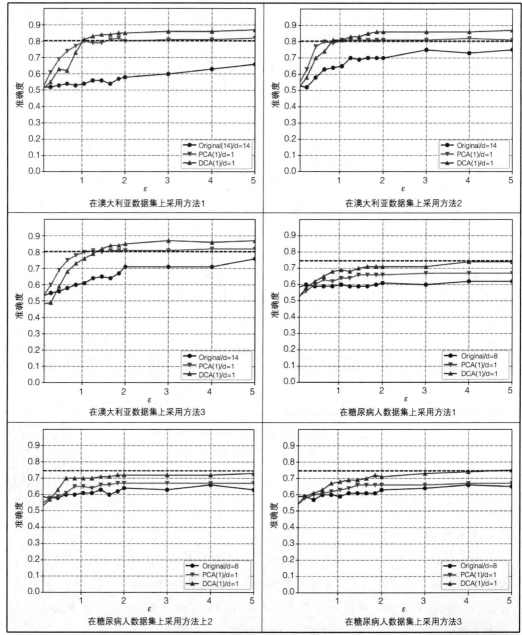

图 5.5　具有连续特征数据集的 LDP
高斯朴素贝叶斯分类准确度

扫码看彩图

三种方法中的第一种方法(使用拉普拉斯机制)的可用性最低,因为个体是通过添加与维数成比例的噪声来上传所有特征。图 5.5 中每个图表展示了三条曲线,分别对应于使用原始数据(分别为澳大利亚和糖尿病数据集的 14 个或 8 个特征)、在添加 LDP 噪声之前使用 PCA 和 DCA 处理的数据。所有的图都表明减少维度具有积极效果。在这两个数据集中,PCA 和 DCA 的维数均为 1。DCA 或 PCA 总是比原始数据和所有扰动方法表现得更好。

最后,比较离散化和高斯朴素贝叶斯在处理连续数据时的结果,会发现离散化能提供更好的准确度。特别是对于较小的 ε 值,离散化的优势是显而易见的。虽然我们无法比较随机响应和拉普拉斯机制的噪声量,但由于输入域较小,离散化可能会产生更少的噪声。

总结

- 不同的高级 LDP 机制可用于处理一维和多维数据。

- 与我们对 DP 所做的集中化设置一样,我们也可以为 LDP 实现拉普拉斯机制。

- 虽然拉普拉斯机制是一种产生扰动噪声的方法,但 Duchi 机制也可以用于扰动 LDP 的多维连续数值数据。

- Piecewise 机制可用于处理 LDP 的多维连续数值数据,同时可克服拉普拉斯和 Duchi 机制的缺点。

- 朴素贝叶斯是一种简单但强大的 ML 分类器,可以与 LDP 频率估计技术一起使用。

- LDP 朴素贝叶斯可以与离散或连续特征一起使用。

- 采用具有连续特征的 LDP 朴素贝叶斯的方法主要有两种,即离散朴素贝叶斯和高斯朴素贝叶斯。

6

隐私保护合成数据的生成

本章内容：

- 合成数据的生成
- 生成匿名化合成数据
- 使用差分隐私机制生成隐私保护合成数据
- 为机器学习任务设计一个隐私保护合成数据生成方案

到目前为止，我们已经研究了差分隐私的概念（包括中心化差分隐私和本地化差分隐私）以及它们在隐私保护查询过程及机器学习（ML）算法中的应用。DP 的思想是在查询结果中添加噪声（而不干扰其原始属性），这样的结果可以在保障个人隐私的同时满足应用的可用性。

但有时数据使用者也会请求获取原始数据，以便直接在本地使用，又或是为了开发新的查询分析程序，隐私保护数据共享方案可以实现该目的。本章将探讨合成数据生成（Synthetic Data Generation）——一种非常有前景的数据共享方案——它可以生成具有代表性的合成数据并实现多方安全可靠的共享。合成数据生成的思想是人为生成与原始数据具有相似分布和属性的数据，由于合成数据是人工生成的，因此我们不必再担心它的隐私问题。

本章将先介绍合成数据生成的概念以及基础知识。随后的章节将介绍使用不同数据匿名化技术或 DP 的合成数据生成方法的实现。本章最后将通过一个案例研究实现一种新的利用数据匿名化和 DP 生成隐私保护合成数据的方法 以实现 ML 目标。

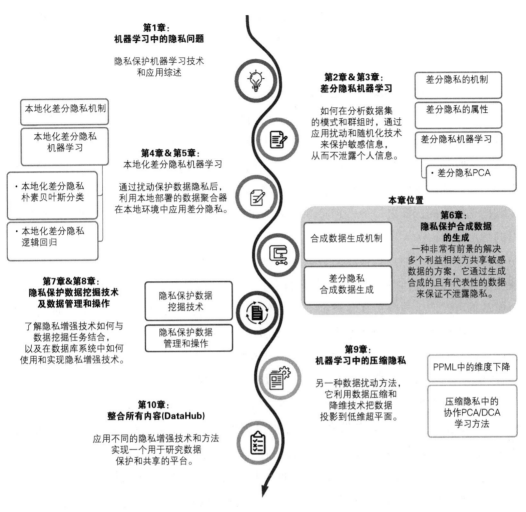

第1章：
机器学习中的隐私问题

隐私保护机器学习技术
和应用综述

本地化差分隐私机制

本地化差分隐私
机器学习

· 本地化差分隐私
朴素贝叶斯分类

· 本地化差分隐私
逻辑回归

第2章&第3章：
差分隐私机器学习

如何在分析数据集
的模式和群组时，通过
应用扰动和随机化技术
来保护敏感信息，
从而不泄露个人信息。

差分隐私的机制

差分隐私的属性

差分隐私机器学习

· 差分隐私PCA

第4章&第5章：
本地化差分隐私机器学习

通过扰动保护数据隐私后，
利用本地部署的数据聚合器
在本地环境中应用差分隐私。

本章位置

第6章：
隐私保护合成数据
的生成
一种非常有前景的解决
多个利益相关方共享敏感
数据的方案，它通过生成
合成的且有代表性的数据
来保证不泄露隐私。

合成数据生成机制

差分隐私
合成数据生成

第7章&第8章：
隐私保护数据挖掘技术
及数据管理和操作

了解隐私增强技术如何与
数据挖掘任务结合，
以及在数据库系统中如何
使用和实现隐私增强技术。

隐私保护数据
挖掘技术

隐私保护数据
管理和操作

第9章：
机器学习中的压缩隐私

另一种数据扰动方法，
它利用数据压缩和
降维技术把数据
投影到低维超平面。

PPML中的维度下降

压缩隐私中的
协作PCA/DCA
学习方法

第10章：
整合所有内容(DataHub)

应用不同的隐私增强技术和方法
实现一个用于研究数据
保护和共享的平台。

6.1　合成数据生成概述

从本质上讲，数据是事实的集合，它可以被转化为计算机能够理解和处理的形式。在当今的应用中，数据收集几乎无处不在，例如商业分析(Business Analytics)、工程优化(Engineering Optimization)、社会科学分析(Social Science Analysis)、科学研究(Scientific Research)等。通常情况下可以使用不同的数据特征或模式来实现各种目标，例如在医疗保健应用中，ML 应用可以使用诸如 X 射线、CT 扫描和皮肤镜图像之类的各种图像数据来诊断特定疾病或辅助治疗。

然而在实践中，由于隐私问题等多种原因，获取真实(且敏感)的数据非常具有挑战性，即使我们收集到数据，通常也不允许与其他各方共享数据。当涉及 ML 应用时，大多数算法需要使用大量的训练数据才能达到最佳性能,但收集到如此大量的真实数据并不总是可行,因此需要合成(且具有代表性的)数据。由于上述问题,合成数据已经成为一个越来越重要的热点问题。

6.1.1 什么是合成数据? 它为何重要?

ML 模型的性能很大程度上取决于为训练模型积累的数据的数量和质量。当一个组织机构没有足够的数据进行训练时,具有相似研究兴趣的组织机构之间通常会进行数据共享,这使得研究能够扩大规模,但隐私问题仍然存在。这些数据通常包含可以导致个人隐私泄露的敏感信息,因此在数据共享时需采用隐私保护机制。为此生成隐私保护合成数据是最好的选择之一——它是一个灵活可行的在多个利益相关者之间共享敏感数据的解决方案。

合成数据是一种人工合成的数据,通常由人工算法生成,而不是由真实世界中的直接测量技术收集,但它仍带有真实数据的一些关键特征(如统计特性、功能或结论),分析合成数据可以产生与分析真实数据本身类似的结果。合成数据的另一个优点是它可以针对现实中极难观察到的罕见测试场景(即难以获得真实数据的场景)的特定特征生成数据,这使得工程师和研究人员能够在不同场景下生成不同的数据集以验证不同的模型、评估 ML 算法,并可测试新产品、工作流(Pipeline)和工具。

此外合成数据有助于保护隐私。合成数据具有与原始数据相似的统计特征,且不会披露原始数据,这为保护隐私性和机密性提供了更安全的方法。例如基础医疗机构(如医院)在征得患者同意的情况下,出于研究目的会收集和共享患者的信息,然而大部分患者不会同意与第三方共享自己的隐私数据。我们可以根据原始数据集的属性生成人工或合成数据,而非共享原始数据。然后与其他数据使用者共享生成的合成数据,这在保留了应用的可用性的同时保护了原始数据的隐私。

6.1.2 在应用方面使用合成数据进行隐私保护

合成数据不包含任何个人信息,它是一个人工生成的数据集,其分布与原始数据相似,因此使用合成数据保护隐私会使工程、商业和科学研究等应用受益。

以下是一个在不同医疗保健实体(如医院和研究机构)之间共享临床和医疗数据的例子。假设 A 和 B 两家医院计划开展一项研究项目,以了解个人特定信息(年龄、BMI、血糖等)与患乳腺癌概率之间的关系。两家医院都可以从患者那里收集有价值的数据,但由于患者与医院的协议使得两家医院不能彼此共享数据。此外由于样本数量有限,一家医院的数据不足以支持此类研究,因此两家医院必须在不泄露患者个人信息的情况下开展合作研究。

这种情况下,可以使用合成数据生成技术来生成可以安全共享的且具有代表性的合成数据。通常情况下,生成的合成数据具有与原始数据相同的格式、统计信息和分布(如图 6.1 所示),但不会泄露来自个人的任何信息。通过与原始数据相同的形式共享合成数据集,可以让数据用户在不考虑隐私的情况下使用数据集,从而为数据用户提供更大的灵活性。

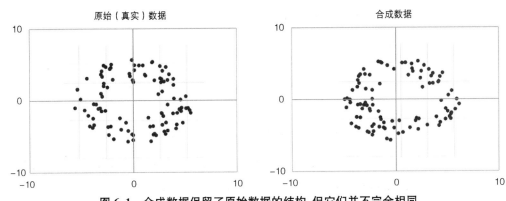

图 6.1 合成数据保留了原始数据的结构,但它们并不完全相同

合成数据也可以用于业务场景,例如假设一家公司想进行业务分析以提高其营销支出。为进行这种分析,公司营销部门通常需要征得客户同意才能使用他们的数据。然而客户可能不会同意共享他们的数据,因为这些数据可能包含敏感信息,如交易、位置和购物信息等。这种情况下,使用由客户数据生成的合成数据使公司能在不需要客户同意的情况下对业务分析进行准确的模拟。由于合成数据是根据实际数据的统计特性生成的,因此可以可靠地用于此类研究。

6.1.3 生成合成数据

在研究具体的生成技术之前,先简单介绍一下生成合成数据的一般过程,如图 6.2 所示。

在从原始数据集中提取任何统计特征之前,第一步是通过去除异常值(Outliers)和归一化特征值对原始数据集进行预处理。异常值是指与其他观测值相距甚远的数据点,它们可能是由实验中的可变性和测量误差造成的,这些误差有时会向数据使用者提供不正确的信息。在大多数情况下,异常值可能会误导合成数据生成器生成更多的异常值,从而使 ML 模型不准确。检测异常值的一种常见方法是使用基于密度的方法:观察某个区域中存在特定点的概率是否远低于该区域的预期值。

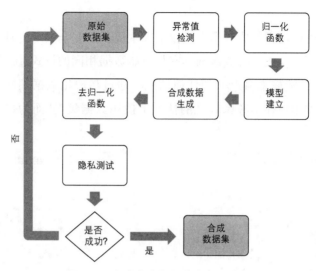

图 6.2　生成合成数据的常规工作流

下一步是特征归一化,每个数据集都有不同数量的特征,每个特征都有不同的取值范围。特征归一化通常将所有特征缩放到相同的范围,这有助于在平等考虑不同特征的同时提取统计特征。在对数据集进行归一化后,可以建立分布提取模型,该模型保持了原始数据的统计特征。

最后,隐私测试旨在确保生成的合成数据满足某些预定义的隐私保证(k-anonymity、DP 等)。如果生成的合成数据不能提供预定义的隐私保证,则隐私测试将失败。我们可以重复生成合成数据集,直到通过隐私测试。

目前为止我们已介绍了基本概念、应用场景和一般的合成数据生成过程,下面将从数据匿名化方案开始介绍一些最流行的基于数据匿名化和 DP 的合成数据生成技术。

6.2　通过数据匿名化保护隐私

前几章讨论了通过添加噪声和使用扰动技术保护敏感信息隐私的不同技术。正如本章开始时所讨论的,合成数据是人工生成的数据,因此不同的数据匿名化技术也可以用于创建合成数据集。

本节将讨论已有的使用数据匿名技术共享隐私和敏感信息而不泄露个人隐私的非 DP 方法。6.3 节将讨论如何使用 DP 生成合成数据。

6.2.1　隐私信息共享与隐私问题

在研究匿名化技术如何工作之前,让我们来考虑一下出于研究的目的将个人的医疗记录公布给公众的场景。共享这些信息对研究有很多好处,包括帮助研究领域确认已发表的研究结果,并帮助他们对数据进行更加深入的定性分析。因此在向公众发布数据之前,对数据进行匿名化是很常见的。

但是数据集可以被随意匿名化吗？1997 年马萨诸塞州(Massachusetts)团体保险委员会(The Group Insurance Commission)出于研究的目的希望发布一个州政府员工的医院就诊数据集[1]。出于隐私考虑,他们删除了所有可用于识别患者身份的列,如姓名、电话号码、SSN(社会安全号码)和地址,这样的数据发布可行吗？

不幸的是这项工作的进展并不顺利。麻省理工学院(MIT)的研究人员 Latanya Sweeney[2]发现,尽管删除了主要标识符,数据集中仍保留了一些人口统计信息,如邮政编码、出生日期和性别。马萨诸塞州州长坚称个人隐私得到了保护,但 Sweeney 意识到这种说法实际上是错误的。她决定重新识别发布(或匿名)的数据集中的州长的记录,因此她调查了马萨诸塞州的公开选民记录,这些记录有完整的标识符,如姓名、地址和人口统计数据,包括邮政编码和出生日期。最终她能够在数据集中识别属于州长的处方和就诊记录。

注:在数据安全中,*识别攻击*是指有人试图关联外部数据源以识别一个特定的人或一条敏感记录。

数据匿名化技术可用来合成数据集,但需要确保数据集中的敏感值不再是唯一的。如何创建一个匿名数据集并使其中的敏感值都不是唯一的？*k*-anonymity 是一种流行的数据匿名化方案。

6.2.2　使用 *k*-anonymity 对抗重识别攻击

k-anonymity 是一个关键的安全概念,用于降低匿名数据与外部数据集相关联时重新识别匿名数据的风险[3]。这个想法很简单,它使用被称为*泛化*(*Generalization*)和*抑制*(*Suppression*)的技术,旨在在一群相似的人中隐藏一个人的身份。在技术方面,当敏感列的每一个可能取值组合至少出现在 k 个不同的记录中时,该数据集被称为 *k*-anonymity 数据集,其中 k 表示该组中的记录数。如果对于特定数据集中的任何个人,至少有 $k-1$ 个其他个体与其具有相同属性,则可称该数据集是 *k*-anonymity 的。

例如,假设现有相同的团体保险委员会(Group Insurance Commission)数据集,我们可以查看数据集中的邮政编码(Zip Code),并将 k 设定为 20。如果要查询数据集中的任何人,那么应该总能找到其他 19 个人与其共享相同的邮政编码。该匿名数据集的底线是不能仅通过个人邮政编码来精确识别一个人。相同的概念也可以扩展到多个属性的组合上,例如可以将邮政编码和年龄(Age)的组合视为属性,这种情况下匿名数据集中应当总是有其他 19 个人与其具有相同的年龄和邮政编码,这会使重识别比之前困难得多。

表 6.1 中的数据集是 2-anonymity 的,其中每个值的组合(在本例中为邮政编码与年龄)至少出现 $k=2$ 次。

表 6.1　一个 2-anonymity 数据集的例子,其中每个邮政编码和年龄的属性组合出现至少 2 次

邮政编码	年龄
33617	24
33620	35
33620	35
33617	24
33620	35

如何使一个合成数据集 k-anonymity

有两种不同的技术可使一个原始数据集 k-anonymity:泛化和抑制。

泛化的主要思想是降低值的精度,以便将具有不同值的记录泛化为共享相同值的记录。表 6.2 展示的是原始数据集,表 6.3 展示的是其 2-anonymity 的版本。

表 6.2　原始数据集

邮政编码	年龄
33617	24
23620	41
23622	43
33617	29

表 6.3　6.2 中数据集的 2-anonymity 版本

邮政编码	年龄
33617	20—29
33617	20—29
236 * *	40—49
236 * *	40—49

假设表 6.2 代表了我们感兴趣的原始数据集,需要将其转换为 2-anonymity 的版本。这种情况下可以将数据集中的具体数值转换为数值范围,使得生成的表符合 2-anonymity 性质,如表 6.3 所示。

即使经过匿名化处理,结果值仍然与数据集中的原始值比较接近。例如 24 岁变成了 20 岁至 29 岁的年龄段,但仍然与原始数据是相近的。

现在我们来看表 6.4,其中前四条记录可以简单地转换为它们的 2-anonymity 版本,但最后一条记录是一个异常值。如果尝试将这条记录与其中一对组合在一起,结果将是具有非常大的范围的值。例如年龄范围将为从 10 岁到 49 岁,而邮政编码将被完全删除。因此最简单的解决方案是从数据集中删除异常值并保留其余记录,这个过程被称为抑制。

总的来说,这就是如何应用 k-anonymity 生成匿名(或合成)数据集的方法。第 7 章将讨论更详细的例子和技巧,并进行实践练习。

表 6.4 具有异常值的数据集示例,最后一行的年龄 12 为一个异常值

邮政编码	年龄
33617	24
23620	41
23622	43
33617	29
19352	12

k-anonymity 通过泛化和抑制数据,使隐私泄露变得困难,然而它也存在一些缺点,我们将在下面进行讨论。

6.2.3 k-anonymity 之外的匿名化

虽然 k-anonymity 使得对记录的重识别变得困难,但它依旧存在一些缺点。例如,假设在一个数据集中的所有人共享同样的属性值,在这种情况下只需知道这些人是数据集中的一部分,就可以揭示信息。

例如表 6.5 中的数据集已经是 2-anonymity 的,但如果 Bob 住在邮政编码为 33620 的地区,并且知道他的邻居最近看过医生又会发生什么?Bob 可能会推断他的邻居患有心脏病。因此即使 Bob 不能区分哪个记录属于他的邻居(得益于 k-anonymity),他仍然可以推断出他的邻居患有哪种疾病(Disease)。

表 6.5　*k*-anonymity 的数据集仍有可能会泄露一些信息

邮政编码	年龄	疾病
33617	20—29	癌症
33617	20—29	病毒感染
33620	40—49	心脏病
33620	40—49	心脏病

这个问题通常可通过增加等价群内敏感值的多样性来解决，这就引出了 *l*-diversity，它是一个 *k*-anonymity 的扩展，用于提供隐私保护。*l*-diversity 的基本方法是确保每个群体至少有 l 个不同的敏感值，这样就很难识别个体或敏感属性。如表 6.6 所示，同一数据集可以通过增加记录的多样性使其成为 *l*-diversified。

与表 6.5 相比，表 6.6 现在是 2-diversity(*l*＝2)的，并且 Bob 无法区分他的邻居是否有癌症、病毒感染或心脏病。

表 6.6　增加记录的多样性可以对抗 *k*-anonymity 不起作用的场景

邮政编码	年龄	疾病
33＊＊＊	20—29	癌症
33＊＊＊	20—29	病毒感染
33＊＊＊	40—49	心脏病
33＊＊＊	40—49	心脏病

然而在某些情况下 *l*-diversity 仍有可能不起作用，如果 Bob 知道他的邻居的年龄为 40 多岁会怎么样？现在他也许能将搜索空间缩小到表 6.6 的最后两行，那么他将知道邻居患有心脏病。如果需要减轻这个问题的影响，可以再次泛化年龄列，使其范围扩展至 20 到 49 岁，然而这将大大降低由此产生的数据可用性。第 8 章将通过实践练习讨论如何在不同的场景中使用 *l*-diversity。

可用性和隐私(一对相反的关系)之间的根本权衡始终是数据匿名化所关注的问题，因此使用其他方法生成合成数据是解决该问题的一种可行的解决方案。实质上我们将使用原始数据集训练 ML 模型，然后使用该模型生成更真实的合成数据，这些数据具有与底层真实数据相同的统计特性。下一节我们将研究可以使用哪些技术来生成合成数据。

6.3 用于生成隐私保护合成数据的 DP

上一节我们讨论了如何使用数据匿名化技术生成合成数据,本节将探讨如何使用 DP 生成合成数据。

设想如下数据共享场景:假设 A 公司收集了大量有关其顾客的数据(年龄、职业、婚姻状况等),并且他们想对这些数据进行商业分析来优化公司的支出和销售。但 A 公司没有能力进行此类分析,他们希望将这项任务外包给第三方运营商 B 公司。而由于至关重要的隐私原因 A 公司不能向 B 公司共享原始数据,因此 A 公司希望生成一个能够保留原始数据集统计特性但不会泄露任何隐私信息的合成数据集,然后他们可以向 B 公司共享这个合成数据集以进行后续分析工作。

这种情况下,A 公司有两种生成和共享合成数据的选择。首先他们可以生成原始数据集的合成数据表示,如直方图、概率分布、均值、中值或标准差。尽管这种合成数据表示可以反映原始数据的某些特性,但它们与原始数据的"形状"(即特征和样本的数量)不同。如果数据分析需要使用特定的或更加复杂、可定制的算法(如 ML 或深度学习算法),那么仅提供原始数据的合成数据表示将无法满足算法的数据需求。例如大多数 ML 或深度学习算法都需要直接在数据集的特征向量上运行,而不是在数据集的统计特征(如均值或标准差)上运行。因此第二种选择更加通用和灵活,第二种选择要提供一个合成数据集,该数据集保持与原始数据集相同的统计特性并具有相同的形状。

本节的其余部分,我们将使用直方图作为示例数据表示来演示如何生成满足 DP 的合成数据表示,并研究如何使用 DP 合成数据表示生成不同的隐私合成数据。

6.3.1 DP 合成直方图表示的生成

让我们继续讨论前文提到的数据共享场景。假设外包公司 B 想知道在给定的年龄范围内有多少 A 公司的客户,一个简单的解决方案是为 B 公司提供计数查询功能,使用该功能可以直接查询 A 公司的原始数据。

以美国人口普查数据集为例,并按如下列表所示加载它。

列表 6.1 载入美国人口普查数据集

```
import pandas as pd
import numpy as np
import matplotlib.pyplot as plt
import sys
import io
import requests
import math
```

```
req = requests.get("https://archive.ics.uci.edu/ml/machine-learning-
➡ databases/adult/adult.data").content                          ←—— 载入数据。
adult = pd.read_csv(io.StringIO(req.decode('utf-8')), header=None,
➡ na_values='?', delimiter=r", ")
adult.dropna()
adult.head()
```

将得到如图 6.3 所示的结果。

	0	1	2	3	4	5	6	7	8	9	10	11	12	13	14
0	39	State-gov	77516	Bachelors	13	Never-married	Adm-clerical	Not-in-family	White	Male	2174	0	40	United-States	<=50K
1	50	Self-emp-not-inc	83311	Bachelors	13	Married-civ-spouse	Exec-managerial	Husband	White	Male	0	0	13	United-States	<=50K
2	38	Private	215646	HS-grad	9	Divorced	Handlers-cleaners	Not-in-family	White	Male	0	0	40	United-States	<=50K
3	53	Private	234721	11th	7	Married-civ-spouse	Handlers-cleaners	Husband	Black	Male	0	0	40	United-States	<=50K
4	28	Private	338409	Bachelors	13	Married-civ-spouse	Prof-specialty	Wife	Black	Female	0	0	40	Cuba	<=50K

图 6.3 美国人口普查数据集快照

现在我们通过实现一个计数查询来统计给定年龄范围内的人数,在这个例子中,我们将查询年龄在 44 岁到 55 岁之间的人数。

列表 6.2 实现计数查询

人口年龄
```
adult_age = adult[0].dropna()

def age_count_query(lo, hi):          ←—— 计算特定年龄段[lo, hi)的人数。
    return sum(1 for age in adult_age if age >= lo and age < hi)

age_count_query(44, 55)
```

查询后我们得知在数据集中有 6 577 人的年龄在 44 岁到 55 岁之间。此时我们可以将 DP 扰动机制添加到计数查询的输出中以满足 B 公司的需求。然而此类实现只能满足 B 公司对 A 公司原始数据的一次计数查询的要求,在实际中 B 公司不会只使用一次技术查询。正如第 2 章所讨论的,增加同一个数据集上差分隐私查询的数量意味着需要添加更多总体隐私预算,同时也意味着需要容许更多来自原始数据集的隐私泄露,或者是向查询输出中添加更多的噪声,但这会导致准确度下降。

因此应该如何改进解决方案以满足需求呢?答案是提供原始数据集的差分隐私合成数据表示而非一个差分隐私查询函数。我们可以使用合成直方图表示原始数据,并为计数查询提供足够的信息。首先,我们使用之前定义的计数查询实现一个合成直方图生成器。

列表6.3　合成直方图生成器

```
age_domain = list(range(0, 100))          ←————— 年龄域

age_histogram = [age_count_query(age, age + 1) for age in age_domain]

plt.bar(age_domain, age_histogram)
plt.ylabel('The number of people (Frequency)')     使用年龄计数查询创建年龄直方图。
plt.xlabel('Ages')
```

　　运行上述程序将得到一个如图6.4所示的直方图。图中展示的输出是使用列表6.2中的年龄计数查询生成的直方图，它展示了每个年龄段的数据集中有多少人。

　　以上内容称为合成直方图或合成数据表示。请记住，目前还没有生成任何合成数据——这是将用于生成合成数据的"表示"。

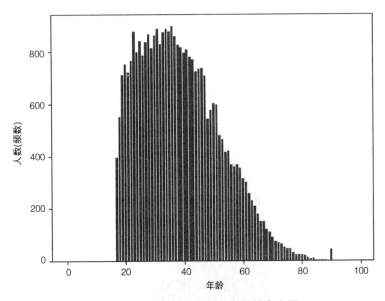

图6.4　展示每个年龄段人数的直方图

　　现在运用这个直方图创建一个计数查询。

列表6.4　使用合成直方图生成器实现计数查询

```
def synthetic_age_count_query(syn_age_hist_rep, lo, hi):      根据年龄的
    return sum(syn_age_hist_rep[age] for age in range(lo, hi))   合成直方图
                                                                  生成合成计数
synthetic_age_count_query(age_histogram, 44, 55)                 查询结果。
```

　　合成直方图生成数据的输出将为6 577，这个结果与先前对原始数据使用计数查询

获得的结果相同。这里的重点是,我们并不总是需要原始数据以查询或推断一些信息。如果能够获得原始数据的合成数据表示,那么就足以让我们回应一些查询。

列表6.3使用了原始数据生成直方图。现在使用拉普拉斯机制(敏感度和 ε 均等于1.0)实现一个差分隐私合成直方图生成器。

列表6.5　添加拉普拉斯机制

```
def laplace_mechanism(data, sensitivity, epsilon):
    return data + np.random.laplace(loc=0, scale = sensitivity / epsilon)

sensitivity = 1.0
epsilon = 1.0
dp_age_histogram = [laplace_mechanism(age_count_query(age, age + 1),
➡ sensitivity, epsilon) for age in age_domain]

plt.bar(age_domain, dp_age_histogram)
plt.ylabel('The number of people (Frequency)')
plt.xlabel('Ages')
```

生成差分隐私
合成直方图。

DP的拉普拉斯机制

结果如图6.5所示,其被称为差分隐私合成直方图数据表示。观察此直方图和图6.4中直方图的样式,可看出两者非常相似,但图6.5不是使用原始数据集生成的,而是使用了拉普拉斯机制(DP)生成的数据。

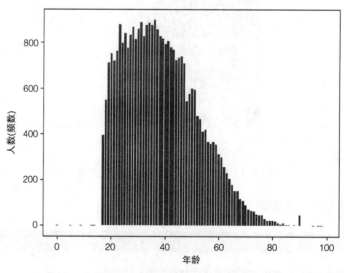

图6.5　差分隐私合成直方图

现在的问题是:"如果运行计数查询,会得到相同的结果吗?"下面的列表中给定相同的输入,使用差分隐私合成直方图生成一个计数查询结果。

列表 6.6 差分隐私计数查询

```
synthetic_age_count_query(dp_age_histogram, 44, 55)
```
←使用差分隐私
合成直方图生成
差分隐私
计数查询结果。

得到的结果将类似于 6 583.150 999 026 576。

注：由于这是一个随机函数，我们可能会得到不同的结果，但应该接近这个值。

如你所见，结果仍然与之前的真实结果非常相似。换句话说，差分隐私合成直方图数据表示可以满足 B 公司的数据共享需求，同时仍保护 A 公司的隐私需求，因为这里使用的是合成生成数据，而非原始数据。

6.3.2　DP 合成表格数据生成

上一节介绍了如何使用差分隐私合成数据表示来实现隐私保护数据共享。但如果 B 公司想采用更复杂的数据分析方案，如 ML 或深度学习算法，需要使用与原始数据集形状相同的数据集，那应该怎么办？在这种情况下，需要通过合成数据表示生成与原始数据形状相同的合成数据。

在上述例子中，美国人口普查数据集中包含表格数据。为了生成具有相同形状的合成表格数据，可以使用合成直方图作为表示原始数据潜在分布的概率分布，然后使用这个合成直方图生成合成表格数据。

简单来说，给定一个直方图，可以将所有直方图箱（Histogram Bins）的计数之和视为总数。对于每个直方图箱，可以使用其计数除以总数来表示样本落入该直方图箱的概率。一旦有了这些概率，我们就可以很轻松地使用直方图及其箱的域对合成数据集进行采样。

假设现在已有一个差分隐私合成直方图，接下来需要对合成直方图进行预处理，以确保所有计数都是非负和归一化的。这意味着每个箱的计数应该是一个概率（它们的总和应该为 1.0）。下面的列表展示了预处理和归一化操作。

列表 6.7 预处理和归一化操作

```
dp_age_histogram_preprocessed = np.clip(dp_age_histogram, 0, None)
dp_age_histogram_normalized = dp_age_histogram_preprocessed /
➥ np.sum(dp_age_histogram_preprocessed)

plt.bar(age_domain, dp_age_histogram_normalized)
plt.ylabel('Frequency Rates (probabilities)')
plt.xlabel('Ages')
```

概率直方图的形状将类似图 6.6。

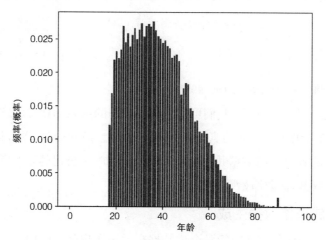

图 6.6　归一化差分隐私合成直方图

如图所示,现在直方图中的 y 轴已经被归一化,但它依然和图 6.5 中的差分隐私合成直方图具有一致的形状。

接下来生成差分隐私合成表格数据。

列表 6.8　生成差分隐私合成表格数据

```
def syn_tabular_data_gen(cnt):
    return np.random.choice(age_domain, cnt, p = dp_age_histogram_normalized)

syn_tabular_data = pd.DataFrame(syn_tabular_data_gen(10), columns=['Age'])
syn_tabular_data
```

运行结果如图 6.7 所示,由于这是一个随机函数,所以运行结果不一定与图中结果完全一致。

列表 6.8 使用列表 6.7 中生成的归一化合成直方图生成了十条不同的合成数据记录,这意味着在这个过程中利用归一化合成直方图的属性生成了全新的合成数据记录。于是现在我们得到了两个不同的数据集:原始数据集和合成数据集。

接下来使用直方图比较合成数据和原始数

	年龄
0	65
1	43
2	18
3	34
4	24
5	58
6	48
7	39
8	42
9	39

图 6.7　差分隐私合成表格数据的样本集

据的统计特性,如列表 6.9 和列表 6.10 所示。

列表 6.9　合成数据的直方图

```
syn_tabular_data = pd.DataFrame(syn_tabular_data_gen(len(adult_age)),
➡ columns=['Age'])
plt.hist(syn_tabular_data['Age'], bins=age_domain)
plt.ylabel('The number of people (Frequency) - Synthetic')
plt.xlabel('Ages')
```

　　采用以上代码生成了如图 6.8 所示的合成数据直方图。

　　为了进行比较,接下来生成原始数据的合成直方图。

列表 6.10　原始数据的直方图

```
plt.bar(age_domain, age_histogram)
plt.ylabel('The number of people (Frequency) - True Value')
plt.xlabel('Ages')
```

以上列表的程序运行结果将与图 6.9 相似。

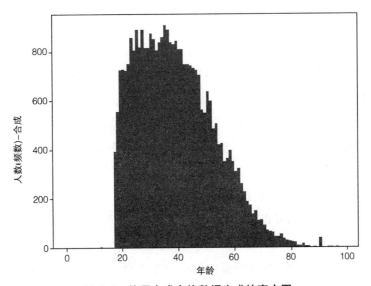

图 6.8　使用合成表格数据生成的直方图

　　比较图 6.8 和图 6.9 的直方图形状,可以发现它们非常相似。换句话说,生成的合成数据与原始数据具有相同的统计特性。

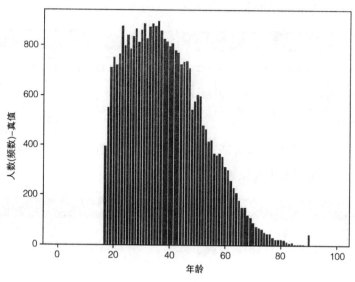

图 6.9 原始数据直方图

6.3.3 DP 多边缘合成数据生成

上一节介绍了一种利用 DP 由合成直方图数据表示生成隐私保护单列合成表格数据的方法,但大多数真实世界的数据集由多列表格数据而非单列表格数据组成。下面将介绍如何解决这个问题。

一个简单的解决方案是使用前文所述的方法为多列表格数据中的每一列生成合成数据,然后将所有的单列表格合成数据组合在一起。这种做法看起来很简单,但它无法反映出列与列之间的相关性。例如在美国人口普查数据集中年龄与婚姻状况在直观上高度相关。对于这种情况我们应该如何处理?

为解决以上问题,我们可以同时考虑多个列。例如可以计算出有多少人是 18 岁且从未结婚,有多少人是 45 岁且已离婚,有多少人是 90 岁且丧夫等等。然后可使用前面的方法计算每种情况的概率,并从模拟的概率分布中对合成数据进行采样。我们将所得的结果称为合成多边缘数据(*Synthetic Multi-Marginal Data*)。

接下来从包含年龄和婚姻状况的美国人口普查数据集上实现这个想法。

列表 6.11 双边表示

```
two_way_marginal_rep = adult.groupby([0, 5]).size().
➥ reset_index(name = 'count')
two_way_marginal_rep
```

原始数据的双边表示如图 6.10 所示。请记住第 0 列是年龄,第 5 列为婚姻状况。正如第二行(索引 1)所示,有 393 人是 17 岁并且没有结过婚。

	0	5	count
0	17	Married-civ-spouse	2
1	17	Never-married	393
2	18	Divorced	1
3	18	Married-civ-spouse	7
4	18	Married-spouse-absent	1
...	...	...	...
391	90	Divorced	1
392	90	Married-civ-spouse	20
393	90	Never-married	14
394	90	Separated	2
395	90	Widowed	6

396 rows × 3 columns

图 6.10　原始数据集的双边表示快照

年龄与婚姻状况的组合一共有 396 种。一旦生成了像这样的双边数据集,就可以利用拉普拉斯机制为其提供差分隐私性。

列表 6.12　差分隐私双边表示

```
dp_two_way_marginal_rep = laplace_mechanism(two_way_marginal_rep["count"],
➡ 1, 1)
dp_two_way_marginal_rep
```

双边表示的结果如图 6.11 所示,可以看到上述过程为表的 396 个类别都生成了一个差分隐私值。

```
0         1.790936
1       392.790936
2         0.790936
3         6.790936
4         0.790936
            ...
391       0.790936
392      19.790936
393      13.790936
394       1.790936
395       5.790936
Name: count, Length: 396, dtype: float64
```

图 6.11　差分隐私的双边表示快照

现在我们可以使用上面提出的方法生成包括年龄和婚姻状况在内的多边数据。下面的列表使用 6.12 生成的双边表示来生成一个合成数据集。

列表 6.13　生成合成多边数据

```
dp_two_way_marginal_rep_preprocessed = np.clip(dp_two_way_marginal_rep,
➡ 0, None)
dp_two_way_marginal_rep_normalized = dp_two_way_marginal_rep_preprocessed /
➡ np.sum(dp_two_way_marginal_rep_preprocessed)
dp_two_way_marginal_rep_normalized

age_marital_pairs = [(a,b) for a,b,_ in
➡ two_way_marginal_rep.values.tolist()]
list(zip(age_marital_pairs, dp_two_way_marginal_rep_normalized))

set_of_potential_samples = range(0, len(age_marital_pairs))

n = laplace_mechanism(len(adult), 1.0, 1.0)

generating_synthetic_data_samples = np.random.choice(
➡ set_of_potential_samples, int(max(n, 0)),
➡ p=dp_two_way_marginal_rep_normalized)
synthetic_data_set = [age_marital_pairs[i] for i in
➡ generating_synthetic_data_samples]

synthetic_data = pd.DataFrame(synthetic_data_set,
➡ columns=['Age', 'Marital status'])
synthetic_data
```

合成的双边数据集如图 6.12 所示。

	Age	Marital status
0	30	Married-civ-spouse
1	29	Married-civ-spouse
2	68	Married-civ-spouse
3	42	Divorced
4	46	Married-civ-spouse
...	...	...
32556	27	Never-married
32557	50	Divorced
32558	90	Never-married
32559	49	Divorced
32560	49	Married-civ-spouse

32561 rows × 2 columns

图 6.12　合成生成的双边数据集快照

接下来比较一下合成数据和原始数据的统计特性,首先是年龄数据的直方图。

```
plt.hist(synthetic_data['Age'], bins=age_domain)
plt.ylabel('The number of people (Frequency) - Synthetic')
plt.xlabel('Ages')
```

合成数据的直方图如图 6.13 所示。

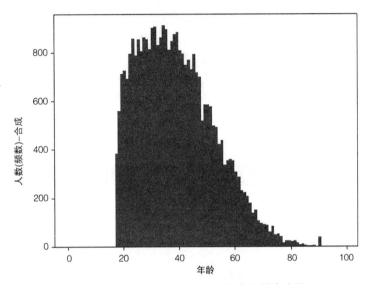

图 6.13　使用合成生成多边数据产生的直方图

为了比较结果,可以使用以下代码(与列表 6.10 中代码相同)生成原始数据的直方图。

```
plt.bar(age_domain, age_histogram)
plt.ylabel('The number of people (Frequency) - True Value')
plt.xlabel('Ages')
```

原始数据的直方图如图 6.14 所示。通过简单地观察它们的形状和数据点的分布,可以很快得出结论,图 6.13 和图 6.14 中的两个直方图是相似的。

上面我们研究了年龄是如何分布的,那么婚姻状况又是如何分布的? 接下来我们比较婚姻状况数据的分布情况。

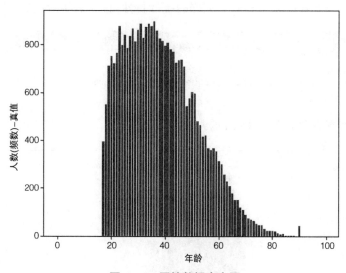

图 6.14 原始数据直方图

列表 6.16 原始数据的统计

```
adult_marital_status = adult[5].dropna()
adult_marital_status.value_counts().sort_index()
```

结果如图 6.15 所示。

```
Divorced                4443
Married-AF-spouse         23
Married-civ-spouse     14976
Married-spouse-absent    418
Never-married          10683
Separated               1025
Widowed                  993
Name: 5, dtype: int64
```

图 6.15 原始数据的统计摘要

列表 6.17 合成数据的统计

```
syn_adult_marital_status = synthetic_data['Marital status'].dropna()
syn_adult_marital_status.value_counts().sort_index()
```

图 6.16 展示了生成的合成数据的摘要。从图中可以看出,差分隐私合成多边数据与原始数据看起来十分相似(但并非完全相同)。

结果再次印证了之前得出的结论:可以使用合成数据代替原始数据完成相同的任务以保护原始数据的隐私。

```
Divorced                  4476
Married-AF-spouse           22
Married-civ-spouse       15001
Married-spouse-absent      404
Never-married            10623
Separated                 1032
Widowed                   1003
Name: Marital status, dtype: int64
```

图 6.16　合成生成的婚姻状况数据的统计摘要

上文中我们已经研究了满足 DP 的合成直方图数据表示的生成,并介绍了使用差分隐私合成直方图表示来生成隐私保护单列表格数据和多边数据。但应该如何处理一个具有两列到三列以上属性并且含有大量记录的大型数据集呢? 下面的内容将会为这个问题找到答案。下一节我们将介绍一个更复杂的案例研究,以展示如何利用数据匿名化和 DP 生成 ML 隐私保护合成数据。

练习 1:动手尝试

从列表 6.11 我们可以观察到年龄和婚姻状况的双边表示,正如前面所讨论的,年龄与婚姻状况是高度相关的,所以生成合成数据时也需要观察二者是否遵循类似的分布情况。现在我们来尝试一下用相同的步骤去探究受教育水平与职业两个属性的相关关系,看看能否得到类似的结果。

提示:在原始数据集中,受教育水平为第 3 列,职业为第 6 列。首先更改列表 6.11 中的列,代码如下:

```
adult.groupby([3, 6]).size().reset_index(name = 'count')
```

接下来执行所有剩余步骤。

练习 2:动手尝试

对具有三个属性的数据重复上述步骤进行三边表示。例如对年龄、职业和婚姻状况进行三边表示。

6.4　通过特征级微聚合发布隐私合成数据的案例研究

既然我们已经讨论了不同的合成数据生成方法,那么接下来将通过一个案例研究来了解如何使用一个特征级微聚合方法来设计隐私合成数据发布机制。也许这听起来有些难以理解,但别担心,接下来我们将逐步讲述这些细节。

首先请记住 DP 是一种为个人数据记录提供强大隐私保证的机制(正如第 2 章所讨论的那样)。本案例研究将讨论一种在 DP 保证下生成隐私保护合成数据的方法,该方案将适用于多种 ML 任务。该方法是在聚类数据的差分隐私生成模型上开发,用于生成合成数据集。本节的后半部分将展示该方法与一些现有方法的有效性对比,以及与其他方法相比该方法如何提升可用性。

在介绍案例研究的细节之前,我们先回顾一些基础知识。通常为 ML 设计一种强大的隐私保护合成数据生成方法会带来许多挑战。首先隐私保护方案通常会对数据样本进行扰动从而损害数据的可用性,减少扰动以达到一定的效用水平并非一项简单的任务。其次 ML 可以用于许多不同的任务,如分类、回归和聚类。一种有效的合成数据生成方案应该适用于所有这些不同任务。除此之外,一些数据可能以非常复杂的分布形式出现,这种情况下我们很难根据整个数据的分布形成一个准确的生成器。

在过去,人们提出了几种隐私合成数据发布算法[4-5]。其中一种常见的方法是利用带有噪声的直方图发布合成数据,但大部分算法是为了处理分类特征变量而设计的。另一方面,一些算法是为了在统计模型下生成合成数据而设计的,它们会对原始数据集进行一些预处理,然而这些算法通常只根据整体数据分布生成合成数据。

在该研究中,我们将重点关注如何生成合成数据,同时保持合成数据与原始数据具有相似的统计特征,并且确保数据所有者没有隐私问题。

现在我们对将要做的事情有了基本的了解,接下来让我们深入研究细节。

6.4.1　使用层次聚类和微聚合

我们将要构建的方法中的一个重要部分是*层次聚类*(*Hierarchical Clustering*)。从本质上讲层次聚类是一种在样本的*邻接矩阵*(*Proximity Matrix*)基础上将输入样本聚合到不同簇中的算法,该邻接矩阵表示的是每个簇之间的距离。在这种情况下,我们将使用自底向上的*凝聚层次聚类*(*Agglomerative Hierarchical Clustering*)[6],它首先将每个数据样本分配到所属的组中,然后合并距离最近的簇对,直到剩下最后一个簇。

如 6.2 节所述,k-anonymity 可用来匿名化数据。本方案将使用一种被称为*微聚合*(*Micro-aggregation*)的数据匿名化算法,该算法可以实现数据的 k-anonymity。这里所说的微聚合方法是由 Domingo-Ferrer 等人[7]提出的一种被称为*最大平均向量距离*(*Maximum Distance to Average Vector*,MDAV)的简单启发式方法,其思想是将样本分成若干个簇,除了最后一个簇外其余每个簇都恰好包含 k 条记录,同一簇中的数据应在距离上尽可能保持相似。此外,簇中的每一条记录都将被簇中的一条具有代表性的记录所取代,以实现数据匿名化。

6.4.2　生成合成数据

在该合成数据生成机制中,四个主要组成部分协同工作从生成满足 DP 要求的合成数据：

- *数据预处理*（*Data Preprocessing*）——将独立特征集和特征级微相结合以生成数据簇，以这种方式生成的簇可以更加笼统地描述数据。

- *统计提取*（*Statistic Extraction*）——从每一个数据簇中提取具有代表性的统计信息。

- *DP 清洗器*（*DP Sanitizer*）——在提取的统计信息上添加差分隐私噪声。

- *数据生成器*（*Data Generator*）——在扰动后的生成模型中按每个样本逐个生成合成数据。

以上四部分内容如图 6.17 所示：

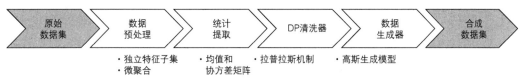

图 6.17 合成数据生成算法的不同组成部分

数据预处理的工作流程

在数据预处理过程中，将微聚合作为全特征维度样本（涵盖实验中所有感兴趣的特征的样本）的聚类方法。该过程将使用一个差分隐私生成模型对每一个簇进行建模，而不是使用一个具有代表性的记录来替代其他记录，然而这个过程中也存在一些挑战。

当对 MDAV 的输出簇进行建模时，一些簇可能携带实际数据分布中并不存在的相关性。这种错误的特征相关性可能会在数据簇建模时产生不必要的约束，并且导致合成数据转变成不同的格式。另一方面，已知 DP 通常会引入噪声方差，直观地说，DP 引入的噪声越小，数据可用性就越高。因此减少 DP 机制带来的噪声同样有助于提高数据可用性。为解决以上不利影响，除了在样本级别，还可以在特征级别对数据进行采样。

下面介绍特征级与样本级聚类是如何工作的：

- *特征级聚类*（*Feature-level Clustering*）

    当我们拥有一个数值数据集 $D^{(n \times d)}$ 时，我们可以使用自底向上的层次聚类将这 d 个数据特征划分为 m 个独立的特征集。在这一步，距离函数将 Pearson 相关性转化为距离以形成层次聚类中的邻接矩阵。具有较高相关性的特征间距离应当更近，具有较低相关性的特征间距离则更远。这种方法将确保在同一集合中的特征彼此间的相关性更强，而不同特征集中的特征间的相关性更小。

- *样本级聚类*（*Sample-level Clustering*）

一旦得到了特征级聚类的输出,我们就可以在特征级别上进行数据分割,然后对每个数据段应用微聚合。其想法是将同质样本分配到同一个聚类中,这样的分类方式将使原始数据中的更多信息得以保留。与全局敏感度相比,每个样本簇的敏感度也可能降低,这种减少将使 DP 机制中产生更少的噪声。换句话说,它在同等程度的隐私保证下提供了更强的数据可用性。

合成数据生成背后的概念

微聚合过程会输出若干个簇,每个簇中包含至少 k 条记录。假设每个簇形成一个多元高斯分布,则计算每个簇 c 的均值(μ)和协方差矩阵(Σ)。然后隐私清洗器在 μ 和 Σ 上添加噪声以确保模型满足 DP。最终建立生成模型,完整的合成数据生成过程如图 6.18 所示。

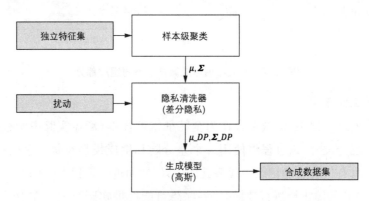

图 6.18 合成数据生成的工作流程
(其中 μ 代表均值,Σ 代表每个簇计算得出的协方差矩阵)

在图 6.18 中,原始多元高斯模型通过参数化均值(μ)和协方差矩阵(Σ)得到。值得注意的是,隐私清洗器会输出两个受 DP 保护的参数 μ_DP 和 Σ_DP。因此由参数化 μ_DP 和 Σ_DP 的多元高斯模型同样受到 DP 保护。此外依赖于 DP 的后处理不变性,从 DP 多元高斯模型导出的所有合成数据也会受到 DP 的保护。

方差、协方差和协方差矩阵

在统计学中,方差通常用来衡量单个随机变量的变化(例如一个人在人群中的身高),而协方差用来衡量两个随机变量一起变化的程度。例如以人口中一个人的身高和体重来计算协方差。

两个随机变量 x 和 y 的协方差公式由下式给出:

$$\sigma(x,y) = \frac{1}{n-1}\sum_{i=1}^{n}(x_i - \bar{x})(y_i - \bar{y})$$

其中 n 是样本数量。协方差矩阵是由 $C_{(i,j)} = \sigma(x_i, x_j)$ 给出的平方矩阵,其中 $C \in \mathbb{R}^{(n \times n)}$,并且 n 为随机变量的数量。协方差矩阵的对角项为方差,其他项为协方差。对于两个随机变量,协方差可以按下式计算:

$$C = \begin{bmatrix} \sigma(x,x) & \sigma(x,y) \\ \sigma(y,x) & \sigma(y,y) \end{bmatrix}$$

6.4.3 评估生成的合成数据的性能

为了评估提出方法的性能,我们使用 Java 对其进行了实现,完整的源代码、数据集和评估任务可在本书的 GitHub 仓库中获得,网址为:https://github.com/nogrady/PPML/blob/main/Ch6/PrivSyn_Demo.zip。

我们生成了不同的合成数据集,并在不同的簇大小(k)和隐私预算(ε)下进行了实验。ε 的值在 0.1 至 1 之间变化,且簇的大小 k 分别为 25,50,75,100。对于每个合成数据集,观察三个通用 ML 任务的性能:分类、回归和聚类。为完成这些任务,我们设置了两个不同的实验场景,使用的是不同的合成数据和原始数据的组合。

- 实验场景 1——原始数据用于训练,合成数据用于测试。

    在原始数据集上训练 ML 模型,并测试生成的合成数据集。对于每个实验数据集,30% 的样本用作种子数据集以生成合成数据集,70% 作为原始数据样本用于训练模型。生成的合成数据用于测试。

- 实验场景 2——合成数据用于训练,原始数据用于测试。

    在合成数据集上训练 ML 模型,并在原始数据集上测试。对于每个实验数据集,80% 的样本用作种子数据集生成合成数据集,20% 作为原始数据用来测试模型。

用于实验的数据集

为进行性能评估,我们使用了来自 UCI 机器学习库[8]以及 LIBSVM 数据库的三个数据集以检查不同算法的性能。数据集中的所有特征都被归一化并限制在[-1,1]之间:

- *糖尿病数据集*(*Diabetes Dataset*)——该数据集包含具有 768 个样本和 9 个特征的患者检测记录,包括血压、BMI、胰岛素水平和年龄等患者信息,目的是确定患者是否患有糖尿病。

- *乳腺癌数据集*（*Breast Cancer Dataset*）——该数据集从癌症诊断的临床病例中收集获得，包含 699 个样本及 10 个特征，所有样本都被标记为良性或恶性。
- *澳大利亚信贷审批数据集*（*Australian Dataset*）——这是来自 Stat Log 项目的澳大利亚信贷审批数据集。每个样本都是一个信用卡申请记录，该数据集包含 690 个样本和 14 个特征，根据申请是否获得批准对样本进行标记。

性能评估及结果

如上所述，评估合成数据的可用性主要聚焦于三个 ML 的主要任务：分类、回归和聚类。

对于分类任务，我们采用支持向量机（Support Vector Machine，SVM）。在每个训练阶段中，我们使用网格搜索和交叉验证选择 SVM 模型的最佳参数组合。为了选择性能最好的 SVM 模型我们采用了 F1 分数，我们采用 F1 分数最高的模型测试分类的准确度。

对于回归任务，采用线性回归作为回归器，回归任务的评价指标是均方误差（Mean Squared Error，MSE）。

最后使用 k-means 聚类作为聚类任务。正如前几章所述，聚类是一种无监督的 ML 任务，用于对类似的数据进行分组。与分类和回归任务不同，原始数据集中的所有数据都被认为是聚类中合成数据的种子。k-means 算法应用于原始数据集以及合成数据集，这两个数据集分别在实验数据集上生成了两个表示二元类别的簇。在每次实验中 k-means 算法运行 50 次，且每次使用不同的质心种子，并输出 50 次连续运行中的最佳结果。

三个 ML 任务的结果如图 6.19、图 6.20 和图 6.21 所示。可以看到当 ε 在 0.1 到 0.4 之间时，每个 k 值对应的性能都会迅速增加，但峰值性能并不总是来自固定的 k 值。例如当 $k=50$ 时，图 6.19(e) 具有局部最优点，当 $k=75$ 时，图 6.21(a) 和 (c) 具有局部最优点。

从理论上讲，较小的 ε 值给合成数据带来的噪声通常比较大的 ε 值多，从而带来更多随机性。比较回归任务中的两个场景（图 6.20），当隐私预算较小时场景 2 中反映出的随机性比场景 1 中的 MSE 小得多。这是由于场景 1 中的测试数据带有差分隐私噪声，但场景 2 中的测试数据不含噪声。每当 $\varepsilon>0.4$ 时，性能的提升都是稳定的。当 $k=100$ 时，在相同的隐私预算下，聚类方法的表现总是优于 k 为其他值时的性能。同样值得注意的是，当 $k=25$ 时聚类方法的整体性能会远低于 k 为其他值时的性能，这是因为当只包含少量数据样本的簇生成多元高斯模型时，计算的平均值和协方差矩阵可能会产生偏

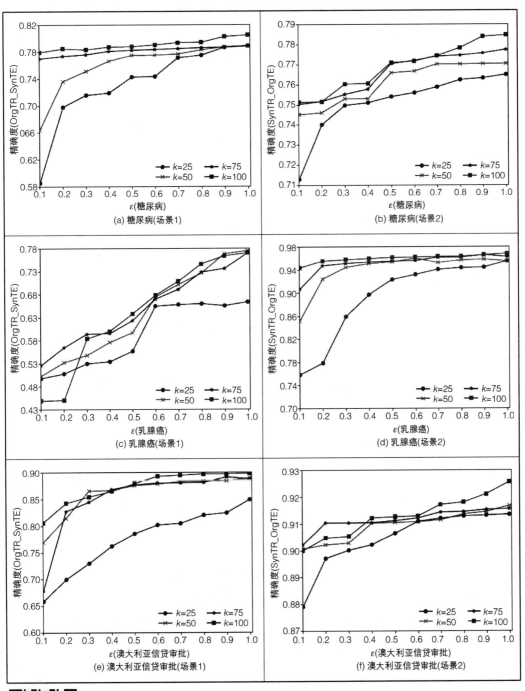

图 6.19　任务 1(SVM)在两种不同实验
场景下的实验结果

扫码看彩图

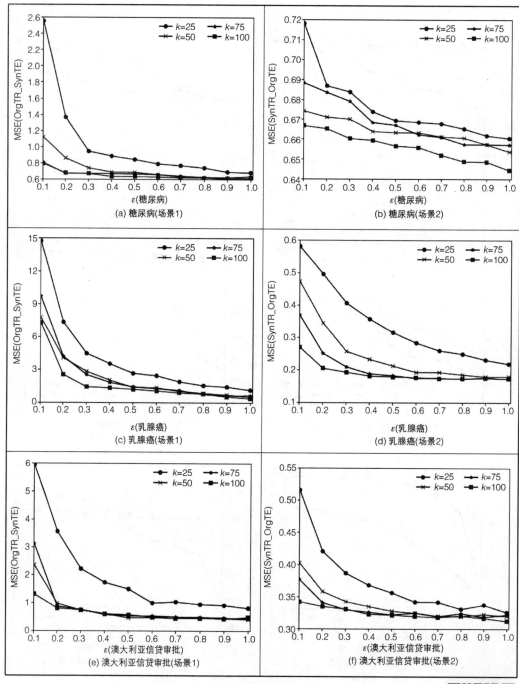

**图 6.20　任务 2(线性回归)在两种不同实验
场景下的实验结果**

扫码看彩图

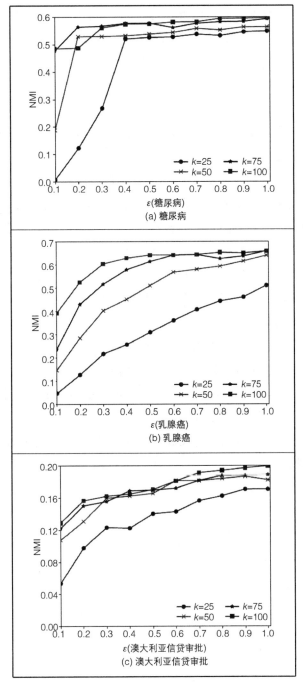

扫码看彩图

图 6.21　任务 3(k-means 聚类)在两种不同实验场景下的实验结果

差，簇无法很好地反映数据分布。因此，k 应该是一个中等的值以形成多元高斯生成模型。较大的 k 值相对于较小的 k 值来说也可以使模型快地收敛，如图 6.19(a)、(d)，图 6.20(a)和图 6.21(a)所示。

总 结

- 合成数据是由原始数据生成的人工数据，它保留了原始数据的统计特性同时保护了原始数据中的隐私信息。
- 合成数据生成过程涉及多个步骤，包括异常值检测、归一化函数以及模型构建。
- 隐私测试用于确保生成的合成数据满足某些预定义的隐私保证。
- k-anonymity 是一种生成匿名合成数据以缓解重识别攻击的好方法。
- 虽然 k-anonymity 可以使重识别个人变得困难，但其仍然具有一些缺陷，因此引出了其他匿名化机制例如 l-diversity。
- 数据集的合成表示可用于捕捉原始数据集的统计特性，但大多数情况下它的形状与原始数据集不同。
- 可以使用合成直方图来生成合成表格数据。
- 合成表示可用于生成与原始数据集具有相同统计特性和形状的合成数据集。
- 可以通过将拉普拉斯机制应用于合成表示生成器来生成差分隐私合成数据，然后用差分隐私合成表示生成器。
- 通过将微聚合技术应用于合成数据生成，可以生成满足 k-anonymity 的差分隐私合成数据。

第三部分
构建具有隐私保障的机器学习应用

第三部分涵盖了构建隐私保障机器学习应用所需的更深层次的核心概念。第7章介绍了隐私保护在数据挖掘应用中的重要性,探讨了数据挖掘中广泛用于数据的处理和发布的隐私保护机制。第8章讨论了数据挖掘中广泛使用的隐私模型及其威胁和漏洞。第9章重点介绍了机器学习中的压缩隐私,讨论了它的设计和实现。最后,第10章将前面所有章节的概念整合在一起,设计了一个用于保护和共享研究数据的隐私增强平台。

7

隐私保护数据挖掘技术

本章内容：

- 隐私保护在数据挖掘中的重要性
- 处理和发布数据时的隐私保护机制
- 探索数据挖掘中的隐私增强技术
- 使用 Python 实现数据挖掘中的隐私技术

目前为止我们已经讨论了学术界和工业界合作开发的不同隐私增强技术，本章重点介绍如何利用这些隐私技术进行数据挖掘和管理。数据挖掘（Data Mining）本质上是发现数据中新的关系和模式以进一步实现有意义的分析过程，这通常涉及机器学习、统计操作和数据管理系统。本章将探讨如何将各种隐私增强技术与数据挖掘相结合，以实现隐私保护数据挖掘（Privacy-Preserving Data Mining，PPDM）。

首先，我们将探讨隐私保护在数据挖掘中的重要性，以及隐私信息是如何被泄露到外界。然后，通过结合一些例子介绍在数据挖掘操作中可用于隐私保护的不同方法。最后，我们将讨论数据管理技术的最新发展，以及如何在数据库系统中使用隐私机制来设计一个包含隐私信息的数据库管理系统（Database Management System，DBMS）。

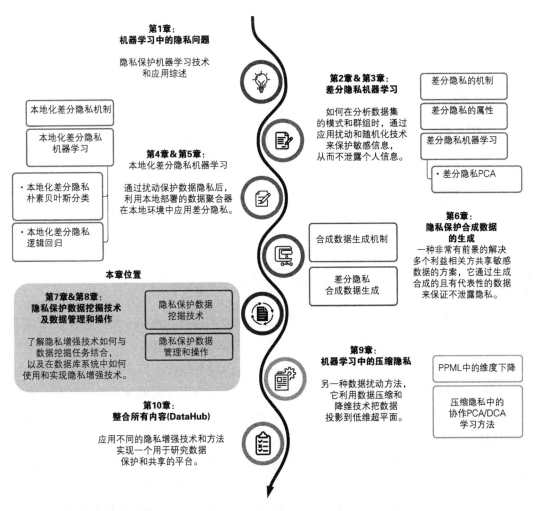

第1章：
机器学习中的隐私问题

隐私保护机器学习技术
和应用综述

第2章&第3章：
差分隐私机器学习

如何在分析数据集
的模式和群组时，通过
应用扰动和随机化技术
来保护敏感信息，
从而不泄露个人信息。

差分隐私的机制

差分隐私的属性

差分隐私机器学习

· 差分隐私PCA

本地化差分隐私机制

本地化差分隐私
机器学习

第4章&第5章：
本地化差分隐私机器学习

通过扰动保护数据隐私后，
利用本地部署的数据聚合器
在本地环境中应用差分隐私。

· 本地化差分隐私
朴素贝叶斯分类

· 本地化差分隐私
逻辑回归

合成数据生成机制

差分隐私
合成数据生成

第6章：
隐私保护合成数据
的生成

一种非常有前景的解决
多个利益相关方共享敏感
数据的方案，它通过生成
合成的且有代表性的数据
来保证不泄露隐私。

本章位置

第7章&第8章：
隐私保护数据挖掘技术
及数据管理和操作

了解隐私增强技术如何与
数据挖掘任务结合，
以及在数据库系统中如何
使用和实现隐私增强技术。

隐私保护数据
挖掘技术

隐私保护数据
管理和操作

第9章：
机器学习中的压缩隐私

另一种数据扰动方法，
它利用数据压缩和
降维技术把数据
投影到低维超平面。

PPML中的维度下降

压缩隐私中的
协作PCA/DCA
学习方法

第10章：
整合所有内容(DataHub)

应用不同的隐私增强技术和方法
实现一个用于研究数据
保护和共享的平台。

7.1 隐私保护在数据挖掘和管理中的重要性

如今的应用程序在不断产生大量的信息，因此隐私保护在深度学习时代十分重要。在一个高效、安全的数据处理框架中处理、管理和存储收集到的信息也是同样重要的。

让我们来考虑一个基于云的电子商务应用程序的典型部署，其中用户的隐私信息由数据库应用存储和处理(图 7.1)。

在电子商务应用中，用户通过网络浏览器进行连接，然后选择他们想要的产品或服务并进行在线支付。所有这些都记录在后端数据库中，包括如客户的姓名、地址、性别、产品偏好和产品类型等隐私信息。通过数据挖掘和 ML 操作对这些数据进行进一步处理，以提供更好的客户体验，例如可以将客户的产品偏好与其他客户的选择关联，以推荐

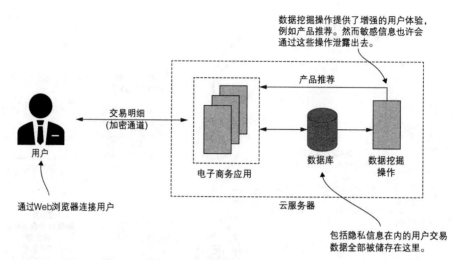

数据挖掘操作提供了增强的用户体验，例如产品推荐。然而敏感信息也许会通过这些操作泄露出去。

产品推荐

交易明细
（加密通道）

用户

通过Web浏览器连接用户

电子商务应用

数据库

数据挖掘操作

云服务器

包括隐私信息在内的用户交易数据全部被储存在这里。

图7.1　一个典型的电子商务网站应用部署方案：所有的用户数据，包括隐私信息，都存储在数据库中，并且这些数据将被用于数据挖掘操作。

其他产品。同样的，客户地址也可用于提供基于位置的服务和建议。虽然这种方法对客户有很多好处，比如提高了服务质量，但它也带来了许多隐私问题。

举一个某顾客经常在网上购买衣服的简单例子，这种情况下即使可能没有特别提到性别，但数据挖掘算法可能只通过查看客户过去购买的衣服样式就可以推断出客户的性别。这就成了一个隐私问题，通常被称为*推理攻击*（*Inference Attack*）。下一章将更详细地讨论这些攻击。

现在大多数科技巨头（如谷歌、亚马逊和微软）都提供机器学习即服务（Machine Learning as a Service，MLaaS），中小企业（SME）倾向于推出基于这些服务的相关产品。然而，这些服务很容易受到各种内部和外部的攻击，我们将在本章的最后对此进行讨论。因此，通过将两个或多个数据库或服务关联在一起，就可以推断出更敏感或更具有隐私性的信息。例如一个能够访问电子商务网站上客户的邮政编码和性别的攻击者，可以将该数据与公开可用的团体保险委员会（Group Insurance Commission，GIC）数据集[1]结合起来，这样他们就有可能提取个人的医疗记录。因此，隐私保护在数据挖掘操作中是至关重要的。

本章和下一章将详细说明隐私保护对数据挖掘和管理的重要性，数据挖掘和数据管理的应用和相关技术以及它们在两个特定方面所面临的挑战（如图7.2所示）：

- *数据处理和挖掘*（*Data Processing and Mining*）——对收集的信息进行处理和分析时可使用的工具和技术。

- *数据管理*（*Data Management*）——在不同数据处理应用中被用于保存、存储和提供收集到的信息的方法和技术。

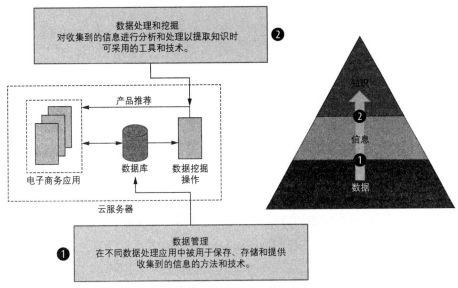

图7.2　当涉及数据挖掘和管理时，隐私保护涉及两个方面

接下来我们将研究如何通过修改或扰动输入数据来确保隐私保护，以及将数据发布给其他各方时如何保护隐私。

7.2　数据处理和挖掘过程中的隐私保护

数据分析和挖掘工具旨在从收集的数据集中提取有意义的特征和模式，但在数据挖掘中直接使用数据可能导致不必要的数据隐私侵犯。因此，人们提出了利用数据修改和噪声添加技术（有时称为数据扰动）的隐私保护方法来保护敏感信息免遭泄露。

然而，对数据进行修改可能会降低应用的准确度，甚至使得基本特征无法被提取。这里的应用是指数据挖掘任务，例如在前面提到的电子商务应用例子中，向客户建议产品的机制是应用，并且我们可以使用隐私保护方法来保护这些数据。但是任何数据转换都应该保持隐私和预期应用的可用性之间的平衡，这样仍然可以在转换后的数据上执行数据挖掘操作。

接下来我们要简要了解一下什么是数据挖掘，以及隐私法规是如何发挥作用的。

7.2.1　什么是数据挖掘？如何使用数据挖掘？

数据挖掘是从收集到的数据集或信息集中提取知识的过程，信息系统会定期收集和存储有价值的信息,将信息存储在数据库的目的是提取诸如关系或模式等信息。数据挖掘有助于从这些数据集中发现新的模式,所以数据挖掘可以被认为是学习新的模式或关系的过程。例如在上述电子商务示例中可以使用一种数据挖掘算法来确定购买婴儿尿布的客户同时也购买婴儿湿巾的可能性。基于这些关系,服务提供商可以及时做出决定。

这些关系或模式通常可以用原始数据集的一个子集的数学模型来描述。事实上,可以用两种不同的方式使用被识别出来的模型。首先,该模型可以以一种描述性的方式使用,集合中数据之间确定的关系可以转换为人类可识别的描述。例如一个公司当前的财务状况(无论他们是否在盈利)可以根据存储在数据集中的过去的财务数据来描述。这些模型被称为*描述性模型*(*Descriptive Models*),它们通常能提供基于历史数据的准确信息。第二种方式是模型作为*预测模型*(*Predictive Models*),预测模型的准确度可能不是很精确,但它们可以根据过去的数据预测未来。例如像"如果公司投资这个新项目,他们会在五年后提高利润率吗?"这样的问题,可以用预测模型来回答。

如图 7.3 所示,数据挖掘可以生成描述性模型和预测模型,我们可以根据底层应用的需求将它们应用到决策中。例如电子商务应用可以通过预测模型来预测产品的价格波动。

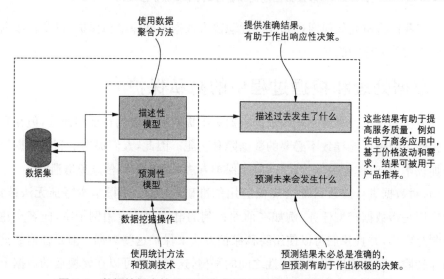

图 7.3 数据挖掘中的关系和模式可以通过两种不同的方式来实现

7.2.2 隐私监管要求的重要性

一般而言,数据安全和隐私要求是由数据所有者(如独立的组织)设定的,这样可以保障他们所提供的产品和服务的竞争优势。然而,数据已成为数字经济中最有价值的资产,政府实施了许多有关隐私的法规,以防止敏感信息的用途超出预期用途。不同的组织机构通常会遵守以下这些隐私标准,如 1996 年的《健康保险便携性和责任法案》(*Health Insurance Portability and Accountability Act*, HIPAA)、《支付卡行业数据安全标准》(*Payment Card Industry Data Security Standard*, PCI DSS)、《家庭教育权利和隐私法案》(*Family Educational Rights and Privacy Act*, FERPA)以及欧盟的《通用数据保护条例》(*General Data Protection Regulation*, GDPR)。

例如无论业务规模大小如何,几乎每个医疗机构都以电子方式传输与某些交易相关的健康信息,如理赔、用药记录、福利资格查询、转诊授权请求等。然而,HIPAA 法规要求所有这些医疗服务机构保护患者敏感的健康信息,且不能在未经患者同意或不知情的情况下披露这些信息。

下一节我们将详细介绍不同的隐私保护数据管理技术,并讨论它们在确保这些隐私要求情况下的应用和缺陷。

7.3　通过修改输入来保护隐私

了解了基本知识之后,接下来我们进行详细的介绍。根据隐私保障的实现方式,完善的隐私保护数据管理(PPDM)技术可以分为几个不同的类别,本章将讨论前两类,其他类别将在下一章介绍。

第一类 PPDM 技术能在收集数据时和将数据转移到数据库之前确保隐私。这些技术通常在数据收集阶段结合不同的随机化技术,并为每个记录单独生成具有隐私保护的值,这样就不用存储原始值。最常见的随机化技术有两种,一种是通过添加已知统计分布的噪声来修改数据,另一种是通过将噪声与已知统计分布相乘来修改数据。

图 7.4 展示了这两种技术中的第一种。在数据收集阶段,需要添加一个公开已知的噪声分布,以产生一个随机结果。然后,当涉及数据挖掘时可以简单地基于样本估计噪声分布,并可以重构原始数据的分布。但是需要注意的是,虽然可以重构原始数据分布,但却不能重构原始值。

应用和限制

现在我们已经研究了如何修改输入以保护隐私,接下来我们将介绍这些随机化技术的优缺点。

最重要的是,即使经过了随机化,这些方法仍然可以维护原始数据分布的统计特性。这就是为什么它们可以被用于不同的隐私保护应用,包括差分隐私(第 2 章和第 3 章讨论过)。

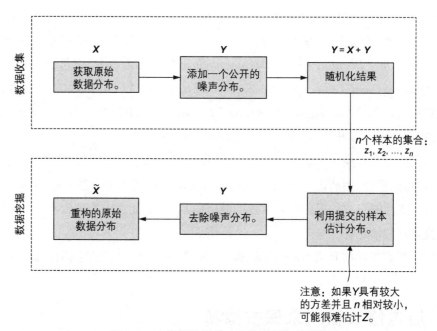

图 7.4　在数据输入修改中使用随机化技术

　　然而，由于原始数据受到了扰动，并且只有数据分布（而不是单个数据）是可用的，这些方法需要用到特殊的数据挖掘算法，数据挖掘算法可以通过查看分布来提取必要的信息。因此，根据应用的不同，该方法可能会对可用性产生更大的影响。

　　使用这些输入随机化技术可以很好地完成如分类和聚类这样的任务，因为这些技术只需要访问数据分布。例如考虑在一个基于特定特征或参数的疾病识别任务的医疗诊断数据集上使用这种技术，这种情况下，不需要访问单个记录，可以根据数据分布进行分类。

7.4　在发布数据时保护隐私

　　另一类 PPDM 是在不披露敏感信息所有者的情况下向第三方发布数据的相关技术。在这种情况下，数据隐私是通过在单个数据记录发布给外部之前对其应用数据匿名化技术来实现的。

　　正如前一章所讨论的，在这个阶段仅删除能够显式识别数据集中个体的属性是不够的。匿名数据中的用户仍然可以通过组合非敏感属性或记录将其与外部数据关联被识别出来，这些属性被称为准标识符（Quasi-identifiers）。

　　考虑第 6 章讨论过的联合两个公开可用数据集的场景，将美国人口普查数据集中的不同值（如邮政编码、性别和出生日期）与来自团体保险委员会（GIC）的匿名数据集联合是非常简单的,通过这样的联合,攻击者有可能提取出一个特定个人的医疗记录。例如,如果 Bob 知道他的邻居 Alice 的邮政编码、性别和出生日期,他就可以使用这三个属性将两个数据集结合起来,并且有可能确定 GIC 数据集中的哪些医疗记录是 Alice 的。这是一种被称为关联或相关攻击(*Linkage or Correlation Attack*)的隐私威胁,即将特定数据集中的值与其他信息源进行关联,以产生信息丰富且唯一的记录。在发布数据时使用的 PPDM 技术,为保护隐私通常包含一个或多个数据清洗操作。

注意 GIC 数据集是一个"匿名"的州政府员工数据集,数据集中包括他们在美国的每一次医院就诊记录。建立该数据集的目的是进行科学研究,并且州政府会花时间删除所有关键标识符,如姓名、地址和社会安全号码。

你可能已经注意到在实践中使用了许多数据清洗操作,大多数这些操作可以概括为以下类型的操作中的一种:

- *泛化*——此操作使用更通用的属性替换数据集中的特定值。例如一个人的工资数值,如 56 000 美元可以用 50 000~100 000 美元来代替。在这种情况下,一旦值被泛化,就无法知道确切的值,只知道它在 50 000 美元到 100 000 美元之间。

  这种方法也可以应用于分类值,以上述提到的具有就业细节的美国人口普查数据集为例。如图 7.5 所示,为了不暴露个人职业,可以简单地将人们的就业情况他们分为"就业"或"失业",而不细分为不同的职业。

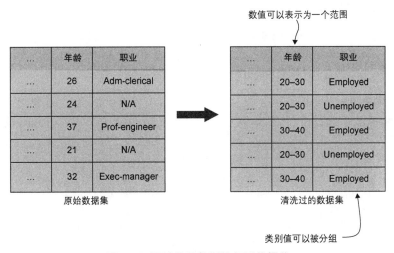

图 7.5 通过分组数据执行泛化操作

- *抑制*——泛化以更通用的表示替换原始记录,而抑制的思想是将记录完全从数据集中删除。以一个医院医疗记录的数据集为例,在这样的医疗数据集中,可以根据个人的姓名(一个敏感的属性)来识别他们,因此可以在将数据发布给第三方之前从数据集中删除 name 属性(见图 7.6)。

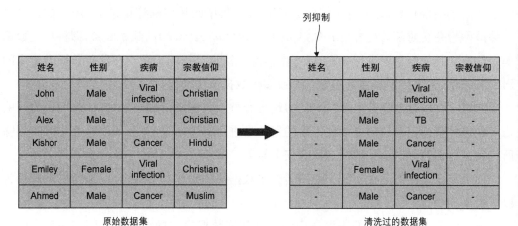

图 7.6　通过删除原始记录执行抑制操作

- *扰动*——另一种可能的数据清洗操作是用具有相同统计特性的扰动数据替换单个记录,这些数据可以使用随机化技术生成。

　　扰动的一种可能的方法是使用前一节讨论的技术在原始值中添加噪声,例如加法或乘法噪声添加方法。在图 7.7 的示例中,原始数据集第一列的记录将根据随机噪声用完全不同的值替换。

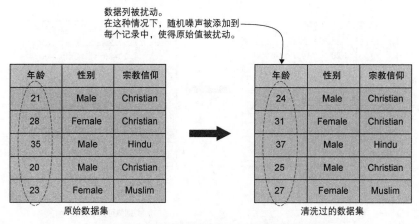

图 7.7　通过添加随机噪声执行扰动操作

　　另一种方法是使用第 6 章所讨论的合成数据生成技术。在这种情况下,使用原始数据建立一个统计模型,该模型可以用来生成合成数据,然后可以替换数据集中的原始记录。

　　还有一种可能的方法是使用数据交换技术来完成扰动,其想法是在一个数据集中交换多个敏感属性,以防止记录关联到个人。数据交换通常从随机选择的一组目标记录开始,然后为每个具有相似特征的记录寻找一个合适的数据记录。一旦找到一个合适数据记录,记录中的值就相互交换。在实践中,数据交换相对耗时(因为它必须遍历许多记录才能找到合适的匹配),而且它需要额外的工作来扰动数据。

- *解构*——另一种可能的清洗方法是将敏感属性和准标识符分离,分为两个独立的数据集。在这种情况下,原始值保持不变,但该方法的目的是使两个数据集更难被关联在一起以识别一个人。考虑之前讨论过的医疗数据集,如图 7.8 所示,原始数据集可以分为两个不同的数据集:敏感属性(如姓名(Name)、宗教(Religion))和准标识符(如性别、疾病)。

姓名	宗教信仰
John	Christian
Alex	Christian
Kishor	Hindu
Emiley	Christian
Ahmed	Muslim

清洗过的数据集1

姓名	性别	疾病	宗教信仰
John	Male	Viral infection	Christian
Alex	Male	TB	Christian
Kishor	Male	Cancer	Hindu
Emiley	Female	Viral infection	Christian
Ahmed	Male	Cancer	Muslim

原始数据集

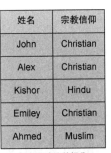

性别	疾病
Male	Viral infection
Male	TB
Male	Cancer
Female	Viral infection

清洗过的数据集2

图 7.8　使用解构方案

7.4.1　在 Python 中实现数据清洗操作

　　在本节我们将用 Python 实现这些不同的数据清洗技术,在这个例子中我们将使用 Barry Becker 最初从 1994 年美国人口普查数据库中提取的真实数据集[2]。该数据集包含 15 个不同的属性,首先观察数据集是如何排列的,然后我们将应用不同的清洗技术,如图 7.9 所示。

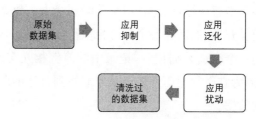

图 7.9　本节 Python 代码中使用的顺序和技术

首先,需要导入必要的库。如果已经熟悉以下软件包,那么你可能已经安装了所需的软件包。

使用 pip 命令来安装这些库:

```
pip install sklearn-pandas
```

安装完所有内容后,请将以下软件包导入到该环境中:

```
import pandas as pd
import numpy as np
import scipy.stats
import matplotlib.pyplot as plt
from sklearn_pandas import DataFrameMapper
from sklearn.preprocessing import LabelEncoder
```

加载数据集,看看它是什么样子的。可以直接从该书的代码库(http://mng.bz/eJYw)中下载该数据集。

```
df = pd.read_csv('./Data/all.data.csv')
df.shape
df.head()
```

使用 df.shape() 命令,可以获得数据框(Data Frame)的维度(行数和列数)。可以看出这个数据集包含 48 842 条记录,有 15 个不同的属性。可以使用 df.head() 命令列出数据集的前 5 行,如图 7.10 所示。

你可能已经注意到有一些敏感的属性,如关系、种族、性别、国籍等,我们需要对这些属性进行匿名化。首先对一些属性进行*抑制*,以便删除它们:

```
df.drop(columns=["fnlwgt", "relationship"], inplace=True)
```

再次尝试 df.head(),看看会发生什么变化。

	age	workclass	fnlwgt	education	education-num	marital-status	occupation	relationship	race	sex	capital-gain	capital-loss	hours-per-week	native-country	salary
0	39	State-gov	77516	Bachelors	13	Never-married	Adm-clerical	Not-in-family	White	Male	2174	0	40	United-States	<=50k
1	50	Self-emp-not-inc	83311	Bachelors	13	Married-civ-spouse	Exec-managerial	Husband	White	Male	0	0	13	United-States	<=50k
2	38	Private	215646	HS-grad	9	Divorced	Handlers-cleaners	Not-in-family	White	Male	0	0	40	United-States	<=50k
3	53	Private	234721	11th	7	Married-civ-spouse	Handlers-cleaners	Husband	Black	Male	0	0	40	United-States	<=50k
4	28	Private	338409	Bachelors	13	Married-civ-spouse	Prof-specialty	Wife	Black	Female	0	0	40	Cuba	<=50k

图 7.10　US Census 数据集中的前五条记录

使用分类值

如果仔细观察种族对应列,会看到一些分类值,比如白人、黑人、亚裔太平洋岛民、美国-印度-因纽特人等等。因此就隐私保护而言,需要对这些列进行泛化。为此,我们将在 sklearn_pandas 中使用 DataFrameMapper(),将元组转换为编码值。这个例子中使用了 LabelEncoder():

```
encoders = [(["sex"], LabelEncoder()), (["race"], LabelEncoder())]
mapper = DataFrameMapper(encoders, df_out=True)
new_cols = mapper.fit_transform(df.copy())
df = pd.concat([df.drop(columns=["sex", "race"]), new_cols], axis="columns")
```

现在再次用 df.head() 检查结果。它将列出数据集的前五行,如图 7.11 所示。

	age	workclass	education	education-num	marital-status	occupation	capital-gain	capital-loss	hours-per-week	native-country	salary	sex	race
0	39	State-gov	Bachelors	13	Never-married	Adm-clerical	2174	0	40	United-States	<=50k	1	4
1	50	Self-emp-not-inc	Bachelors	13	Married-civ-spouse	Exec-managerial	0	0	13	United-States	<=50k	1	4
2	38	Private	HS-grad	9	Divorced	Handlers-cleaners	0	0	40	United-States	<=50k	1	4
3	53	Private	11th	7	Married-civ-spouse	Handlers-cleaners	0	0	40	United-States	<=50k	1	2
4	28	Private	Bachelors	13	Married-civ-spouse	Prof-specialty	0	0	40	Cuba	<=50k	0	2

图 7.11　具有编码值的结果数据集

对性别和种族对应列进行泛化,这样就没有人能知道某个人的性别和种族是什么。

使用连续值

正如前面已经讨论过的那样,像年龄用连续值来表示仍然会泄露一些关于个人的信息。即使种族信息是编码过的(记住种族是一个分类值),有人也可以结合几个记录来获得更准确的结果。因此可以应用扰动技术对年龄和种族进行匿名化,如以下列表所示。

列表 7.1　扰动年龄和种族

```
categorical = ['race']
continuous = ['age']

unchanged = []

for col in list(df):
    if (col not in categorical) and (col not in continuous):
        unchanged.append(col)

best_distributions = []
for col in continuous:
    data = df[col]
    best_dist_name, best_dist_params = best_fit_distribution(data, 500)
    best_distributions.append((best_fit_name, best_fit_params))
```

对于连续变量 age，可以使用一个名为 best_fit_distribution() 的函数，它循环遍历一系列连续函数，以找到误差最小的最佳拟合函数。一旦找到了最佳的拟合分布，就可以用一个新值近似年龄变量。

对于分类变量 race，首先使用 value_counts() 确定唯一值在分布中出现的频率，然后使用 np.random.choice() 生成具有相同概率分布的随机值。

所有这些都可以封装在一个函数中，如以下列表所示：

列表 7.2　数值和分类值的扰动

```
def perturb_data(df, unchanged_cols, categorical_cols,
    ➥ continuous_cols, best_distributions, n, seed=0):
    np.random.seed(seed)
    data = {}

    for col in categorical_cols:
        counts = df[col].value_counts()
        data[col] = np.random.choice(list(counts.index),
        ➥ p=(counts/len(df)).values, size=n)

    for col, bd in zip(continuous_cols, best_distributions):
        dist = getattr(scipy.stats, bd[0])
        data[col] = np.round(dist.rvs(size=n, *bd[1]))


    for col in unchanged_cols:
        data[col] = df[col]

    return pd.DataFrame(data,
     columns=unchanged_cols+categorical_cols+continuous_cols)

gendf = perturb_data(df, unchanged, categorical, continuous,
➥ best_distributions, n=48842)
```

使用 gendf.head()命令的结果如图 7.12 所示。

仔细观察最后两列,年龄和种族值已被随机生成的数据取代,其概率分布与原始数据相同。因此,现在这个数据集被视为是具有隐私保护的。

	workclass	education	education-num	marital-status	occupation	capital-gain	capital-loss	hours-per-week	native-country	salary	sex	race	age
0	State-gov	Bachelors	13	Never-married	Adm-clerical	2174	0	40	United-States	<=50k	1	4	65.0
1	Self-emp-not-inc	Bachelors	13	Married-civ-spouse	Exec-managerial	0	0	13	United-States	<=50k	1	4	35.0
2	Private	HS-grad	9	Divorced	Handlers-cleaners	0	0	40	United-States	<=50k	1	4	80.0
3	Private	11th	7	Married-civ-spouse	Handlers-cleaners	0	0	40	United-States	<=50k	1	4	47.0
4	Private	Bachelors	13	Married-civ-spouse	Prof-specialty	0	0	40	Cuba	<=50k	0	4	56.0

图 7.12　扰动数值和分类值后的结果数据集

现在我们已经讨论了在各种隐私保护应用中常用的数据清洗操作。接下来,我们将研究如何在实践中应用这些操作。在第 6.2.2 节中我们已经介绍了 k-anonymity 的基本知识,现在将扩展这个讨论。下一节我们将详细介绍 k-anonymity 隐私模型,以及它在 Python 中的代码实现。

首先,在一个练习中回顾一下本节的清洗操作。

练习 1

考虑一个将数据挖掘应用与一个组织机构的员工数据库相关联的场景,为了简洁起见,只考虑表 7.1 中的属性。

表 7.1　一个组织机构的员工数据库

序号	姓名	性别	邮政编码	工资/美元
1	John	Male	33617	78
2	Alex	Male	32113	90
3	Kishor	Male	33613	65
4	Emily	Female	33617	68
5	Ahmed	Male	33620	75

现在尝试回答以下问题来保护这个数据集的隐私:

- 哪些属性可以使用泛化操作进行清洗? 怎样进行泛化?

- 哪些属性可以使用抑制操作进行清洗？怎样进行抑制？

- 哪些属性可以使用扰动操作进行清洗？怎样进行扰动？

- 解构操作在这个例子中有效吗？为什么？

7.4.2　k-anonymity

可用于匿名化一个数据集的最常见和最广泛采用的隐私模型是 k-anonymity，由 La-tanya Sweeney 和 Pierangela Samarati 最初在 20 世纪 90 年代末他们的开创性工作《披露信息时的隐私保护》(*Protecting privacy when disclosing information*)中提出[3]。它是一个简单而强大的工具，强调要使数据集中的记录难以区分，必须至少有 k 个单独的记录共享相同的属性集，这些属性可以用来唯一地标识记录(准标识符)。简单地说，如果一个数据集至少有 k 个共享相同敏感属性的类似记录，那么它就被称为 k-anonymity。我们将通过一个例子来研究这个问题，以更好地理解它是如何工作的。

什么是 k，如何应用它？

k 值通常用于度量隐私，当 k 的值较高时，就更难去匿名化记录。然而，当 k 值增加时，可用性通常会降低，因为数据变得更泛化。

为实现 k-anonymity，许多不同的算法被提了出来，但绝大多数算法采用抑制和泛化等清洗操作来达到所需的隐私级别。图 7.13 说明了如何在数据集中定义敏感和非敏感属性，在实践中可以使用 k-anonymity 进行清洗。

| | | 敏感属性 | | | |
姓名	邮政编码	年龄	性别	疾病	宗教信仰
Alex	33620	17	Male	TB	Christian
Emily	33617	45	Female	Viral infection	Christian
Fathima	33620	28	Female	Cancer	Muslim
Jeremy	32005	29	Male	Viral infection	Christian
John	33617	24	Male	Viral infection	Christian
Kishor	33613	31	Male	Cancer	Hindu
Nataliya	32102	46	Male	TB	Christian
Ryan	32026	32	Male	Cancer	Buddhist
Samantha	33625	56	Female	Heart disease	Hindu

原始数据集

图 7.13　定义敏感和非敏感属性的示例数据集

在这种情况下,存在一些重要和敏感的属性和准标识符。因此,应用 k-anonymity 时最重要的是要确保所有的记录都是匿名的,使数据使用者很难对这些记录去匿名化。

注意 属性的敏感性通常取决于应用的需求,在某些情况下非常敏感的属性在其他应用中可能是不敏感的。

观察图 7.14 中所示的数据集,可以看出姓名和宗教属性是经过抑制清洗的,而邮政编码和年龄则是经过泛化清洗的。如果仔细研究一下,可能会意识到它是 2-anonymity 的($k=2$),这意味着在每一组中至少有两条记录。以表中的前两个记录为例,可以看到这些记录在同一组中,这使得两者的邮政编码、年龄和性别都相同,唯一的区别是疾病不同。

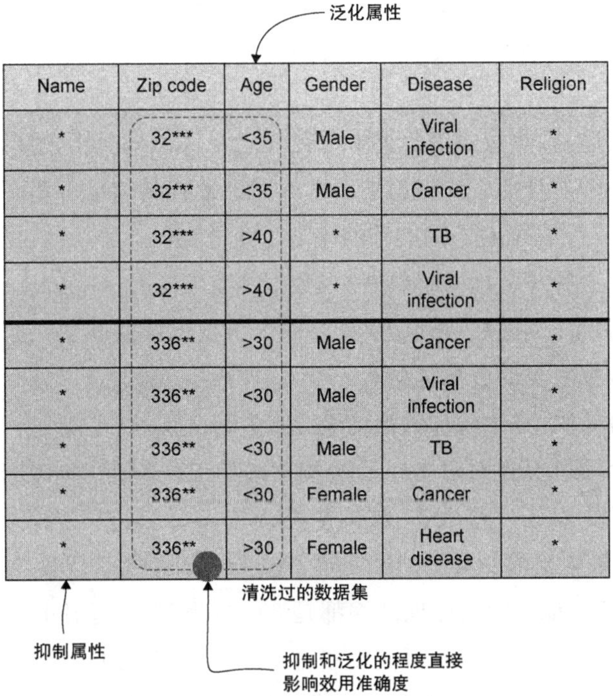

泛化属性

Name	Zip code	Age	Gender	Disease	Religion
*	32***	<35	Male	Viral infection	*
*	32***	<35	Male	Cancer	*
*	32***	>40	*	TB	*
*	32***	>40	*	Viral infection	*
*	336**	>30	Male	Cancer	*
*	336**	<30	Male	Viral infection	*
*	336**	<30	Male	TB	*
*	336**	<30	Female	Cancer	*
*	336**	>30	Female	Heart disease	*

清洗过的数据集

抑制属性

抑制和泛化的程度直接影响效用准确度

图 7.14 使用泛化和抑制

现在考虑这样一个场景,Bob 知道他朋友的居住地邮编为 32314,年龄为 34 岁。仅仅通过查看数据集,Bob 无法区分他的朋友是患有病毒感染还是癌症,这就是 k-anonymity 的工作原理。原始信息经过清洗难以恢复,但结果仍然可以用于数据挖掘操作。在前面的例子中 $k=2$,但是当 k 增加时,要恢复原始记录就更困难了。

k-anonymity 并不总是有效的

虽然 k-anonymity 是一种强大的技术,但是它也有一些直接和间接的缺点。可以试着理解这些缺陷,了解 k-anonymity 对于不同类型的攻击来说是脆弱的。

- *明智选择敏感属性的重要性*:在 k-anonymity 中,选择敏感属性必须慎重,这些选定的属性不能透露已经匿名的属性的信息。例如某些疾病可能在某些地区和年龄组广泛传播,因此有人可能可以通过参考该地区或年龄组来识别该疾病。为了避免这种情况,必须对这些感兴趣的属性调整抑制和泛化的水平。例如,可以将邮政编码抑制为 3 * * * * ,而不是将邮政编码更改为 32 * * * ,从而使原始值更难猜测。

- *在组中拥有多样化数据的重要性*:数据的多样性对 k-anonymity 有重大影响。从广义上讲,在拥有良好代表性的多样化数据的情况下,k-anonymity 存在两个重大问题。第一个问题是,每个被代表的个体在组或等价类中只有一个记录。第二个问题是,当组或等价类中所有其他 $k-1$ 个记录的敏感属性值相同时,可能导致组中的任何个体被识别出来。无论敏感属性是否相同,这些问题都会使 k-anonymity 在面对不同类型的攻击时变得脆弱。

- *在低维度上管理数据的重要性*:当数据维度较高时,k-anonymity 难以在实际范围内保持所需的隐私级别。例如将多个数据记录关联在一起,有时可以利用诸如位置数据之类的数据类型对一个人进行唯一的识别。另一方面,当数据记录呈稀疏分布时,必须添加大量的噪声来进行分组,以实现 k-anonymity。

现在我们来介绍所提到的攻击以及这些攻击的工作原理。如图 7.15 所示,这些攻击有一些先决条件。对于一些攻击,如同质性攻击,它们若要工作,敏感属性值必须与 k-anonymity 数据集中组内的其他记录相同。如图 7.16 所示,假设 Alice 知道她的邻居 Bob 已经住进了医院,他们的居住地邮编都是 33718,她还知道 Bob 今年 36 岁。有了这些信息,Alice 就可以推断出 Bob 可能得了癌症。这被称为*同质性攻击(Homogeneity Attack)*,即攻击者使用已有的信息来查找某个人的一组记录。

另外一种情况可能会导致背景知识攻击(*Background Knowledge Attack*),即攻击者可使用外部背景信息来识别数据集中的个体(见图 7.17)。假设 Alice 有一个日本朋友 Sara,她今年 26 岁,目前居住地邮编为 33613,并且她还知道日本人的心脏病死亡率非常低。鉴于此,她可以得出她的朋友很可能患上了病毒感染的结论。

如你所见,我们可以通过增加等价组内敏感值的多样性来防止由属性披露问题所导致的攻击。

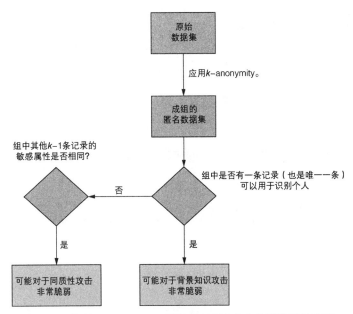

图 7.15　解释 *k*-anonymity 可能导致不同攻击的缺陷的流程图

*	337**	>35	*	Cancer	*
*	337**	>35	*	Cancer	*
*	337**	>35	*	Cancer	*
*	337**	>35	*	Cancer	*

同质性攻击

Alice知道她的36岁的邻居
(Bob)已被送往医院，
而且他们都住在33718区。

图 7.16　同质性攻击

*	336**	<30	*	Heart disease	*
*	336**	<30	*	Heart disease	*
*	336**	<30	*	Viral infection	*
*	336**	<30	*	Viral infection	*

背景知识攻击

Alice知道她的朋友Sara今年26岁
并且住在33613区。另外她知道Sara
来自日本，且日本是全世界冠心病
(CHD)死亡率最低的国家。

图 7.17　背景知识攻击

7.4.3　在 Python 中实现 *k*-anonymity

现在让我们在代码中实现 *k*-anonymity。为此，我们将使用 Python 中的 `cn-pro-tect` 包[4]。（在出版的时候，CN-Protect 库已经被 Snowflake 收购了，该库已经不再对公众开放。）可以使用下面的 `pip` 代码来安装它：

```
pip install cn-protect
```

一旦安装好，就可以加载清洗版本的美国人口普查数据集以及下面列出的软件包。这个版本的数据集可以在代码库中下载（http://mng.bz/eJYw）。

```
import pandas as pd
import matplotlib.pyplot as plt
import seaborn as sns
from cn.protect import Protect
sns.set(style="darkgrid")

df = pd.read_csv('./Data/all.data.csv')

df.shape
df.head()
```

计算结果如图 7.18 所示。

	age	workclass	fnlwgt	education	education-num	marital-status	occupation	relationship	race	sex	capital-gain	capital-loss	hours-per-week	native-country	salary
0	39	State-gov	77516	Bachelors	13	Never-married	Adm-clerical	Not-in-family	White	Male	2174	0	40	United-States	<=50k
1	50	Self-emp-not-inc	83311	Bachelors	13	Married-civ-spouse	Exec-managerial	Husband	White	Male	0	0	13	United-States	<=50k
2	38	Private	215646	HS-grad	9	Divorced	Handlers-cleaners	Not-in-family	White	Male	0	0	40	United-States	<=50k
3	53	Private	234721	11th	7	Married-civ-spouse	Handlers-cleaners	Husband	Black	Male	0	0	40	United-States	<=50k
4	28	Private	338409	Bachelors	13	Married-civ-spouse	Prof-specialty	Wife	Black	Female	0	0	40	Cuba	<=50k

图 7.18　导入数据集的前几条记录

使用 `Protect` 类，首先定义准标识符：

```
prot = Protect(df)
prot.itypes.age = 'quasi'
prot.itypes.sex = 'quasi'
```

可以使用 `prot.itypes` 命令来查看属性的类型，如图 7.19 所示。

现在是时候设置隐私参数了，这个例子使用了 *k*-anonymity，所以我们可以将 *k* 值设为 5：

```
age               QUASI
workclass         INSENTIVE
fnlwgt            INSENTIVE
education         INSENTIVE
education-num     INSENTIVE
marital-status    INSENTIVE
occupation        INSENTIVE
relationship      INSENTIVE
race              INSENTIVE
sex               QUASI
capital-gain      INSENTIVE
capital-loss      INSENTIVE
hours-per-week    INSENTIVE
native-country    INSENTIVE
salary            INSENTIVE
dtype: object
```

图 7.19　定义准标识符的数据集属性

```
prot.privacy_model.k = 5
```

设置后，可以通过 `prot.privacy_model` 命令查看结果。其结果应该如下：

```
<KAnonymity: {'k': 5}>
```

可以通过以下代码片段观察生成的数据集（请参见图 7.20）：

```
prot_df = prot.protect()
prot_df
```

	age	workclass	fnlwgt	education	education-num	marital-status	occupation	relationship	race	sex	capital-gain	capital-loss	hours-per-week	native-country	salary
0	*	State-gov	77516	Bachelors	13	Never-married	Adm-clerical	Not-in-family	White	Male	2174	0	40	United-States	<=50k
1	*	Self-emp-not-inc	83311	Bachelors	13	Married-civ-spouse	Exec-managerial	Husband	White	Male	0	0	13	United-States	<=50k
2	*	Private	215646	HS-grad	9	Divorced	Handlers-cleaners	Not-in-family	White	Male	0	0	40	United-States	<=50k
3	*	Private	234721	11th	7	Married-civ-spouse	Handlers-cleaners	Husband	Black	Male	0	0	40	United-States	<=50k
4	*	Private	338409	Bachelors	13	Married-civ-spouse	Prof-specialty	Wife	Black	Female	0	0	40	Cuba	<=50k
...	...	...	...	...	...	...	...	...	...	...	...	...	...	...	...
48837	*	Private	215419	Bachelors	13	Divorced	Prof-specialty	Not-in-family	White	Female	0	0	36	United-States	<=50k
48838	*	?	321403	HS-grad	9	Widowed	?	Other-relative	Black	Male	0	0	40	United-States	<=50k
48839	*	Private	374983	Bachelors	13	Married-civ-spouse	Prof-specialty	Husband	White	Male	0	0	50	United-States	<=50k
48840	*	Private	83891	Bachelors	13	Divorced	Adm-clerical	Own-child	Asian-Pac-Islander	Male	5455	0	40	United-States	<=50k
48841	*	Self-emp-inc	182148	Bachelors	13	Married-civ-spouse	Exec-managerial	Husband	White	Male	0	0	60	United-States	>50k

48842 rows × 15 columns

图 7.20　一个 5-anonymity 美国人口普查数据集

仔细观察由此产生的年龄和性别属性,该数据集现在是 5-anonymity 的。你还可以通过更改参数尝试以上操作。

练习 2

考虑这样一个场景,数据挖掘应用程序涉及来自按揭贷款公司的以下贷款信息数据库。假设表 7.2 所示的数据集具有许多属性(包括按揭历史、贷款风险因素等)和记录(尽管该表只显示了其中的一些属性)。此外,该数据集已经是 2-anonymity 的($k=2$)。

表 7.2　简化的员工数据库

序号	姓名	年龄	邮政编码	Borrower race	Borrower income
1	*	21—40	336 * *	Black or African American	65k
2	*	31—40	34 * * *	Asian	80k
3	*	31—40	34 * * *	White	85k
4	*	21—40	336 * *	Black or African American	130k

现在试着回答以下问题,以判断这个匿名的数据集是否仍然泄露了一些重要的信息:

- 假设 John 知道他的邻居 Alice 申请了按揭贷款,而他们居住地的邮政编码都为 33617,John 能推断出什么信息?
- 如果 Alice 是一个非裔美国女性,John 还能学到什么额外的信息呢?
- 你会如何保护这个数据集,使 John 不能学习到除 Alice 的邮政编码和种族之外的任何东西?

总结

- 与以往任何时候相比,在数据挖掘和管理中采用隐私保护技术并不是一个选择问题,对于如今的数据驱动应用来说,隐私保护技术是必需的。
- 数据挖掘中的隐私保护可以通过使用不同的噪声添加技术修改输入数据来实现。
- 在发布数据时,可以使用不同的数据清洗操作(泛化、抑制、扰动、解构),以保护数据挖掘应用中的隐私。
- 可以根据应用的需求以不同的方式实现数据清洗操作。
- k-anonymity 是一种被广泛应用的可在数据挖掘操作中实现的隐私模型。它允许我们应用各种清洗操作,同时能保证灵活性。
- 虽然 k-anonymity 是一种强大的技术,但它也有一些直接和间接的缺点。
- 在同质性攻击中,攻击者使用已有的信息来查找属于某个人的一组记录。
- 在背景知识攻击中,攻击者使用外部背景信息来识别数据集中的个体。

8

隐私保护数据管理和操作

本章内容：

- 广泛用于数据发布的隐私模型
- 数据库系统中的隐私威胁和漏洞
- 数据库管理系统中的隐私保护策略
- 实现隐私保护数据库系统时的数据库设计注意事项

前一章我们讨论了可用于数据挖掘操作的不同隐私增强技术，以及如何实现 k-anonymity 隐私模型。本章我们将探讨由学术界提出的另一组隐私模型，以弥补 k-anonymity 模型的缺陷。本章的最后将讨论数据管理技术的最新发展，如何在数据库系统中使用这些隐私机制，以及在设计隐私增强的数据库管理系统时应考虑什么。

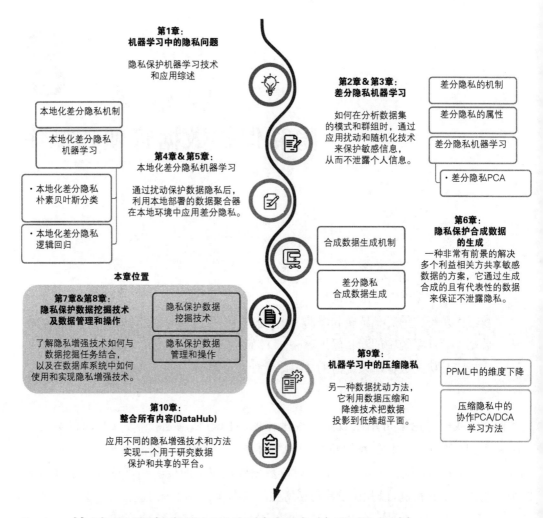

8.1 快速回顾数据处理和挖掘中的隐私保护

数据分析和挖掘工具旨在从收集的数据集中提取有意义的特征和模式,因为在数据挖掘中直接使用原始数据可能会导致不必要的数据隐私侵犯。因此我们可以使用不同的数据清洗操作最小化隐私信息的泄露。为此第 7 章和本章的讨论涵盖了两个特定方面,如图 8.1 所示:

- *数据处理和挖掘*(*Data Processing and Mining*)——对收集的信息进行处理和分析时使用的工具和技术。

- *数据管理*(*Data Management*)——在不同数据处理应用中被用于保存、存储和提供收集到的信息的方法和技术。

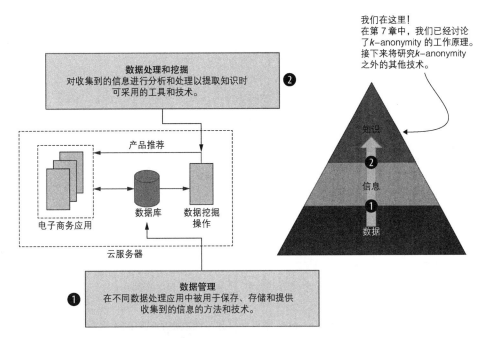

图 8.1 数据挖掘和数据管理过程中的隐私保护涉及两个主要方面，本章将对这两个不同的方面进行阐述

目前为止我们已经讨论了不同的清洗操作，它们在 Python 中的实现，以及它们在 k-anonymity 隐私模型中的使用。下一节我们将继续讨论 k-anonymity 之外的其他流行的隐私模型。

8.2 k-anonymity 之外的隐私保护

k-anonymity 是一种非常强大且简单的技术，可以在多种场景中使用它来保护数据挖掘操作中的隐私。然而正如前一章所讨论的，k-anonymity 并不是在所有情况下都有效，如图 8.2 的流程图所示。它容易受到不同的攻击，如同质性攻击和背景知识攻击（详见第 7.4.2 节）。接下来我们来扩展关于隐私保护的讨论，看看如何弥补这些缺陷。

如图 8.2 所示，即使在匿名化后，如果可以使用单个记录识别一个人，则它可能导致背景知识攻击或同质性攻击。

8.2.1 *l*-diversity

由于 k-anonymity 的限制，Machanavajjhala 等人在 2007 年引入了一种称为 *l*-diversity[1] 的新技术（如 light 中的"*l*"）。它是 k-anonymity 的扩展，其中 *l*-diversity 表示每个

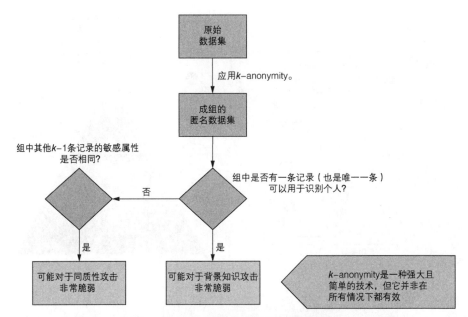

图 8.2　解释 k-anonymity 中可能导致不同攻击的缺陷的流程图

组必须至少有 l 个不同的敏感记录。与 k-anonymity 模型类似,增加 l 值会增加同一组中敏感值的可变性,使其对可能出现的隐私泄露更具有鲁棒性。

让我们来考虑在上一章中讨论的相同的医院数据集场景,并以 k-anonymity 为例,如图 8.3 所示。

Name	Zip code	Age	Gender	Disease	Religion
*	336**	31-40	*	Seasonal flu	*
*	336**	31-40	*	Cancer	*
*	34***	21-40	*	Viral infection	*
*	34***	21-40	*	Viral infection	*

图 8.3　k-anonymity 的一个例子($k=2$)

这些数据记录已经是 2-anonymity($k=2$)的,但是如果攻击者知道 Alice 居住在邮政编码为 34317 的地区,他们可以很容易地将搜索空间减少到最后两行。此外即使攻击者无法区分哪条记录属于 Alice,他们依旧可以很容易地推断出 Alice 感染了病毒。问题在于该组中的所有患者都有相同的准标识符,它会泄露隐私信息。

l-diversity 的基本方法是确保每个组至少有 1 个不同的敏感值,这样就很难识别任何一个人。将图 8.3 中的数据集设为 2-diversity($l=2$)。如图 8.4 所示,每组现在至少有两个不同的敏感值。例如第一条和第四条记录属于同一组,邮政编码为 3＊＊＊,年龄为 21～40 岁,但他们有两种不同的疾病(季节性流感和病毒感染)。第二条和第三条记录也属于同一组,但有两种不同的疾病,因此无法区分哪条记录属于哪位患者。因此利用现有信息,攻击者很难知道哪条记录与 Alice 对应,也难以得知 Alice 患的是什么疾病。

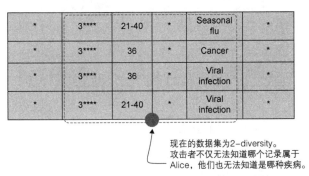

图 8.4 图 8.3 中例子的 2-diversity($l=2$)版本

它泄露了什么信息?

除了 k-anonymity 之外的隐私保证,l-diversity 还受到许多限制:

- *多样化的数据仍然会泄露一些敏感信息*——虽然有了 l-diversity 的数据,但在某些情况下敏感信息仍然可能泄露。考虑与图 8.5 的例子中相同的医院数据集场景,其满足 2-diversity。

*	33***	21-30	*	Seasonal flu	*
*	33***	21-30	*	Viral infection	*
*	32***	31-40	*	Melanoma	*
*	32***	31-40	*	Basal cell carcinoma	*

图 8.5 l-diversity 如何泄露敏感信息

假设攻击者知道 35 岁的 Bob 住在邮政编码为 32317 的区域,那么他可以通过 Bob 患有黑色素瘤(Melanoma)或基底细胞癌(Basal Cell Carcinoma)的条件减少搜索范围。根据这些信息,攻击者可以推断出 Bob 有可能患有皮肤癌,因此仍泄露了一些隐私信息。

- *概率分布也可能泄露一些信息*——在某些情况下即便使用具有 l-diversity 的数据集,其概率分布也可能泄露一些信息,使数据集容易受到攻击者的攻击。

上述侵犯隐私的行为被称为*偏斜性攻击*（*Skewness Attack*）。

思考图 8.6 中所示的一组数据。你所看到的是一个 2-diversity 数据集，但是如果有一个攻击者知道 27 岁的 Bob 住在邮政编码为 33617 的区域，即使此时他不知道 Bob 是病毒感染还是心脏病，但根据数据分布，攻击者知道 Bob 患心脏病的概率更高。

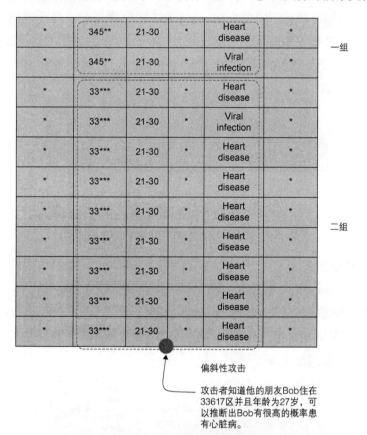

*	345**	21-30	*	Heart disease	*	一组
*	345**	21-30	*	Viral infection	*	
*	33***	21-30	*	Heart disease	*	
*	33***	21-30	*	Viral infection	*	
*	33***	21-30	*	Heart disease	*	
*	33***	21-30	*	Heart disease	*	
*	33***	21-30	*	Heart disease	*	二组
*	33***	21-30	*	Heart disease	*	
*	33***	21-30	*	Heart disease	*	
*	33***	21-30	*	Heart disease	*	
*	33***	21-30	*	Heart disease	*	

偏斜性攻击

攻击者知道他的朋友Bob住在33617区并且年龄为27岁，可以推断出Bob有很高的概率患有心脏病。

图 8.6　概率分布同样有可能泄露某些信息

可以看到在一个数据集中拥有一组不同的属性是不够的，所以还需要平衡类内的数据分布。

"类内"是什么意思？

等价类是属于同一组的一组记录。例如图 8.6 第二组中的所有九条记录都属于同一个邮政编码和年龄类别，第一组中的记录也具有类似的属性。这些不同的组可以称为类，我们可以使用类内数据分布来找出它们的统计特性。

8.2.2　*t*-closeness

从 *l*-diversity 方法的缺陷中吸取教训后,Li 等人提出了另一种称为 *t*-closeness 的隐私模型[2],以防止由分布偏斜性导致的隐私泄露问题。*t*-closeness 背后的思想是使每个组(等价类)中敏感记录的分布与原始数据集中的相应分布足够接近。换句话说,根据 *t*-closeness 原则,原始数据集中属性的分布与组内相同属性分布之间的距离应小于或等于 *t*。

设 $X=(x_1,x_2,\cdots,x_n)$ 是原始数据集中敏感属性值的分布,$Y=(y_1,y_2,\cdots,y_n)$ 是所选组中相同属性值的分布。为了使这两个分布满足 *t*-closeness,以下方程必须成立:

$$\text{Dist}(X,Y)\leqslant t$$

下面用另一个 3-diversity 的数据集的例子来考虑之前的医院数据挖掘场景,如图 8.7 所示。

No	Name	Zip code	Age	Gender	Disease	Religion	
1	*	336**	2*	*	Gastric ulcer	*	
2	*	336**	2*	*	Gastritis	*	一组
3	*	336**	2*	*	Stomach cancer	*	
4	*	3390*	>40	*	Gastritis	*	
5	*	3390*	>40	*	Viral flu	*	二组
6	*	3390*	>40	*	Bronchitis	*	
7	*	336**	3*	*	Bronchitis	*	
8	*	336**	3*	*	Pneumonia	*	三组
9	*	336**	3*	*	Stomach cancer	*	

图 8.7　易受偏斜性攻击的 3-diverse 数据集示例

如图 8.7 所示,数据集有三个不同的组,每个组中有三条不同的记录。然而它仍然容易受到在上一节中讨论的偏斜性攻击。假设攻击者已经知道他朋友 Bob 的记录属于第一组,那么他可以推断出 Bob 患有一些与胃有关的疾病,因为第一组中的所有疾病都与胃有关。因此特定级别的多样性可能会提供不同级别的隐私——我们需要考虑数据的整体分布。

我们尝试将此数据集转换为 *t*-closeness 版本。正如本节开头提到的,*t*-closeness 依赖于概率分布之间的距离。测量两个概率分布之间的距离可采取不同的方法,但在实践

中 t-closeness 使用距离度量,如推土机距离(Mover Distance,也称为 Wasserstein 度量)、Kullback-Leibler 距离或 variational 距离。

什么是推土机距离?

推土机距离(EMD)是一种评估两种数学分布之间相似性的技术。假设有一个叫做"洞穴"的分布和另一个叫做"土元素"的分布,EMD 的想法是通过向洞穴移动土元素来填充洞穴,通过用一单位的土乘以一单位的地面距离来测量填充洞穴所需的最小工作量。

假设 $\boldsymbol{P}=(p_1,p_2,\cdots,p_m)$ 是土元素的权重,$\boldsymbol{Q}=(q_1,q_2,\cdots,q_m)$ 表示洞穴。$\boldsymbol{P}$ 的第 i 个元素和 $\boldsymbol{Q}$ 的第 j 个元素之间的地面距离可以表示为 d_{ij}。

用于最小化总代价的流量 $\boldsymbol{F}=[f_{ij}]$(其中 f_{ij} 是 p_i 和 q_j 之间带权重的流量)可以被定义为[2]:

$$WORK(\boldsymbol{P},\boldsymbol{Q},\boldsymbol{F}) = \sum_{i=1}^{m}\sum_{j=1}^{m} f_{ij}d_{ij}$$

受以下限制:

$$f_{ij} \geqslant 0 \quad 1 \leqslant i \leqslant m, \ 1 \leqslant j \leqslant m$$

$$p_i - \sum_{j=1}^{m} f_{ij} + \sum_{j=1}^{m} f_{ji} = q_i \quad 1 \leqslant i \leqslant m$$

$$\sum_{i=1}^{m}\sum_{j=1}^{m} f_{ij} = \sum_{i=1}^{m} p_i = \sum_{j=1}^{m} q_i = 1$$

一旦解决了运输问题并找到了最佳流量 $\boldsymbol{F}$,将 EMD 可定义为总流量归一化的工作量,如下所示:

$$EMD(\boldsymbol{P},\boldsymbol{Q}) = \frac{\sum_{i=1}^{m}\sum_{j=1}^{m} f_{ij}d_{ij}}{\sum_{i=1}^{m}\sum_{j=1}^{m} f_{ij}}$$

通过一个例子来了解 EMD 是如何工作的。

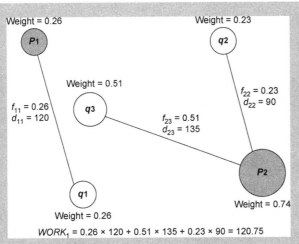

运输问题中计算流量的一种可能安排

如你所见,P 和 Q 的权重之和是 1。然而这只是一种可能的流量,可能存在另一个优化流量,如下所示。

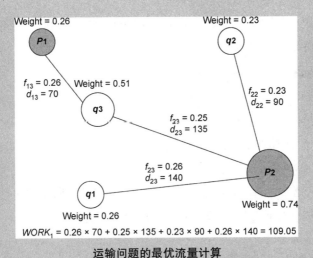

运输问题的最优流量计算

现在已经找到了最佳流量,$EMD(P,Q)=109.05$。

如图 8.8 所示,考虑同一数据集的匿名 t-closeness 方法。由于攻击者无法清楚地辨别 Bob 是否患有与胃部相关的疾病，因此避免了偏斜性攻击。

为了使组内数据不同，
一些属性被重新排列和匿名化。

1	*	3361*	<40	*	Gastric ulcer	*
8	*	3361*	<40	*	Pneumonia	*
3	*	3361*	<40	*	Stomach cancer	*
4	*	3390*	>40	*	Gastritis	*
5	*	3390*	>40	*	Viral flu	*
6	*	3390*	>40	*	Bronchitis	*
7	*	3363*	<40	*	Bronchitis	*
2	*	3363*	<40	*	Gastritis	*
9	*	3363*	<40	*	Stomach cancer	*

一组（第1、8、3行）
二组（第4、5、6行）
三组（第7、2、9行）

记录2和8已经被交换以防止偏斜性攻击。

图 8.8　如何使用 t-closeness 来防止偏斜性攻击

这里最重要的一点是我们改变了（泛化和抑制）邮政编码和年龄属性，允许交换记录 2 和 8，从而很难确定每组中的疾病。

8.2.3　用 Python 实现隐私模型

现在让我们在 Python 中进行这些隐私模型的相关试验。我们将使用 Barry Becker 最初从 1994 年美国人口普查数据库中提取的成人数据集[3]，该数据集包含 15 个不同的属性，我们将研究如何使用 k-anonymity、l-diversity 和 t-closeness 对其进行隐私保护。（此代码的灵感来自 N. Prabhu 在 GitHub 上的代码[4]）。

首先需要导入必要的库，如果你已经熟悉以下软件包，那么你可能已经安装了所有软件包。如果不熟悉以下安装包，请使用 pip 命令安装它们。

列表 8.1　准备数据集

```
pip install sklearn-pandas

import pandas as pd
import matplotlib.pylab as pl
import matplotlib.patches as patches

from IPython.core.interactiveshell import InteractiveShell
InteractiveShell.ast_node_interactivity = "all"
```

一旦所有东西都安装好了，
将以下软件包导入到环境中。

启用shell以
显示所有输出。

```
names = ('age', 'workclass', 'fnlwgt', 'education', 'education-num',
         'marital-status', 'occupation', 'relationship',
         'race', 'sex', 'capital-gain', 'capital-loss',
         'hours-per-week', 'native-country', 'income',)

categorical = set((('workclass', 'education', 'marital-status',
                    'occupation', 'relationship', 'sex',
                    'native-country', 'race', 'income',)))

df = pd.read_csv("./Data/adult.all.txt",
                 sep=", ", header=None, names=names,
                 index_col=False, engine='python')

df.head()              ⟵————— 打印表头。
df.nunique()
```

定义表头名称和分类属性。

数据集包含 48 842 条记录和 15 个不同的分类属性，如图 8.9 所示。

	age	workclass	fnlwgt	education	education-num	marital-status	occupation	relationship	race	sex	capital-gain	capital-loss	hours-per-week	native-country	income
0	39	State-gov	77516	Bachelors	13	Never-married	Adm-clerical	Not-in-family	White	Male	2174	0	40	United-States	<=50k
1	50	Self-emp-not-inc	83311	Bachelors	13	Married-civ-spouse	Exec-managerial	Husband	White	Male	0	0	13	United-States	<=50k
2	38	Private	215646	HS-grad	9	Divorced	Handlers-cleaners	Not-in-family	White	Male	0	0	40	United-States	<=50k
3	53	Private	234721	11th	7	Married-civ-spouse	Handlers-cleaners	Husband	Black	Male	0	0	40	United-States	<=50k
4	28	Private	338409	Bachelors	13	Married-civ-spouse	Prof-specialty	Wife	Black	Female	0	0	40	Cuba	<=50k

图 8.9 美国人口普查数据集的前几项记录

我们可通过查看每一列来查找值范围，如以下列表所示。

列表 8.2 查找值范围

```
for name in categorical:          ⟵————— 将它们分类。
    df[name] = df[name].astype('category')

def get_spans(df, partition, scale=None):     ⟵————— 获取值范围。

    spans = {}
    for column in df.columns:
        if column in categorical:
            span = len(df[column][partition].unique())
        else:
            span = df[column][partition].max()-df[column][partition].min()
        if scale is not None:
            span = span/scale[column]
        spans[column] = span
        print("Column:", column, "Span:", span)
    return spans

full_spans = get_spans(df, df.index)
```

现在对数据集进行分区。本例是 k-anonymity 的且 $k=3$，使用 age 和 education-num 属性作为准标识符。

列表 8.3　对数据集进行分区

```
def split(df, partition, column):          ◄──┐
    dfp = df[column][partition]               │  根据类别与否分割数据框。
    if column in categorical:
        values = dfp.unique()
        lv = set(values[:len(values)//2])
        rv = set(values[len(values)//2:])
        return dfp.index[dfp.isin(lv)], dfp.index[dfp.isin(rv)]
    else:
        median = dfp.median()
        dfl = dfp.index[dfp < median]
        dfr = dfp.index[dfp >= median]
        return (dfl, dfr)

def is_k_anonymous(df, partition, sensitive_column, k=3):   ◄──┐
    if len(partition) < k:                                      │  检查它是否为
        return False                                            │  k-anonymous (k=3)。
    return True

def partition_dataset(df, feature_columns, sensitive_column,
    ➡ scale, is_valid):            ◄──┐  对数据集进行分区。
    finished_partitions = []
    partitions = [df.index]
    while partitions:
        partition = partitions.pop(0)
        spans = get_spans(df[feature_columns], partition, scale)
        for column, span in sorted(spans.items(), key=lambda x:-x[1]):
            lp, rp = split(df, partition, column)
            if not is_valid(df, lp, sensitive_column) or
                ➡ not is_valid(df, rp, sensitive_column):
                    continue
            partitions.extend((lp, rp))
            break
        else:
            finished_partitions.append(partition)
    return finished_partitions

feature_columns = ['age', 'education-num']
sensitive_column = 'income'
finished_partitions = partition_dataset(df,
➡ feature_columns, sensitive_column, full_spans,
➡ is_k_anonymous)
```

现在数据集已经分区，接下来基于分区构建匿名数据集，如以下列表所示。

列表 8.4 构建匿名数据集

```
def agg_categorical_column(series):
    return [','.join(set(series))]

def agg_numerical_column(series):
    return [series.mean()]

def build_anonymized_dataset(df, partitions,
    ➥ feature_columns, sensitive_column, max_partitions=None):
    aggregations = {}
    for column in feature_columns:
        if column in categorical:
            aggregations[column] = agg_categorical_column
        else:
            aggregations[column] = agg_numerical_column
    rows = []
    for i, partition in enumerate(partitions):
        if i % 100 == 1:
            print("Finished {} partitions...".format(i))
        if max_partitions is not None and i > max_partitions:
            break
        grouped_columns = df.loc[partition].agg(aggregations,
        ➥ squeeze=False)

        sensitive_counts = df.loc[partition].groupby(
        ➥ sensitive_column).agg({
        ➥ sensitive_column : 'count'})
        values = grouped_columns.iloc[0].to_dict()
        for sensitive_value, count in
        ➥ sensitive_counts[sensitive_column].items():
            if count == 0:
                continue
            values.update({
                sensitive_column : sensitive_value,
                'count' : count,
            })
            rows.append(values.copy())
    return pd.DataFrame(rows)

dfn = build_anonymized_dataset(df, finished_partitions,
➥ feature_columns, sensitive_column)

dfn.head()        ◄──────────── 打印表头。
```

构建匿名
数据集。

生成的数据集如图 8.10 所示。

	age	education-num	income	count
0	17.000000	7.200599	<=50k	334
1	18.227876	7.283186	<=50k	451
2	18.227876	7.283186	>50k	1
3	21.000000	10.000000	<=50k	568
4	21.000000	10.000000	>50k	2

图 8.10 具有 *k*-anonymity 的匿名数据集

我们已经使用 k-anonymity 对数据集进行了匿名化,现在我们使用 l-diversity 进行匿名化。在下面的列表中我们采用的 l 的值为 2。

列表 8.5　使用 l-diversity 对数据集进行匿名化

```
def diversity(df, partition, column):
    return len(df[column][partition].unique())

def is_l_diverse(df, partition, sensitive_column, l=2):          检查它是否为
    return diversity(df, partition, sensitive_column) >= l        l-diversity（l=2）。

finished_l_diverse_partitions = partition_dataset(df,
➥   feature_columns, sensitive_column, full_spans,
➥   lambda *args: is_k_anonymous(*args) and is_l_diverse(*args))

column_x, column_y = feature_columns[:2]
df1 = build_anonymized_dataset(df, finished_l_diverse_partitions,
➥   feature_columns, sensitive_column)                            打印
                                                                  l-diversity
print(df1.sort_values([column_x, column_y, sensitive_column]))    输出。
df1.head()
```

生成的数据集如图 8.11 所示。

	age	education-num	income	count
0	17.706107	7.248092	<=50k	785
1	17.706107	7.248092	>50k	1
2	20.080607	9.000000	<=50k	1707
3	20.080607	9.000000	>50k	5
4	19.320276	10.000000	<=50k	1301

图 8.11　l-diversity 的匿名数据集

现在使用 t-closeness 对同一数据集进行匿名化,首先让我们来检查一下频率。

列表 8.6　检查频率

```
global_freqs = {}
total_count = float(len(df))
group_counts = df.groupby(sensitive_column)[sensitive_column].agg('count')
for value, count in group_counts.to_dict().items():
    p = count/total_count
    global_freqs[value] = p

print(global_freqs)          打印频率。
```

你可能会注意到收入≤50k 的总体概率为 0.76,而收入>50k 的概率为 0.24。基于上述概率我们可以使用 t-closeness 对该数据集进行匿名化。

列表 8.7 用 *t*-closeness 对数据集进行匿名化

```
def t_closeness(df, partition, column, global_freqs):    ◄——— 计算t-closeness。
    total_count = float(len(partition))
    d_max = None
    group_counts = df.loc[partition].groupby(column)[column].agg('count')
    for value, count in group_counts.to_dict().items():
        p = count/total_count
        d = abs(p-global_freqs[value])
        if d_max is None or d > d_max:
            d_max = d                                              检查敏感列是否
    return d_max                                                   为分类列。

def is_t_close(df, partition, sensitive_column, global_freqs, p=0.2):    ◄—
    if not sensitive_column in categorical:
        raise ValueError("this method only works for categorical values")
    return t_closeness(df, partition, sensitive_column, global_freqs) <= p

finished_t_close_partitions = partition_dataset(df,
➥ feature_columns, sensitive_column, full_spans,
➥ lambda *args: is_k_anonymous(*args)
➥ and is_t_close(*args, global_freqs))

dft = build_anonymized_dataset(df, finished_t_close_partitions,
➥ feature_columns, sensitive_column)    ◄————————
                                               构建匿名数据集。
#print the header
print(dft.sort_values([column_x, column_y, sensitive_column]))
dft.head()
```

生成的数据集如图 8.12 所示。

	age	education-num	income	count
0	26.697666	8.124394	<=50k	10248
1	26.697666	8.124394	>50k	677
2	25.747108	10.000000	<=50k	5617
3	25.747108	10.000000	>50k	520
4	29.434809	13.299485	<=50k	3385

图 8.12 *t*-closeness 的匿名数据集

8.3 通过修改数据挖掘的输出保护隐私

到目前为止我们已经讨论了两种主要的隐私保护数据挖掘技术：第一种是在收集信息时采用，第二种是在发布数据时（见图 8.13）采用。本节将介绍另一类重要的 PPDM，它与如何监管数据挖掘输出以保护数据隐私的技术有关。

通常的想法是确保数据挖掘的结果（输出值）不会泄露任何敏感信息。但问题是即使没有直接访问原始数据集，在重复提交查询时，有时数据挖掘算法的输出可能也会泄露敏感信息。

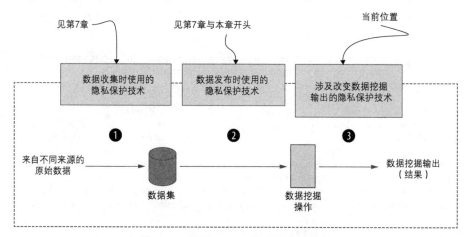

图 8.13　不同 PPDM 技术的高级概述

考虑一个组织机构的员工数据库已经被匿名化（使用 k-anonymity 等技术）的场景，不同的应用在该数据集上进行数据挖掘操作，以便做出预测性决策。

假设对一个给定查询采用数据挖掘算法，返回收入超过 100 000 美元且年龄为 25～35 岁的员工的所有记录。由于数据集已经被匿名化，我们无法知道这些员工的名字，但根据数据挖掘输出，通过他们的年龄和工资可以推断出这些员工可能有自己的车。这是一个简单的例子，但它强调了保护数据挖掘输出以确保个人隐私的重要性。

现在我们将研究为防止数据挖掘算法输出泄露隐私而开发的不同的隐私技术。

8.3.1　关联规则隐藏

关联规则（*Association Rule*）数据挖掘是一种流行的数据挖掘方法，可用于发现数据的模式和相关性。通常关联规则挖掘可用于探索数据的特征（属性的维度），例如哪些特征相互关联，哪些特征会同时出现。

例如，考虑一个正在对患者记录数据库进行数据挖掘的场景。这个数据集可以被挖掘，以找出已经患有疾病 A 的患者是否也可能患有疾病 B，这称为关联规则。如果患者患有疾病 A，他也可能患有疾病 B。另一个不同背景下的经典例子是，收入超过 100 000 美元且年龄在 25～35 岁之间的人是否有可能拥有房子。这就是关联规则数据挖掘的工作原理。通过匹配两个或多个属性之间的关联，从中获取新的发现。

一旦建立了关联规则，就可以使用称为支持度（*Support*）和置信度（*Confidence*）的两个重要参数评估规则的有效性。支持度是指有多少历史数据支持挖掘规则，而置信度是指对已建立规则的信心值。

问题是其中一些规则可能会明确泄露个人的隐私信息。前面涉及收入和年龄的例子可以揭示拥有房屋的个人的年收入，这可能是不应该被泄露的隐私信息。

关联规则隐藏是一种允许对非敏感规则进行数据挖掘操作，同时防止使用敏感规则的技术。关联规则隐藏的典型方法是使用数据抑制操作删除与敏感规则相关联的数据记录，例如上述示例中的收入属性将被清洗，数据挖掘的输出中不包含该属性。然而采用这种方式也可能会隐藏大量的非敏感规则，从而降低数据挖掘操作的可用性，因此人们提出了不同的优化解决方案。

可以将敏感属性替换为其他（有噪声的）值，而不是完全抑制敏感属性，以降低关联规则的支持度和置信度。例如在不完全抑制收入属性的情况下，可以在生成结果时添加一些噪声，这样就永远不会暴露原始值。正如本书第 2 章和第 3 章所讨论的，差分隐私是一种流行的能产生带有噪声的结果的方法。

8.3.2　降低数据挖掘操作的准确度

在某些情况下，攻击者可能会误导数据挖掘操作，泄露其他人的敏感信息。通常这些攻击用户会试图通过恶意输入来欺骗或误导系统。考虑以下场景实例，攻击者可以通过向疾病诊断机器学习服务提供其他人的医疗信息，以检查此人是否患有癌症。这称为*成员推理攻击*，是数据挖掘操作中的一种威胁。

在成员推理攻击中，攻击者试图推断出拥有黑盒访问权的 ML 模型训练过程中使用的个人原始记录。例如，假设攻击者要使用 Alice 的个人信息来确定记录是否在原始数据集中（训练集），为了达到这个目的，攻击者通常会使用由主模型预测结果构建的辅助 ML 模型。

如图 8.14 所示，给定 ML 模型、输入样本和攻击者的领域知识，成员推理攻击试图确定样本是否在用于构建 ML 模型的原始训练数据集中。这种攻击利用了在训练阶段模型预测产生的输出数据与未包含在训练集中的数据之间的差异性，通常这些攻击模型使用影子（攻击）模型进行训练，而这种影子（攻击）模型是由真实数据的噪声版本或从其他方法（如模型反演攻击）中提取的数据生成的（我们在 1.3 节讨论了这一点）。

在数据挖掘操作时，为了防止此类攻击，通常会使用降低准确度的方法（将准确度降低到一定程度）。然而每当准确度降低时，数据挖掘操作的结果就会变得不准确。因此这个想法是为了确保即便攻击者可以推断出额外的信息，也无法推断出准确的结论。

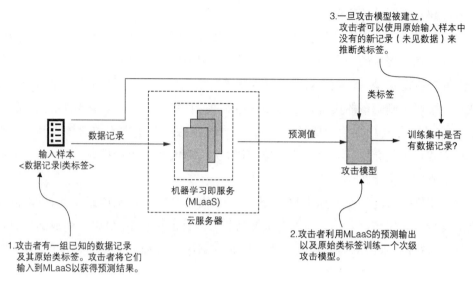

3. 一旦攻击模型被建立,
   攻击者可以使用原始输入样本中
   没有的新记录(未见数据)来
   推断类标签。

图 8.14　成员推断攻击的工作原理

8.3.3　统计数据库中的推理控制

规范数据挖掘输出以保护隐私的另一个重要方面是采用推理控制机制。当数据库中的数据记录频繁更新时,为每个数据挖掘操作生成单独的清洗数据集是一项挑战。因此组织机构有时会提供对原始数据集的有限制的访问,允许进行聚合等统计查询。

回顾第 7 章所讨论的电子商务示例,通常此类应用的后端数据库会进行非常频繁的更新,这使得维护一个经过清洗的当前版本的数据集变得困难。在实践中通常允许数据挖掘操作对原始未清洗的数据执行一组有限的统计查询(如 COUNT、MAX、SUM 等)。然而一些查询仍然可能会泄露敏感信息,因此通常会执行不同的推理控制机制。

如图 8.15 所示,在员工详细信息数据库中查询"Alex 的年龄是多少?"是不允许的,

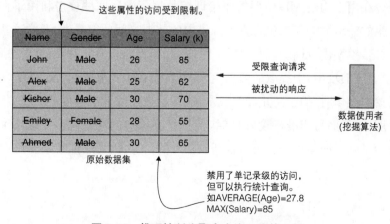

图 8.15　推理控制为聚合查询工作的示例

但可以查询到如"最高工资是多少"这样的问题的答案。这里的顾虑是有人可能会认为
CEO 是公司薪酬最高的员工,所以他们的工资是 85 000 美元。我们如何缓解这种顾虑?
最直接的答案是不返回确切的值,而返回一个范围作为答案。例如可以返回 50 000～
100 000 美元,而不是 85 000 美元,或者使用一些其他方法。8.4.4 节将讨论在统计数据
库上实现推理控制的最常见方法。

8.4　数据管理系统中的隐私保护

到目前为止我们已经讨论了不同的增强隐私的方法,特别是在数据挖掘操作中增强
隐私的方法。但是如果数据在源头泄露了怎么办? 接下来我们来了解如何在数据库级
别处理隐私问题。

回顾之前的电子商务应用示例。通常连接到电子商务应用(如亚马逊)的数据库可
以在几分钟内拥有数千笔交易或记录,所以显然需要一个数据库来管理这些信息。除了
管理高交易量之外,该应用还需要提供涉及数据挖掘的附加功能,如产品推荐。因此除
了简单的存储功能外,现代数据库系统还需要提供强大的数据挖掘功能。

随着组织机构越来越多地使用数据库系统,尤其是大数据,这些系统管理的信息安
全性变得更加重要。机密性(Confidentiality)、完整性(Integrity)和可用性(Availability)
被认为是数据安全性和隐私性的基础,但在现代数据库系统中实现这些特性仍然是一个
挑战。数据库基础设施从本地部署转移到基于分布式云的架构也增加了安全和隐私泄
露的风险,而且大多数组织机构不会将关键任务数据存储在云中,因为当数据存储在本
地时,安全性更高。因此数据库系统面临的新挑战是在不影响安全性的情况下,利用它
们为大数据应用提供最先进的性能优势。本节将讨论在设计可定制的数据库管理系统
以满足现代数据隐私需求时需要考虑的问题。

8.4.1　数据库安全和隐私:威胁和漏洞

在研究数据库系统如何集成隐私增强技术之前,我们先来快速了解一些保护数据的
通用技术。

行业目前采用的数据保护方案

让我们了解一下保护数据库系统安全性的现有解决方案。目前可用的大多数关系
数据库系统都配备了加密机制,用于保护静态和传输中的数据。这些加密技术有些用于
给定的数据库系统,有些被供应商应用。

透明数据加密(Transparent Data Encryption,TDE)是许多供应商用来保护静态数

据的技术。Oracle 数据库和 Microsoft SQL Server 是两个流行的关系数据库系统,都使用 TDE 作为主要的数据加密机制。它们通过对硬盘驱动器和备份介质上的数据库进行加密,实现文件级别的保护。然而许多 NoSQL 解决方案,如 Riak、Redis、Memcached 和 CouchDB,都是为了在安全可信的环境中工作而设计的,因此它们不提供加密机制。但是像 Cassandra 和 HBase 这样的 NoSQL 数据存储,其企业版本中包含了 TDE,以便为静态数据提供加密。

虽然对静态数据的保护是在数据库引擎中实现的,但同样重要的是,需要确保数据在交换时、在数据库服务器与客户端应用或同一簇内的其他节点之间进行通信时,依然可以得到保护。传统上大部分数据库系统都通过防火墙策略、操作系统配置或组织级虚拟专用网络(Virtual Private Networks,VPNs)来确保节点间通信的安全性,因为它们通常部署在本地可信环境中。然而现在数据存储越来越分散,其部署架构已经从本地基础设施转变为云基础设施,因此需要特殊的机制来确保传输中的数据得到保护。包括 No-SQL 和 NewSQL 在内的大部分数据库系统,现在都支持使用传输层安全协议(Transport Layer Security,TLS)对传输中的数据进行加密。

什么是传输层安全?

传输层安全协议(TLS)是一种被广泛采用的加密安全协议,可保证两个或多个通信计算机应用之间的隐私和数据安全。当今世界上 TLS 的主要用例是加密 web 应用和服务器之间的通信,例如加载网站的 web 浏览器。除此之外 TLS 还被用于许多其他应用中以加密通信,如电子邮件、消息传递和 IP 承载语音技术(Voice over IP,VoIP)。

隐私保障非常具有挑战性!

即使有了所有这些安全机制,在实际部署中确保数据隐私也是一项挑战。你可能已经注意到最新的数据库引擎没有提供任何类型的集成机制来保护数据免受安全或隐私攻击[5]。管理敏感信息的数据库系统中的大规模数据泄露对新技术的积极研究产生了影响,这些新技术旨在保护更多的信息,而不仅仅是目前数据库系统中已有的典型安全和隐私机制。

由于现代大数据应用的要求,人们还提出了使用强密码原语将数据安全地外包给第三方数据库服务器的各种协议,如全同态加密(Fully Homomorphic Encryption)、不经意随机访问机(Oblivious Random Access Machine,ORAM)、保序加密(Order-Preserving

Encryption)等[6]。然而最近的一些研究证明可以成功地攻击这些系统,尤其是可以成功地对加密数据库(Encrypted Databases,EDBs)进行攻击,说明这些系统仍然很脆弱[7-9]。因此如果计划部署一个新的数据驱动应用,那么必须深入了解数据库系统的性能和隐私权衡,包括不同的攻击策略。

8.4.2 现代数据库系统泄露隐私信息的可能性有多大?

现在我们已经了解了现有安全机制的一些背景知识,接下来将详细了解数据库系统是如何泄露隐私信息的。

数据库系统中最严重的威胁通常是主动攻击者,他们会对数据库服务器进行完全破坏并执行任意恶意数据库操作。例如数据库、系统管理员或云服务提供商通常可以不受限制地访问生产数据库,他们可以执行恶意操作并从数据库中推断出敏感信息,这样的攻击难以防御。

除了那些主动攻击者之外,还可能存在被动攻击者,他们不干扰数据库的功能,而是被动地观察数据库的所有操作,通常可以将他们归类为诚实但好奇的人。他们通常观察和分析数据使用者发出的查询,并观察查询是如何访问数据的。

这些威胁模式大多是抽象的理论,然而还有许多其他类型的数据泄露,例如通过数据库日志文件、虚拟机(Virtual Machine,VM)快照、应用核心转储等泄露数据。下一节我们将讨论针对数据库系统的各种可能攻击[5]。

8.4.3 对数据库系统的攻击

对数据库系统的攻击分为两大类:

- *对数据机密性的攻击*——大多数侵犯数据机密性的攻击,攻击者是诚实但好奇的人——一个可以通过某种方式访问数据库服务器或窃取服务器端通信的人。但是对于查询劫持攻击(Query Hijack Attacks),例如注入攻击(Injection Attacks),在数据库客户端或协议包装器处理 web 请求时,攻击者可以在客户端将恶意代码注入远程 web 访问请求中(通过 API)。
- *对数据隐私性的攻击*——大多数针对隐私泄露的攻击,攻击者可能是对数据库具有不受限制访问权限的合法数据使用者,如数据分析师。

总的来说,机密性控制可以防止机构手中的信息被未经授权的人使用。相反,隐私通过控制机构收集、维护和与他人共享信息来保护个人的权利。

本章的末尾将探讨一个定制的隐私保护数据库系统设计的注意事项,该系统可以根据用户的隐私要求进行定制。为了实现这一点,对这些攻击向量的影响的研究至关重要。

图 8.16 展示了一个典型的数据库服务器部署,并总结了可能的数据库攻击。数据泄露的可能方式有很多,甚至可能发生在数据库级别处理之前:在客户端的驱动器或包装器上,通信通道或服务器端的操作系统级别上。接下来我们来详细了解一下这些方式。

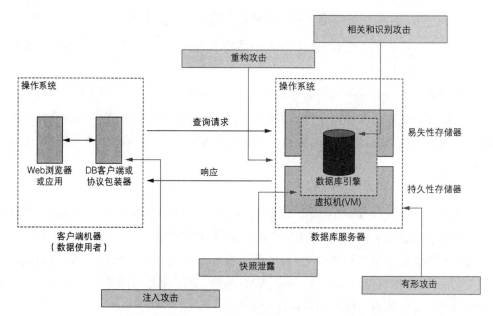

图 8.16　典型的数据库服务器部署

如图 8.16 所示,攻击导致的数据泄露可能发生在客户端、网络接口本身,甚至服务器端组件上。

针对数据机密性的攻击

第一类数据库攻击是基于攻击者破坏数据机密性能力的攻击,接下来我们来了解如何在日常应用中部署这些攻击:

- *注入攻击*(*Injection Attacks*)——SQL 注入是一种常见的攻击,其工作方式是将恶意代码插入基于 SQL 的查询语句中,应用将其传递给数据库客户端(在客户端计算机上)。大多数数据库会收集性能统计信息并将其存储在系统级诊断表中,这些诊断表可用于数据库调优和解决诊断的问题。有时这些表会保存当前所执行查询的时间戳列表(例如 MySQL 中的信息模式和性能模式数据库)。有了当前执行的查询列表,攻击者很容易获得其他用户的查询列表,甚至在 No-SQL 数据库中也有可能发生。一些研究表明攻击者可以绕过身份验证机制,通过注入恶意代码非法提取数据。

- **重构(泄漏滥用)攻击**[*Reconstruction（leakage-Abuse）Attacks*]——这是一种攻击者利用一些泄漏来恢复查询信息的攻击策略,这种攻击是基于查询访问模式和通信量的。

  基本上使用查询访问模式的重构攻击会涉及一台可获知特定查询返回哪些记录的服务器,而使用通信量的重构攻击涉及服务器获得查询时返回了多少记录。此外这些攻击甚至可能与加密数据库(EDB)有关。正如本节开头所了解到的,加密数据库是安全的数据库系统,其中的数据以加密的形式(而不是明文)存储,并且仍然可以查询。大多数 EDB 依赖某种属性保护加密(Property-Preserving Encryption,PPE)机制(例如确定性或保序加密),并能够执行各种数据库操作。但由于底层加密算法有弱点,这些解决方案仍然会泄露一些信息。

- **有形攻击**(*Concrete Attacks*)——另一种可能的攻击场景是窃取持久化存储(磁盘窃取,Disk Theft)。大多数符合 ACID 的数据库都使用磁盘上的日志文件来进行最近事务的回滚操作,通过使用标准的取证技术,这些日志文件可被用于重构数据库上执行过的查询事务。此外查询 SQL 执行时间的语句可能携带敏感信息,这些信息可以从支持复制事务的日志文件中提取。使用静态数据加密机制可以缓解这些攻击。

- **快照泄露**(*Snapshot Leaks*)——现代数据库系统被越来越多地部署在虚拟机(VM)上,因此它们面临着称为 VM 镜像泄漏(Image Leakage)攻击的威胁。在这种情况下,攻击者能获取虚拟机的快照镜像,从而使整个持久性或易失性内存的时间点状态泄露。此外,通过访问缓存中的各个页面,攻击者可以泄露有关过去执行的查询的信息。

- **全系统泄露**(*Full System Compromise*)——全系统泄露是一种攻击策略,涉及数据库系统的最高权限的获取,以及可对数据库和操作系统的状态进行完全访问。这可以是持续的被动攻击,也可以是主动攻击,但被动攻击更为常见。

针对数据隐私性的攻击

上文中我们已经讨论了一些针对数据机密性的攻击。然而当今我们面临的另一个主要问题是要将不同类型的数据集关联在一起,以揭示某个人的独特特征或敏感信息(也称为重识别)。一般来说,这些都是内部攻击,它们可以被分为两个子类:

- **相关攻击**(*Correlation Attacks*):相关攻击中,为了创建唯一且信息丰富的记录,数据集中的值是与其他信息源关联的。考虑有一个医院数据库和一个药房数据库的场景,如果一个发布的数据库列出了用户的药物处方信息,而另一个列出了用户带有去过的药店的信息,将它们关联起来可以得到诸如哪个患者从哪个药店购买了药物这样的信息。因此最终关联的数据集可以拥有关于每个用户的更多信息。

- *识别攻击*(*Identification Attacks*):当相关攻击试图自动关联两个数据集时,识别攻击试图通过关联数据库中的记录来查找特定个人的更多信息。因为它对个人隐私的影响更大,所以被认为是最具威胁性的数据隐私攻击类型。例如,假如雇主在药房客户数据库中搜索其员工的出现频率,这可能会泄露其员工的一些医疗和疾病信息。

数据匿名化或数据假名化技术可用于缓解这些攻击。数据集关联仍然是可行的,但从结果数据集中识别个人是困难的。下文我们将讨论如何在数据库系统(特别是统计数据库)中使用隐私增强技术来克服先前的威胁和漏洞。

8.4.4 统计数据库系统中的隐私保护技术

现在我们对攻击向量有了大致的了解,接下来研究如何在数据库系统中应用隐私保护。

通常统计数据库(SDB)系统可以使用户能够检索数据库中呈现的实体子集的聚合统计信息(例如计数、平均值、样本平均值等)。例如在公司数据库中查找员工的平均工资作为 SQL 查询是在数据库中执行的一个聚合统计查询。当今大部分数据驱动的应用都使用数据分析(通常称为*在线分析处理*,Online Analytical Processing,OLAP)进行决策。但正如我们已经了解到的,使用当前的数据安全方法在提供通用访问(针对内部用户)时无法保证个人隐私,尤其是对于数据库系统中的 OLAP 查询。访问控制策略等常见机制可用于限制对特定数据库的访问,然而一旦内部分析师访问了数据,这些策略就无法控制数据的使用方式。正如过去许多内部攻击所揭示的那样,允许不受限制地访问数据是隐私泄露的重要原因[10-12]。为统计数据库提供安全保障已经成为公众关注的问题。

学术界提出了几种防止统计数据库泄露的技术,主要可以分为两类:噪声添加以及数据或查询限制:

- *噪声添加技术*(*Noise Addition Techniques*):统计数据库中最常见的隐私保护方法是在输出查询结果中添加噪声。这种方法中数据库的所有数据都可以使用,但只返回近似值。噪声添加技术的主要焦点是通过添加一定程度的噪声来掩盖敏感数据的真实值,通常以一种可控的方式来平衡隐私和信息丢失之间的竞争需求。根据噪声的添加方式,这些技术可以被进一步分为:

1. *数据扰动方法*（*Data Perturbation Approach*）:这种方法中数据库的原始内容被一个扰动的数据库所取代,形成了统计查询,如图 8.17 所示。

姓名	性别	疾病	宗教信仰
John	Male	Viral infection	Christian
Alex	Male	TB	Christian
Kishor	Male	Cancer	Hindu
Emiley	Female	Viral infection	Christian
Ahmed	Male	Cancer	Muslim

原始数据集

统计数据库 （数据所有者）	数据扰动	由数据所有者生成的 扰动后的统计数据库	查询请求 扰动后的响应	数据使用者

姓名	性别	疾病	宗教信仰
Patient 1	Male	Viral infection	Rel A
Patient 2	Male	TB	Rel A
Patient 3	Male	Cancer	Rel C
Patient 4	Female	Viral infection	Rel A
Patient 5	Male	Cancer	Rel E

扰动后的数据集

图 8.17　数据扰动方法

2. *输出扰动方法*（*Output Perturbation Approach*）:使用输出扰动方法（如图 8.18 所示）对原始数据进行查询评估,在将单个结果发布给查询方之前,会将噪声添加（由数据库）到这些结果中,因此原始值永远不会被公开。这可以通过使用在本章开头讨论的数据匿名噪声添加技术来实现,然而值得注意的是,查询的最终准确度取决于添加了多少噪声。显然当噪声较高时隐私性更好,但过高的噪声会影响最终结果的准确度。

图 8.18 输出扰动方法

- *查询(或数据)限制技术*[*Query (or Data) Restriction Technique*]:查询或数据限制技术将数据清洗操作应用于查询结果(见图 8.19)。这些技术可以进一步细分为三种不同的方法:

  1. *全局记录*(*Global Recording*)方法通过将一个属性转换为另一个域的方式来确保隐私。例如,对于某人的年龄返回不是 26 岁,而是将年龄转换为一个范围值,返回诸如 20～30 这样某个范围的结果。

  2. *抑制应用*(*Application of Suppression*)的方法将属性的值替换为原始数据集中没有出现的值。这类似于 7.4 节中讨论的抑制技术,但并不是将记录完全删除,而是用另一个值替换它。为了找到替换值,首先需要在关注的属性中确定一个不可用的值。假设有一个定义为 Age=[20,23,35,…,42,26]的属性,并且假设列表中不包含值 33,那么值 33 可作为替换的候选值。

  3. *使用查询限制*(*Query Restriction*)技术,用户的查询要么得到准确回答,要么被拒绝。应该正确回答哪些查询取决于不同的参数,例如查询集大小、查询集重叠等。

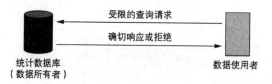

图 8.19 查询限制方法

现在我们已经讨论了可以在数据库系统上实现的不同隐私增强技术及其局限性,接下来继续来了解如何定制这些隐私技术。不同的应用有不同的隐私要求,因此在数据库系统中拥有一组可定制的隐私组件非常重要,这使得用户可以根据自己的需求配置隐私。下文将讨论如何设计一个隐私保护的数据库系统,并重点介绍主要的架构需求。

8.4.5 设计可定制的隐私保护数据库系统时应考虑什么?

由于各种原因,许多现代数据库系统不具备上述隐私增强技术。对于当今大多数数据库体系结构,在设计时设计者都考虑到了高可用性和性能,但没有考虑到隐私问题。因此除了体系结构设计级别的身份验证、授权和访问控制等安全原语之外,这些系统很难涵盖数据隐私。隐私保护会带来额外的效用代价,在数据库系统中实现隐私技术总是会涉及数据隐私和性能之间的权衡。

专门为支持隐私政策和标准而定制的数据库管理系统已经得到了研究,例如万维网联盟(World Wide Web Consortium,W3C)的隐私偏好计划平台(Privacy Preferences Project,P3P)。然而没有一家领先的数据库提供商能够提供一个切实可行的隐私保证数据库系统,因为这需要结合隐私增强技术和隐私保护数据挖掘技术。本节将简要讨论设计隐私保护数据库系统时所需的可靠的数据库体系结构的更改和要求。

总的来说,一旦收集了数据,信息系统强制履行隐私保障是至关重要的。因此设计这样的系统需要用到广泛的安全策略和其他清洗技术,接下来简单地了解一下。

保留一组丰富且与隐私相关的元数据

P3P 等机制通常要求数据使用者指定其检索数据的预期用途,以确保隐私。因此为了便于访问此类元数据,隐私保护的 DBMS 应该执行将隐私特定元数据(metadata)与数据一起存储的机制。例如,数据库中的一组数据属性可以具有指定预期用途的相关元数据,诸如数据是否要在内部使用,是否可以与其他属性结合等等。此外该元数据应该与一系列可能粒度的数据相关联,应该具有足够的灵活性并且不会降低数据存储的整体性能。

支持属性级访问控制机制

一个具有隐私保护的数据库系统应该支持数据属性级别的访问控制。大多数数据库系统(无论是 relational、NoSQL 还是 NewSQL)都配备了基于角色的访问控制(Role-Based Access Control,RBAC)机制,其中每个用户配置文件都被分配了预定义的角色,诸如管理员、最终用户或特殊用户。例如管理员可以拥有删除记录的权限,而最终用户可能只能添加或查看记录。类似的,所有分配了 HR 的用户都可以被授予访问工资单信息的权限,而其他用户则没有。但是 RBAC 并不提供用于隐私保障的与应用相关的用户配置文件,这些策略通常是为每个数据表(或集合)定义的,而不是基于属性的。因此有必要在隐私保护的 DBMS 中扩展对基于属性或基于目的的访问控制(Purpose-Based Access Control)机制的支持。

什么是基于属性的访问控制？（Attribute-Based Access）

与 RBAC 不同,基于属性的访问控制（ABAC）有大量可能的控制变量,称为"属性",这些变量在比 RBAC 更细粒度的基础上实现访问控制。这些属性可采用不同的形式,例如用户属性（user_name、user_id、role 等）、资源属性（resource_owner、creation_date、privacy_level 等）或环境属性（access_date_time、data_location、risk_level 等）。这些不同的属性允许 ABAC 提供更具细粒度的访问控制。

假设有一个 RBAC,所有 HR 角色的用户都可以访问数据库中的员工和工资单信息。使用 ABAC 可以进一步过滤信息,只有特定的分支机构或办公室才能访问工资信息,而其他的访问可能会受到限制。

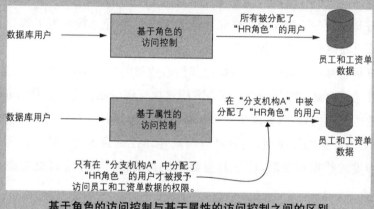

基于角色的访问控制与基于属性的访问控制之间的区别

实现对数据的细粒度访问控制

除了 ABAC 机制之外,对数据的细粒度访问控制也至关重要。

在传统的关系数据库系统中,访问控制的细粒度是通过数据库视图实现的。*视图*（*view*）是一个虚拟表,不存储数据,但可以像表一样对其进行查询。视图通常将数据库中的几个表或集合组合在一起,然后授予一组用户查询该数据的访问权限。但是视图仅限于一组受控的属性,用户不能修改此级别的数据,但这些数据可以用于挖掘任务。

为了实现隐私增强的 DBMS 解决方案,这些视图机制应该扩展到每个受保护的元组或元组集的级别,并且应该在每个用户的基础上实现这些机制。例如 HR 经理可以访问 HR 视图中的所有属性,而其他 HR 用户可能只能访问视图中的有限属性集。实现这一点最直接的方法是为每个用户或用户组创建新的或附加的视图,但这将导致资源消耗。因此数据库系统本身必须配备机制,以便在对数据的访问控制中提供这种细粒度。

什么是视图,它是如何工作的?

视图是表的存储聚合的结果,数据库用户可以查询视图,就像查询一个持久的集合对象一样,比如表。我们来简单介绍一个在 MongoDB 中通过连接两个表(在 MongoDB 中将其称为集合)来创建视图的示例。

例子中 viewName 是创建视图的名称,table1 和 table2 是要连接的表。对于 $ lookup,连接的条件是 table2.col1= table1.col1,在 $ project 中,参数为 0,我们强调从最终视图中删除 table1 的 col3 和 col4 以及 table2 的 col1 和 col3。

```
Db.createView("viewName", "table1",
    [{$lookup: {from: "table2", localField: "col1",
foreignField: "col1", as: "t2"}},
    {$project: {"col3": 0, "col4": 0, "t2.col1": 0, "t2.col3": 0}])
```

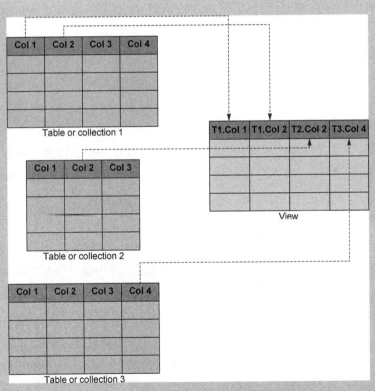

在 MongoDB 中生成视图

如何才能把图中所示的三个表都连接起来?

维护隐私保护信息流

另一个需要考虑的重要因素是在数据库系统内维护隐私保护数据流。在大多数分布式数据库系统中,数据在不同的域之间流动,因此与数据相关的所有隐私策略也要随数据在组织内或组织间流动是至关重要的。如果敏感数据是根据给定的隐私保障收集的,那么当数据传递给不同方时,执行这些限制也很重要。例如一个组织机构的分布式数据库系统之一可以位于世界各地,在全球范围内收集个人数据。每当从一个地区收集数据并将它传递到另一个地区时,都应采取相同的隐私保障措施。

防范内部攻击

合法的高特权用户滥用特权是对数据库系统最具威胁的攻击之一。虽然预防这种情况很有挑战性,但有几种方法可以缓解这种攻击。

最简单的方法是采用按用户分层的加密机制,以便每个用户都有自己的加密方法。其他用户仍然可以访问数据,但由于加密密钥不同,他们无法从中获得任何有价值的信息。然而,这会导致更多与数据库系统的实用性相关的问题。

另一种可能的选择是采用用户访问分析技术。一旦在数据库系统中定义了用户,就可以在机器学习技术的帮助下监控他们的档案,检测与他们常规活动不同的行为。如果有人正在访问未经授权的内容,这个行为可以被检测到。

我们已经讨论了可用于实际部署的数据保护方案,以及针对数据机密性和隐私性的各种攻击。第 10 章我们将使用这些概念来解释如何设计一个实用的隐私保护数据管理解决方案,但首先在第 9 章我们将研究机器学习的压缩隐私,这是扰动数据的另一种方法。

总结

- 有时 k-anonymity 隐私模型并不是数据挖掘应用中保护隐私的最佳解决方案。
- 通过在每组属性中设置 l 个不同的敏感记录,利用 l-diversity 可以缓解 k-anonymity 对同质性和背景知识攻击的敏感性。
- t-closeness 背后的思想是确保每个组(等价类)中敏感记录的分布与原始数据集中的相应分布足够接近,这可以防止属性公开的偏斜性分布。
- 可以修改数据挖掘算法的输出,以保护某些数据挖掘应用的隐私。
- 数据库系统中存在许多针对数据的机密性和隐私性的不同安全、隐私威胁和漏洞问题。
- 对数据库系统的攻击可以分为两大类:对数据机密性的攻击和对数据隐私性的

攻击。

- 在统计数据库系统中应用隐私保护技术可以缓解当今数据库系统中大多数的隐私威胁。

- 大多数现代数据库系统的设计都不是从数据隐私的角度出发，它们通常关注的是数据库的性能。

9

机器学习中的压缩隐私

> **本章内容：**
> - 了解压缩隐私
> - 介绍机器学习应用中的压缩隐私
> - 从理论上和实践中实现压缩隐私
> - 一种用于隐私保护机器学习的压缩隐私解决方案

在之前的章节中我们已经深入探讨了差分隐私、本地化差分隐私、隐私保护合成数据生成、隐私保护数据挖掘及其在设计隐私保护机器学习解决方案时的应用。我们来回顾一下，在差分隐私中，一个可信的数据管理者从个人那里收集数据，并通过向个人数据的聚合中添加经过精确计算的噪声来产生差分隐私结果。在本地化差分隐私中，个人在将数据发送给数据聚合器之前对其进行扰动以保护自己的数据，从而不需要由可信的数据管理者从个人那里收集数据。在数据挖掘中，我们探讨了在收集信息和发布数据时可以使用的各种隐私保护技术和操作，还讨论了监管数据挖掘输出的策略。隐私保护合成数据生成为隐私数据共享提供了一种有前途的解决方案，它可以生成合成但具有代表性的数据，然后在多方之间实现安全共享。

本书讨论过的大多数技术都是基于差分隐私（DP）的定义的技术，这些技术不会对攻击者的能力做出任何假设，因此提供了极强的隐私保证。然而，为了实现这种强隐私保证，基于 DP 的机制通常会向隐私数据添加过多的噪声，从而会在某种程度上导致可用性下降。这使得 DP 方法无法被用于许多真实世界中的应用中，特别是使用机器学习（ML）

或深度学习的实际应用。这促使我们探索其他基于扰动的隐私保护方法。压缩隐私(Compressive Privacy, CP)是另一种我们可以考虑的方法,本章将探讨压缩隐私的概念、机制和应用。

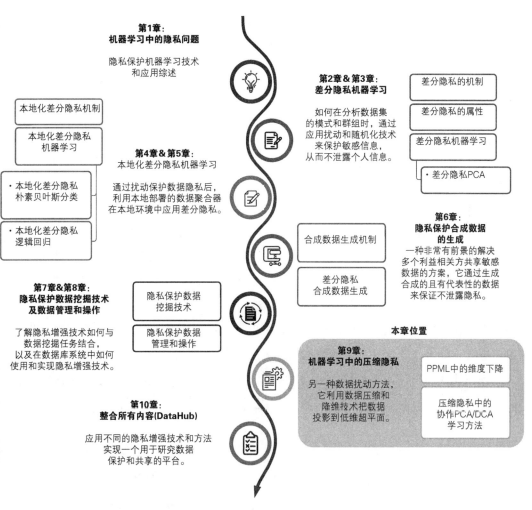

第1章:
机器学习中的隐私问题

隐私保护机器学习技术和应用综述

本地化差分隐私机制

本地化差分隐私机器学习

第2章 & 第3章:
差分隐私机器学习

如何在分析数据集的模式和群组时,通过应用扰动和随机化技术来保护敏感信息,从而不泄露个人信息。

差分隐私的机制

差分隐私的属性

差分隐私机器学习

• 差分隐私PCA

• 本地化差分隐私朴素贝叶斯分类

• 本地化差分隐私逻辑回归

第4章 & 第5章:
本地化差分隐私机器学习

通过扰动保护数据隐私后,利用本地部署的数据聚合器在本地环境中应用差分隐私。

第6章:
隐私保护合成数据的生成

一种非常有前景的解决多个利益相关方共享敏感数据的方案,它通过生成合成的且有代表性的数据来保证不泄露隐私。

合成数据生成机制

差分隐私合成数据生成

第7章 & 第8章:
隐私保护数据挖掘技术及数据管理和操作

了解隐私增强技术如何与数据挖掘任务结合,以及在数据库系统中如何使用和实现隐私增强技术。

隐私保护数据挖掘技术

隐私保护数据管理和操作

本章位置

第9章:
机器学习中的压缩隐私

另一种数据扰动方法,它利用数据压缩和降维技术把数据投影到低维超平面。

PPML中的维度下降

压缩隐私中的协作PCA/DCA学习方法

第10章:
整合所有内容(DataHub)

应用不同的隐私增强技术和方法实现一个用于研究数据保护和共享的平台。

9.1　压缩隐私介绍

压缩隐私(CP)是一种通过压缩和降维(DR)技术将数据投影到低维超平面,以此来扰动数据的方法。为了更好地理解 CP 的概念和优点,我们将其与在第 2 章中所讨论的差分隐私(DP)的概念进行比较。

根据 DP 的定义,一个随机算法 M 如果对于所有 $S \in \mathrm{Range}(M)$ 都满足 $\mathrm{Pr}[M(D) \in S] \leqslant e^{\epsilon} \cdot \mathrm{Pr}[M(D') \in S]$(其中 $\mathrm{Range}(M)$ 是 M 的输出集,并且所有数据集 D 和 D' 相差

一条数据)那么称该算法满足输入数据的 ε-DP。换句话说,DP 背后的思想是,如果在数据库中进行任意单个更改或替换的影响足够小,则查询结果不能用于推断任一单个个体的更多信息,因此 DP 能够提供隐私保护。DP 能保证无论数据集中的任一单个记录是否被更改,从该数据集得出的查询结果的分布都无法被区分(以 e^ϵ 的因子取模)。DP 的定义中不会提前对攻击者做任何假设,例如攻击者可能具有无限的辅助信息和计算资源,在这个定义下,DP 机制仍然可以提供隐私保证。

这展示了 DP 的优点——它能通过严格的理论分析提供强大的隐私保证。然而,DP 的定义和机制并不对可用性做任何假设。因此,DP 机制通常无法在效用方面保证良好的性能。当将 DP 方法应用于需要复杂计算的实际应用时,例如在数据挖掘和机器学习中,这一缺点尤其突出。这就是还需要探索其他隐私增强技术的原因,这些技术要在一定程度上放松对理论隐私保证的要求,同时考虑可用性。CP 就是这样一种可用于实际应用的替代方案。

与 DP 不同,CP 方法允许根据已知的效用和隐私任务进行定制查询。具体来说,对于具有两个标签(效用标签和隐私标签)的样本数据集,CP 允许数据所有者以某种方式将其数据投影到较低维度,以最大化效用标签的学习准确度,同时降低隐私标签的学习准确度,接下来我们会在后面详细讨论这些标签。值得注意的是,尽管 CP 不能消除所有的数据隐私风险,但在隐私任务已知时,它可以对数据滥用进行一定程度的控制。此外,由于进行了降维,CP 保证了原始数据永远无法被完全恢复。

现在让我们来深入了解 CP 的工作原理。图 9.1 对 CP 的威胁模型进行了说明,攻击

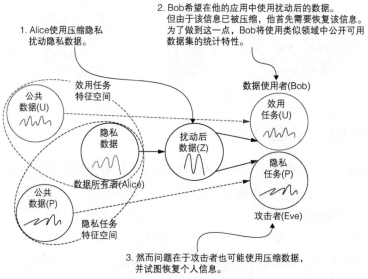

图 9.1　压缩隐私的威胁模型(真正的挑战是平衡效用和隐私)

者是所有可以完全访问公共数据集(例如背景和辅助信息)的数据使用者。

在这种情况下,假设隐私任务是一个两类{＋,－}的分类问题(效用任务独立于隐私任务),X_+、X_-是两个公共数据集。假设 X_s 是数据所有者的隐私数据,其中 $s \in \{＋,$ $－\}$是其原始类(隐私任务),$t \in \{＋,－\}$是应用 CP 扰动后的预期类(隐私任务)。数据所有者可以使用 CP 机制发布 z(X_s 的扰动版本),然而也可能存在一个攻击者使用方法 $z' = A(z, X_+, X_-)$ 推断原始(隐私任务)类 s 的情况。因此,在这里想要实现的是最小化概率差 $|\Pr(z' =+|z) - \Pr(z' =-|z)|$,这样攻击者就无法获得任何有价值的信息。

在图 9.1 中,Alice(数据所有者)有一些隐私数据,她希望将其发布到某个效用任务中。假设效用任务是允许数据使用者对数据执行 ML 分类,由于数据包含个人信息,Alice 可以使用 CP 对数据进行扰动。每当 Bob(数据使用者)想要使用这些压缩数据时,他需要恢复这些信息,这可以使用相似领域(称之为效用任务特征空间,*Utility Task Feature Space*)中公开可用的数据集的统计特性来完成。问题是其他人(比如 Eve(攻击者))也可能使用压缩数据,并尝试使用另一个公开可用的数据集来恢复它,这可能会导致隐私泄露。因此,CP 的真正挑战是平衡这种效用/隐私权衡。我们可以通过压缩数据来执行效用任务,但对于某些人来说,恢复数据以识别个人信息仍然具有挑战性。

下一节我们将介绍几个有用的组件,这些组件使 CP 能够用于隐私保护数据共享或 ML 应用。

9.2　压缩隐私的机制

CP 的一个重要组成部分是基于数据标签的有监督降维技术。主成分分析(Principal Component Analysis, PCA)是一种广泛使用的方法,其目的是将数据投影到具有最高方差的主成分上,从而在降低数据维度的同时保留数据中的大部分信息。在 3.4.1 节我们简要讨论了这一点,现在来快速回顾一下。

9.2.1　主成分分析(PCA)

首先,我们来简要介绍一下主成分是什么。主成分是由一个数据集中初始变量的线性组合所构成的新变量,这些组合以下述方式创建:即新变量是不相关的,并且初始变量中的大部分信息被压缩到第一个成分中(这就是称其为压缩的原因)。因此,例如当 10 维数据给出 10 个主成分时,PCA 试图将尽可能多的信息放在第一个成分中,将最大剩余信息放在第二个成分中,依此类推。这样在主成分中组织信息时,可以在不丢失很多关键信息的情况下降低维度。

考虑一个包含 N 个训练样本 $\{x_1, x_2, \cdots, x_N\}$ 的数据集,其中每个样本具有 M 个特征 $(x_i \in \mathbb{R}^M)$。主成分分析(PCA)执行所谓的中心调整散布矩阵的谱分解($Spectral\ Decomposition\ of\ the\ Center\text{-}Adjusted\ Scatter\ Matrix$),使得

$$\bar{S} = \sum_{i=1}^{N} (x_i - \mu)(x_i - \mu)^{\mathrm{T}} = U\Lambda U^{\mathrm{T}}$$

其中,μ 是均值向量,$\Lambda = \mathrm{diag}(\lambda_1, \lambda_2, \cdots, \lambda_M)$ 是一个特征值的对角矩阵,其特征值按单调递减的顺序排列(即 $\lambda_1 \geqslant \lambda_2 \geqslant \cdots \geqslant \lambda_M$)。

这里,矩阵 $U = [u_1, u_2, \cdots, u_M]$ 是一个 $M \times M$ 的酉矩阵(Unitary Matrix),其中 u_j 表示先前提到的散布矩阵的第 j 个特征向量。对于 PCA,要保留与前 m 个最大特征值对应的 m 个主成分,以获得投影矩阵 U_m。一旦找到投影矩阵,可以按以下方式找到降维后的特征向量:

$$\tilde{X}_i = U_m^{\mathrm{T}} X_i$$

参数 m 决定了在降维后信号强度被保留的程度。

特征值分解

在线性代数中,特征值分解(Eigenvalue Decomposition,EVD)是将一个矩阵分解为一个规范形式的过程,在该过程中用矩阵的特征值和特征向量来表示矩阵。基本上,它的目的是找到一个矩阵 A 的特征值(称为 λ)和特征向量(称为 u),满足方程 $Au = \lambda u$。

通常情况下,可以使用多种方法进行特征值分解(EVD)。一些方法(如 QR 算法)可以一次性找到所有的特征向量和特征值。然而,PCA 降低了维度,因此不需要所有的特征向量,出于这个原因,我们可以采用只找到特征值和特征向量子集的方法,以避免由于找到不需要的特征向量所带来的额外计算。

为此,最著名的 EVD 算法之一是幂迭代法,该方法先找到主特征值(最大值)及其相关特征向量,之后可以使用矩阵收缩(Matrix Deflation)方法去除已经找到的主特征值的影响,同时保持剩余的特征值不变。通过反复应用幂迭代法和矩阵收缩可以得出所需特征向量的数量。

9.2.2 其他降维方法

现在我们已经了解 PCA 的工作原理是将数据投影到主成分上,接下来我们来介绍

一些可用于不同 ML 分类任务的其他方法。因为同一数据集可以用于不同的分类问题，所以可以将一个分类问题定义为 c，其具有与相应的训练样本 $\boldsymbol{x}_i$ 相关联的唯一标签集。在不失一般性的情况下，数据集可以用于单个效用目标 U 和单个隐私目标 P。

例如，假设使用人脸图像的数据集训练一个 ML 算法，效用目标是识别人脸，而隐私目标是识别人。在这种情况下，每个训练样本 $\boldsymbol{x}_i$ 具有两个标签 $\in \{1, 2, \cdots, L^u\}$ 和 $\in \{1, 2, \cdots, L^p\}$。$L^u$ 和 L^p 分别是效用目标和隐私目标的类别数量。

基于 Fisher 的线性判别分析[1-2]，给定一个分类问题，其训练样本的类内散布矩阵（Within-Class Scatter Matrix）包含了大部分噪声信息（*Noise Information*），而其训练样本的类间散布矩阵（Between-Class Scatter Matrix）包含了大部分信号信息（*Signal Information*）。我们可以将效用目标的类内散布矩阵和类间散布矩阵定义如下：

$$S_{W_U} = \sum_{l=1}^{L^u} \left(\sum_{i=1}^{N_l^u} \boldsymbol{x}_i \boldsymbol{x}_i^{\mathrm{T}} - N_l^u \boldsymbol{\mu}_l \boldsymbol{\mu}_l^{\mathrm{T}} \right)$$

$$S_{B_U} = \sum_{l=1}^{L^u} (N_l^u \boldsymbol{\mu}_l \boldsymbol{\mu}_l^{\mathrm{T}} - N \boldsymbol{\mu} \boldsymbol{\mu}^{\mathrm{T}})$$

其中 $\boldsymbol{\mu} = \dfrac{1}{N} \sum_{i=1}^{n} \boldsymbol{x}_i$，$\boldsymbol{\mu}_l$ 是属于类 l 的所有训练样本的均值向量，并且 N_l^u 是效用目标中属于类 l 的训练样本的数量。

类似的，对于隐私目标，类内散布矩阵和类间散布矩阵的定义为

$$S_{W_P} = \sum_{l=1}^{L^p} \left(\sum_{i=1}^{N_l^p} \boldsymbol{x}_i \boldsymbol{x}_i^{\mathrm{T}} - N_l^p \boldsymbol{\mu}_l \boldsymbol{\mu}_l^{\mathrm{T}} \right)$$

$$S_{B_P} = \sum_{l=1}^{L^p} (N_l^p \boldsymbol{\mu}_l \boldsymbol{\mu}_l^{\mathrm{T}} - N \boldsymbol{\mu} \boldsymbol{\mu}^{\mathrm{T}})$$

设 $\boldsymbol{W}$ 是一个 $K \times M$ 的投影矩阵，其中 $K < M$，给定一个测试样本 $\boldsymbol{x}$，$\hat{\boldsymbol{x}} = \boldsymbol{x}^{\mathrm{T}} \cdot \boldsymbol{W}$ 是它的子空间投影。这里要探索的框架结合了两种基于特征值分解的降维（DR）技术的优点，这两种技术为 DCA（可用性驱动的投影）[3] 和 MDR（隐私增强的投影）[4]。接下来我们来快速了解一下这两种技术：

- *判别成分分析*（*Discriminant Component Analysis，DCA*）——DCA 涉及寻找投影矩阵 $\boldsymbol{W} \in \mathbb{R}^{M \times K}$

$$\mathrm{DCA} = \frac{\det(\boldsymbol{W}^{\mathrm{T}} S_{B_U} \boldsymbol{W})}{\det(\boldsymbol{W}^{\mathrm{T}} (\bar{\boldsymbol{S}} + \rho \boldsymbol{I}) \boldsymbol{W})}$$

其中 det($\cdot$) 是行列式算子，ρI 是为数值稳定性而添加的小正则化项，并且 $\bar{S} =$

$$S_{W_U} + S_{B_U} = \sum_{i=1}^{n} x_i x_i^{\mathrm{T}} - N \boldsymbol{\mu} \boldsymbol{\mu}^{\mathrm{T}}。$$

这个问题的最优解可以从矩阵束的前 K 个主广义特征向量 $(S_{B_U}, \bar{S} + \rho I)$ 导出。

- 多类判别比（*Multiclass Discriminant Ratio*，MDR）——MDR 同时考虑效用目标和隐私目标，其定义如下

$$\mathrm{MDR} = \frac{\det(W^{\mathrm{T}}(S_{B_U})W)}{\det(W^{\mathrm{T}}(S_{B_P} + \rho I)W)}$$

其中 ρI 是为了加强数值稳定性而添加的小正则化项。MDR 的最优解可以从矩阵束的前 K 个主广义特征向量 $(S_{B_U}, S_{B_P} + \rho I)$ 导出。

有了这些基础知识和数学公式，下面我们来看一下如何在 Python 中实现 CP 技术。

9.3 在 ML 应用中使用压缩隐私

到目前为止，我们已经讨论了不同 CP 机制的理论背景，下面在一个真实世界的人脸识别应用中实现这些技术。十多年来，人脸识别一直是机器学习（ML）和信号处理中的一个令人感兴趣的问题，因为它可用于多种场景：从简单的在线图像搜索到监控。

根据目前的隐私要求，一个真实世界的人脸识别应用必须确保数据本身不会泄露任何隐私。接下来我们来研究几种不同的 CP 方法，看看如何能够同时确保人脸识别应用的可用性和重构图像的隐私性。在将人脸图像提交到人脸识别应用之前，需要对其进行压缩，以便该应用仍然可以识别人脸。然而，其他人应不能仅仅通过观察就能区分图像，或者重构原始图像。在实验中我们将使用三种不同的人脸数据集，这些实践实验的源代码可以在本书的 GitHub 库中下载：https://github.com/nogrady/PPML/tree/main/Ch9。

- *Yale 人脸数据集*（*Yale Face Database*）：Yale 人脸数据集包含来自 15 个人的 165 张灰度图像，可从 http://cvc.cs.yale.edu/cvc/projects/yalefaces/yalefaces.html 上公开获得。

- *Olivetti 人脸数据集*（*Olivetti Faces Dataset*）：该数据集包含来自 40 个人的 400 张灰度人脸图像，它们从 1992 年 4 月至 1994 年 4 月在 AT&T 剑桥实验室拍摄的。该数据集可以从 https://scikit-learn.org/0.19/datasets/olivetti_faces.html 下载。

- *眼镜数据集*(*Glasses Dataset*):通过有选择性地选择戴眼镜的受试者,从 Yale 和 Olivetti 人脸数据集的组合中获得了这个数据集。在这种情况下,数据集包含 300 张图像,一半的图片中是戴眼镜的人,另一半是不戴眼镜的人。

对于 Yale 和 Olivetti 的人脸数据集,从人脸图像中识别个人的任务是效用(目标应用)目标,而重构图像是隐私目标。一个用例场景是一个"实体",它希望使用用户提供的用于训练的敏感人脸图像来构建一个人脸识别算法。但在这种情况下,人们通常不愿共享他们的人脸图像,除非图像经过了修改,使得没有人能认出图像中的人。

简单起见,我们可以假设希望构建人脸识别分类器的实体是一个服务操作者,但该操作者可能是恶意的,他可能试图根据用户接收到的训练数据重构原始图像。

对于眼镜数据集,有两个不同的类(有眼镜和没有眼镜)。应用的效用目标是识别这个人是否戴了一副眼镜,隐私目标还是图像的重构。

9.3.1 实现压缩隐私

现在开始工作!我们将使用 Yale 数据集,研究如何在人脸识别应用中使用 CP 技术。首先,需要加载一些模块和数据集。请注意,discriminant_analysis.py 是为 PCA 和 DCA 方法开发的一个模块。有关更多信息,请参阅源代码。

注意 可以只使用 Yale 数据集的清洗版本,它可以在代码库中找到:https://github.com/nogrady/PPML/tree/main/Ch9。

列表 9.1 加载模块和数据集

```
import sys
sys.path.append('..');
import numpy as np
from discriminant_analysis import DCA, PCA
from sklearn.svm import SVC
from sklearn.model_selection import GridSearchCV
from sklearn.model_selection import train_test_split
from matplotlib.pyplot import *

data_dir = './CompPrivacy/DataSet/Yale_Faces/';        ◁———————— 载入数据集。
X = np.loadtxt(data_dir+'Xyale.txt');
y = np.loadtxt(data_dir+'Yyale.txt');
```

可以运行以下命令来查看数据集:

```
print('Shape of the dataset: %s' %(X.shape,))
```

正如从输出中看到的,数据集包含 165 张图像,其中每张图像大小为 64×64(这就是为什么得到 4 096 的原因)。

```
Shape of the dataset: (165, 4096)
```

现在回顾一下数据集中的几个图像。因为数据集包含 165 张不同的图像,所以可以运行下面列表中的代码来随机选择 4 张不同的图像。使用 randrange 函数来随机选择图像,为了在输出中显示图像,可以使用 displayImage 例程和能输出四列子图的 subplot。

列表 9.2　从数据集中加载一些图片

```
def displayImage(vImage,height,width):
    mImage = np.reshape(vImage, (height,width)).T        ← 定义一个函数来显示图像。
    imshow(mImage, cmap='gray')
    axis('off')
                                                          从数据集中随机选择四幅不同的图像。
for i in range(4):     ←
    subplot(1,4,i+1)
    displayImage(X[randrange(165)], height, width)
show()
```

该程序的输出与图 9.2 是类似的,尽管我们会得到不同的随机人脸图像。

现在我们已经了解正在处理的数据类型,接下来可以用这个数据集实现不同的 CP 技术。我们对使用该数据集实现主成分分析(PCA)和判别成分分析(DCA)会特别关注,同时已经开发了 PCA 和 DCA 的核心功能,并将其封装到 discriminant_analysis.py 类中,因此可以简单地调用它并初始化这些方法。

图 9.2　Yale 数据集中的一组样本图像

注意　discriminant_analysis.py 是我们开发的一个涵盖 PCA 和 DCA 方法的类文件。更多有关信息,可以参考该文件的源代码:https://github.com/nogrady/PPML/blob/main/Ch9/ discriminant_analysis.py。

DCA 对象用两个参数进行初始化:rho 和 rho_p。9.2.2 节讨论了这些参数(ρ 和更新的 ρ)。我们使用的代码将首先定义和初始化这些值,以及投影图像数据所需的一组维度,以便查看结果。

首先设置 rho= 10 和 rho_p= - 0.05,但在本章的后面将介绍这些参数的重要属性,以及不同的值将如何影响隐私。现在我们只关注算法的训练和测试部分。

设置 ntests= 10 意味着将做 10 次相同的实验以取得最终结果的平均值,可以将此值设置为任意数字,但值越高越好。dims 数组定义了使用的维度,首先从某些维度(比如 2)开始,然后移动到更多的维度,如 4 096。同样,也可以尝试为此设置自己的值。

```
rho = 10;
rho_p = -0.05;
ntests = 10;
dims = [2,5,8,10,14,39,1000,2000,3000,4096];

mydca = DCA(rho,rho_p);
mypca = PCA();
```

一旦定义了这些值,在数据集被分割成训练集和测试集之后,我们将使用以下代码对 mypca 和 mydca 对象进行训练。Xtr 是训练数据矩阵(训练集),而 ytr 是训练标签向量。fit 命令可以从数据中学习一些量,特别是主成分和可解释性方差。

```
Xtr, Xte, ytr, yte = train_test_split(X,y,test_size=0.1,stratify=y);
mypca.fit(Xtr);
mydca.fit(Xtr,ytr);
```

然后,可以得到如下的数据预测:

```
Dtr_pca = mypca.transform(Xtr);
Dte_pca = mypca.transform(Xte);
Dtr_dca = mydca.transform(Xtr);
Dte_dca = mydca.transform(Xte);
print('Principal and discriminant components were extracted.')
```

对每个感兴趣的维度(2,5,8,10,14,39,1000 等),都可以找到投影矩阵 D,然后可以将图像数据重构为 Xrec:

```
D = np.r_[Dtr_pca[:,:dims[j]],Dte_pca[:,:dims[j]]];      使用PCA技术重构数据。
Xrec = np.dot(D,mypca.components[:dims[j],:]);

D = np.r_[Dtr_dca[:,:dims[j]],Dte_dca[:,:dims[j]]];      使用DCA技术重构数据。
Xrec = mydca.inverse_transform(D,dim=dims[j]);
```

当将所有这些放在一起时,完整的代码如以下列表所示。

列表 9.3　重构图像并计算准确度的完整代码

```
import sys
sys.path.append('..');
import numpy as np
from random import randrange
from discriminant_analysis import DCA, PCA
```

```python
from sklearn.svm import SVC
from sklearn.model_selection import GridSearchCV
from sklearn.model_selection import train_test_split
from matplotlib.pyplot import *

def displayImage(vImage,height,width):
    mImage = np.reshape(vImage, (height,width)).T
    imshow(mImage, cmap='gray')
    axis('off')

height = 64
width = 64

data_dir = './CompPrivacy/DataSet/Yale_Faces/';
X = np.loadtxt(data_dir+'Xyale.txt');
y = np.loadtxt(data_dir+'Yyale.txt');

print('Shape of the dataset: %s' %(X.shape,))

for i in range(4):
    subplot(1,4,i+1)
    displayImage(X[randrange(165)], height, width)
show()

rho = 10;
rho_p = -0.05;
ntests = 10;
dims = [2,5,8,10,14,39,1000,2000,3000,4096];

mydca = DCA(rho,rho_p);
mypca = PCA();

svm_tuned_params = [{'kernel': ['linear'], 'C':
    [0.1,1,10,100,1000]},{'kernel':
    ['rbf'], 'gamma': [0.00001, 0.0001, 0.001, 0.01], 'C':
        [0.1,1,10,100,1000]}];

utilAcc_pca = np.zeros((ntests,len(dims)));
utilAcc_dca = np.zeros((ntests,len(dims)));
reconErr_pca = np.zeros((ntests,len(dims)));
reconErr_dca = np.zeros((ntests,len(dims)));

clf = GridSearchCV(SVC(max_iter=1e5),svm_tuned_params,cv=3);

for i in range(ntests):
    print('Experiment %d:' %(i+1));
    Xtr, Xte, ytr, yte = train_test_split(X,y,test_size=0.1,stratify=y);
    mypca.fit(Xtr);
    mydca.fit(Xtr,ytr);
                                                       预先计算所有组件。
    Dtr_pca = mypca.transform(Xtr);    ←┘
    Dte_pca = mypca.transform(Xte);
    Dtr_dca = mydca.transform(Xtr);
    Dte_dca = mydca.transform(Xte);
```

```
print('Principal and discriminant components were extracted.')

subplot(2,5,1)
title('Original',{'fontsize':8})
displayImage(Xtr[i],height,width)

subplot(2,5,6)
title('Original',{'fontsize':8})
displayImage(Xtr[i],height,width)

for j in range(len(dims)):                          测试PCA的准确度。
    clf.fit(Dtr_pca[:,:dims[j]],ytr);
    utilAcc_pca[i,j] = clf.score(Dte_pca[:,:dims[j]],yte);
    print('Utility accuracy of %d-dimensional PCA: %f'      测试PCA的
            %(dims[j],utilAcc_pca[i,j]));                   重构误差。

    D = np.r_[Dtr_pca[:,:dims[j]],Dte_pca[:,:dims[j]]];
    Xrec = np.dot(D,mypca.components[:dims[j],:]);
    reconErr_pca[i,j] = sum(np.linalg.norm(X-Xrec,2,axis=1))/len(X);
    eigV_pca = np.reshape(Xrec,(len(X),64,64))
    print('Average reconstruction error of %d-dimensional PCA: %f'
            %(dims[j],reconErr_pca[i,j]));

    clf.fit(Dtr_dca[:,:dims[j]],ytr);
    utilAcc_dca[i,j] = clf.score(Dte_dca[:,:dims[j]],yte);   测试DCA的准确度
    print('Utility accuracy of %d-dimensional DCA: %f'
            %(dims[j],utilAcc_dca[i,j]));

    D = np.r_[Dtr_dca[:,:dims[j]],Dte_dca[:,:dims[j]]];
    Xrec = mydca.inverse_transform(D,dim=dims[j]);
    reconErr_dca[i,j] = sum(np.linalg.norm(X-Xrec,2,axis=1))/len(X);
    eigV_dca = np.reshape(Xrec,(len(X),64,64))
    print('Average reconstruction error of %d-dimensional DCA: %f'
            %(dims[j],reconErr_dca[i,j]));
                                                  展示重构的图像。
    subplot(2,5,j+2)
    title('DCA dim: ' + str(dims[j]),{'fontsize':8})
    displayImage(eigV_dca[i],height,width)

    subplot(2,5,j+7)
    title('PCA dim: ' + str(dims[j]),{'fontsize':8})       将每个循环
    displayImage(eigV_pca[i],height,width)                 的准确度和
                                                          重构误差
    show()                                                保存在文本
                                                          文件中。
np.savetxt('utilAcc_pca.out', utilAcc_pca, delimiter=',')
np.savetxt('utilAcc_dca.out', utilAcc_dca, delimiter=',')
np.savetxt('reconErr_pca.out', reconErr_pca, delimiter=',')
np.savetxt('reconErr_dca.out', reconErr_dca, delimiter=',')
```

测试DCA的
重构误差。

在列表 9.3 中,我们运行了 10 次 PCA 和 DCA 重构(设置 ntest= 10),并且对于每种情况都会随机分割数据集进行训练和测试。最后,我们计算了 PCA 和 DCA 各维度的准确度和重构误差,以评估压缩图像的重构准确度。

在运行该代码时，结果可能如下所示。完整的输出太长了，不能在这里完整显示——这里仅包含输出的前几行和循环中前两次运行的重构图像。

```
Experiment 1:
Principal and discriminant components were extracted.
Utility accuracy of 5-dimensional PCA: 0.588235
Average reconstruction error of 5-dimensional PCA: 3987.932630
Utility accuracy of 5-dimensional DCA: 0.882353
Average reconstruction error of 5-dimensional DCA: 7157.040696
Utility accuracy of 14-dimensional PCA: 0.823529
Average reconstruction error of 14-dimensional PCA: 4048.247986
Utility accuracy of 14-dimensional DCA: 0.941176
Average reconstruction error of 14-dimensional DCA: 7164.268844
Utility accuracy of 50-dimensional PCA: 0.941176
Average reconstruction error of 50-dimensional PCA: 4142.000701
Utility accuracy of 50-dimensional DCA: 0.941176
Average reconstruction error of 50-dimensional DCA: 6710.181110
Utility accuracy of 160-dimensional PCA: 0.941176
Average reconstruction error of 160-dimensional PCA: 4190.105696
Utility accuracy of 160-dimensional DCA: 0.941176
Average reconstruction error of 160-dimensional DCA: 4189.337999
...
...
```

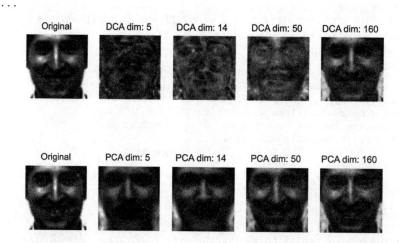

```
Experiment 2:
Principal and discriminant components were extracted.
...
...
```

如果仔细观察输出中复制的图像，可以发现与原始图像相比，当维度降得很低时，很难识别这个人。例如将原始图像和维度为5（PCA或DCA）的版本进行比较，我们发现很难从压缩图像中识别出这个人。另一方面，当dims=160时，我们可以看到重构的图像越来越好，这意味着可以通过减少维度来保护敏感数据的隐私。如你所见，在这种情况下 DCA 在维度为 5 到 50 时比 PCA 更好,输出的图像接近原始图像但仍然难以识别。

9.3.2　效用任务的准确度

现在我们知道当维度降低时,隐私会得到增强,但还不知道效用任务的准确度如何?如果不能为效用任务获得较高的准确度,那么在这个场景中使用 CP 技术就没有意义了。

为了观察效用任务的准确度如何随着减少的维度而变化,可以简单地将 `ntest` 变量的值增加到最大值(即 165,因为在数据集中有 165 条记录),并对每个维度的效用准确度结果取平均。

图 9.3 总结了准确度结果。如果仔细观察 DCA 结果,你会注意到当维度变为 14 之后,其准确度最高在 91% 左右。现在观察 DCA 的维度为 14 的人脸图像,发现很难识别这个人,但曲线图显示效用任务(在这种情况下是人脸识别应用)的准确度仍然很高。这就是 CP 的工作方式,它确保了隐私和可用性之间的平衡。

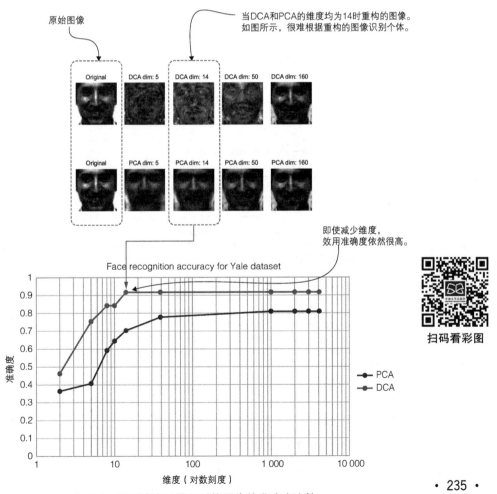

图 9.3　不同维度设置下重构图像的准确度比较

现在我们已经研究了这个效用任务的准确度,接下来观察重构压缩后的图像有多困难,这可以通过重构误差来衡量。为了确定这一点,需要浏览整个数据集,而不仅仅是几条记录。因此需要稍微修改一下代码,如下面的列表所示。

列表 9.4 计算平均重构误差

```python
import sys
sys.path.append('..');
import numpy as np
from discriminant_analysis import DCA, PCA

rho = 10;
rho_p = -0.05;

dims = [2,5,8,10,14,39,1000,2000,3000,4096];

data_dir = './CompPrivacy/DataSet/Yale_Faces/';
X = np.loadtxt(data_dir+'Xyale.txt');
y = np.loadtxt(data_dir+'Yyale.txt');

reconErr_pca = np.zeros((len(dims)));
reconErr_dca = np.zeros((len(dims)));

mydca = DCA(rho,rho_p);
mypca = PCA();
mypca.fit(X);
mydca.fit(X,y);

D_pca = mypca.transform(X);    ◄──────────── 预先计算所有组件。
D_dca = mydca.transform(X);
print('Principal and discriminant components were extracted.')

for j in range(len(dims)):
    Xrec = np.dot(D_pca[:,:dims[j]],mypca.components[:dims[j],:]);     ◄── 测试PCA的重构误差。
    reconErr_pca[j] = sum(np.linalg.norm(X-Xrec,2,axis=1))/len(X);
    print('Average reconstruction error of %d-dimensional PCA: %f'
            %(dims[j],reconErr_pca[j]));

    Xrec = mydca.inverse_transform(D_dca[:,:dims[j]],dim=dims[j]);     ◄── 测试DCA的重构误差。
    reconErr_dca[j] = sum(np.linalg.norm(X-Xrec,2,axis=1))/len(X);
    print('Average reconstruction error of %d-dimensional DCA: %f'
            %(dims[j],reconErr_dca[j]));

np.savetxt('reconErr_pca.out', reconErr_pca, delimiter=',')     ◄── 将结果保存在文本文档中。
np.savetxt('reconErr_dca.out', reconErr_dca, delimiter=',')
```

图 9.4 显示了列表 9.4 针对不同维度绘制的结果,当维度较低时我们很难准确地重构图像。例如在维度为 14 时的 DCA 数据点的重构误差非常高,因此很难重构图像。然而正如之前所了解的,它仍然可以为人脸识别任务提供良好的准确度。这就是在 ML 应

用中使用 CP 技术的全部思想。

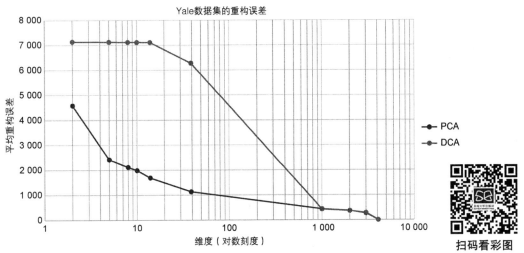

图 9.4　比较不同维度设置的平均重构误差

9.3.3　在 DCA 中 ρ' 对隐私和可用性的影响

我们已经尝试了如何通过降维来确定隐私级别,当维数较低时更多的信息会丢失,从而产生更好的隐私性,但是在 DCA 中还有另一个参数 ρ'。到目前为止,我们只改变了维数,并保持 ρ' 为 rho_p= −0.05。接下来我们来看看在保持维数固定的情况下,该参数对确定隐私级别的重要性。

下面的列表几乎与列表 9.3 相同,只是现在我们不再通过多个维度,而是将 rho_p 参数更改为不同的值:[−0.05, −0.01, −0.001, 0.0, 0.001, 0.01, 0.05]。现在我们把维度固定在 160(也可以尝试使用不同的值)。

列表 9.5　改变 DCA 中的 ρ' 并确定对隐私的影响

```
import sys
sys.path.append('..');
import numpy as np
from discriminant_analysis import DCA
from matplotlib.pyplot import *
from random import randrange

def displayImage(vImage,height,width):
    mImage = np.reshape(vImage, (height,width)).T
    imshow(mImage, cmap='gray')
    axis('off')

height = 64
width = 64
```

```
rho = 10;
rho_p = [-0.05,-0.01,-0.001,0.0,0.001,0.01,0.05]
selected_dim = 160
image_id = randrange(165)

data_dir = './CompPrivacy/DataSet/Yale_Faces/';
X = np.loadtxt(data_dir+'Xyale.txt');
y = np.loadtxt(data_dir+'Yyale.txt');

subplot(2,4,1)
title('Original',{'fontsize':8})
displayImage(X[image_id],height,width)

for j in range(len(rho_p)):
    mydca = DCA(rho,rho_p[j]);
    mydca.fit(X,y);
    D_dca = mydca.transform(X);
    print('Discriminant components were extracted for rho_p: '+str(rho_p[j]))

    Xrec = mydca.inverse_transform(D_dca[:,:selected_dim],dim=selected_dim);
    eigV_dca = np.reshape(Xrec,(len(X),64,64))

    subplot(2,4,j+2)
    title('rho_p: ' + str(rho_p[j]),{'fontsize':8})
    displayImage(eigV_dca[image_id],height,width)

show()
```

测试结果如图 9.5 所示,左上角的图像为原始图像,其余的图像是在不同的 rho_p 值下产生的。如你所见,当 rho_p 值从 −0.05 变化到 0.05 时,生成的图像会发生显著变化,变得难以识别。因此可以推断当使用 DCA 时,ρ' 也是一个决定隐私级别的重要参数,ρ' 的正值能比负值提供更高级别的隐私。

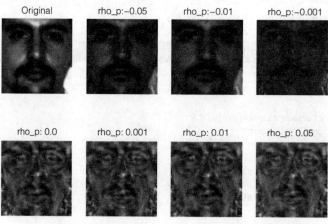

图 9.5　维度固定为 160 时 ρ' 对 Yale 数据集隐私的影响

现在我们已经探索了将 CP 技术集成到 ML 应用中的可能性,也已经了解到使用最小的维数可以获得最高的人脸识别准确度,并且仍然能够保留重构图像的隐私。下一节我们将通过一个关于横向分割数据隐私保护的案例研究进一步扩展讨论。

首先,根据下面一些对应的练习,观察一下 ρ' 是否有助于提高准确度,以及在使用不同数据集的情况下其结果如何。

练习 1

现在我们知道 ρ' 的正值有助于提高隐私性,那么它对人脸识别任务的准确度又有什么影响呢?正的 ρ' 值也有助于提高准确度吗?修改列表 9.3 中的代码,观察不同 ρ' 值下的效用准确度和平均重构误差。(提示:可以通过添加另一个遍历不同 rho_p 值的 for 循环来实现这一点。)

解决方案:在人脸识别任务的准确度方面,ρ' 的值没有显著影响。试着绘制 ρ' 与准确度的关系图,我们可以清楚地看到这一点。

练习 2

到目前为止,我们所探索的所有实验都是基于 Yale 数据集。现在把数据集换为 Olivetti 数据集,重新运行所有的实验,观察结果和模式是否相似。(提示:这个操作很简单,只需要更改数据集的名称和位置。)

解决方案:该解决方案在本书的源代码库中提供。

练习 3

现在将数据集更改为眼镜数据集。在这种情况下,请记住应用的实用任务是识别这个人是否戴了一副眼镜,隐私目标仍然是图像的重构。更改代码,并看一下 PCA 和 DCA 在这里的作用。

解决方案:该解决方案在本书的源代码库中提供。

9.4　案例研究:横向分割数据的隐私保护 PCA 和 DCA

机器学习(ML)可以分为两种不同的类别或任务:有监督任务(如回归和分类)以及无监督任务(如聚类)。在实践中,这些技术被广泛应用于许多不同的应用,如身份和访问管理、检测欺诈性信用卡交易、构建临床决策支持系统等。这些应用通常在 ML 的训练和测试阶段使用个人数据,如医疗记录、财务数据等。

虽然有许多不同的方法,但降维(DR)是一种可用于克服不同类型问题的重要 ML 工具:

- 特征维度远远超过训练样本数量时会产生过拟合

- 次优搜索导致性能下降

- 特征空间中的高维度导致更高的计算代价和功耗

本章已经讨论了两种 DR 方法：PCA 和 DCA。

PCA 旨在将数据投影到最大方差的主成分上，从而在降低数据维度的同时保留大部分信息。如图 9.6(a) 所示，大多数可变性都沿着第一个主成分（如 PC-1 所示）产生，因此将所有点投影到新轴上可以在不牺牲太多数据可变性的情况下降低维度。

与 PCA 相比，DCA 是为有监督学习应用而设计的。DCA 的目标不是可恢复性（像 PCA 那样减少重构误差），而是提高学习分类器的判别能力，以便它们能够有效区分不同的类别。图 9.6(b) 显示了一个有监督学习问题的例子，其中 PCA 会选择 PC-1 作为数据投影的主成分，因为 PC-1 是大多数可变性的方向。相比之下，DCA 会选择 PC-2，因为它提供了最高的判别能力。

扫码看彩图

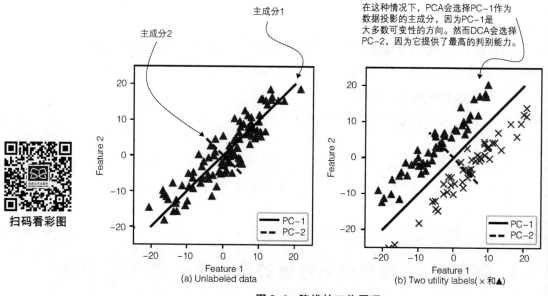

图 9.6　降维的工作原理

传统上 PCA 和 DCA 是通过在一个集中位置收集数据来执行的，但在许多应用（如连续身份验证[5]）中，数据分布在多个数据所有者之间。在这种情况下，协作学习是在由不同数据所有者持有的样本组成的联合数据集（Joint Datasets）上进行的，其中每个样本包含相同的属性（特征）。这种数据被描述为*横向分割（Horizontally Partitioned）*，因为数据表示是具有相似特征的行（列），并且每个数据所有者在联合数据矩阵中持有一组不同的行。

在这种情况下,假设中心实体(数据使用者)希望以隐私保护的方式使用分布在多个数据所有者之间的数据来计算 PCA(或 DCA)投影矩阵,数据所有者可以使用投影矩阵来降低其数据维度,然后这种降维数据可用作执行分类或回归的特定隐私保护 ML 算法的输入。

本节案例将研究数据使用者在不损害数据所有者隐私的情况下,计算 PCA 和 DCA 投影矩阵的问题。早期的涉及带有 PCA 的分布式 ML 根本没有考虑隐私,后来针对 PCA 的不同的隐私保护方法[6]被提了出来。但在实现中,要求所有数据所有者在整个协议执行过程中保持在线是不切实际的。本案例研究将提出并执行一种实用的 DR 方法,该方法以一种隐私保护的方式利用 PCA 和 DCA 来解决这个问题。

与早期的方法相比,即将探索的协议不显示任何中间结果(如散布矩阵),也不需要数据所有者在提交个人加密共享数据后彼此交互或保持在线。在应用其他隐私保护 ML 算法进行分类或回归之前,这种较新的方法可以作为隐私保护数据预处理阶段。因此在把 ML 算法应用于隐私数据时,该方法同时确保了隐私性和可用性。

9.4.1　实现横向分割数据的隐私保护

在介绍细节之前,我们来快速了解一下将在本案例研究中看到的关键内容。通过计算投影矩阵以促进分布式隐私保护 PCA(或 DCA)需要以分布式的方式计算散布矩阵,我们将使用加法同态加密来计算散布矩阵。

除了数据所有者(持有数据)和数据使用者(旨在计算投影矩阵)之外,假设存在第三个实体,即加密服务提供商(Crypto Service Provider,CSP),它不会与数据使用者串谋。当数据所有者发送数据时,他们需要先计算个人共享的数据,使用 CSP 的公钥和同态加密对数据进行加密,最后将这些数据发送给数据使用者,数据使用者对其进行聚合。之后 CSP 可以构建一个混淆电路,用于对根据聚合数据计算得到的散布矩阵进行特征分解(有关混淆电路的讨论请参见下文)。数据使用者和 CSP 均无法以明文形式看到聚合数据,因此在这种解决方案中的数据交换协议不会透露任何中间值,如用户数据或散布矩阵。此外这种方法不需要数据所有者与其他数据所有者进行交互,也不需要他们在发送其加密共享数据后保持在线,使得这些协议更加实用。

什么是混淆电路？

混淆电路(由 Andrew Yao 引入)是一种对计算进行加密的方法,它可以显示计算的输出,但不显示输入或任何中间状态或值。其想法是使两个不可信能够在没有可信第三方的情况下进行安全通信,并对其隐私输入执行计算。

通过一个简单的例子来探讨这个问题。假设 Alice 有一个隐私输入 x,Bob 有一个隐私输入 y。他们对某些计算函数 f(称为电路)达成一致,并且都想知道 $f(x,y)$ 的结果,但不希望对方获得更多信息,如中间值或对方的输入。他们将执行以下操作:

- 双方需要就如何表示 f 达成一致,然后 Alice 把电路 f 转变成混淆电路,并将其与混淆的输入 $\hat{x}$ 一起发送给 Bob。

- Bob 想在 Alice 不知道原始值 y 的情况下创建他的混淆输入 $\hat{y}$。为了做到这一点,他们使用了不经意传输(Oblivious Transfer,OT)技术。不经意传输是发送方和接收方之间的一种双方协议,发送方通过该协议向接收方传输一些信息,但发送方仍然不知道接收方实际获得了什么信息。

- 既然 Bob 有了混淆电路以及该电路的混淆输入 $\hat{x}$ 和 $\hat{y}$,那么他就可以评估混淆电路以及求混淆电路的值,并将 $f(x,y)$ 展示给 Alice。因此该协议只显示 $f(x,y)$。

9.4.2　简要回顾降维方法

我们将在本章后面使用前面讨论的降维(DR)技术和其他隐私增强技术来实现 PCA 和 DCA 的隐私保护,首先简单回顾一下讨论过的 DR 方法。

PCA 是一种 DR 方法,通常用于降低大型数据集的维度。其想法是将一个大的变量集转换为一个小的变量集,同时使变量集中仍然包含大集合中的大部分信息。减少数据集中的变量数自然是以牺牲准确度为代价的,然而为了方法的简单性,DR 技术牺牲了一点准确度。由于较小的数据集更容易探索和可视化,并且它们使 ML 算法可以更容易、更快地分析数据,因此这些 DR 技术发挥着至关重要的作用。

PCA 是一种无监督的 DR 技术(它不使用数据标签),而 DCA 是一种有监督的 DR 方法,DCA 的目标是选择一个可以有效区分不同类别的投影超平面。总的来说,这两种技术之间的关键区别在于,PCA 与梯度呈线性关系,而 DCA 与其呈单峰关系。

除了 PCA 和 DCA 之外,许多其他 DR 技术还依赖于本章开头讨论的两个不同步骤:计算散布矩阵和计算特征值。通常这些 DR 方法可以根据需要哪些散布矩阵和需要解决哪些特征值问题来区分,例如线性判别分析(LDA)是一种类似于 DCA 的方法(两者都是由可用性驱动的)。这里不讨论细节,但主要区别在于 LDA 使用类内散布矩阵求解特征值,而 DCA 使用类间散布矩阵。

虽然 DCA 和 LDA 是由可用性驱动的 DR 技术,但另一类 DR 方法专注于可用性-隐私优化问题,如多类判别比(MDR)[4]。本章开始时研究了 MDR 的细节,总的来说,MDR 旨在最大限度地提高效用分类问题(预定任务)的可分性,同时最小化隐私-敏感分类问题(敏感任务)的可分性。假设每个数据样本都有两个标签:一个效用标签(用于数据的预定用途)和一个隐私标签(用于指定敏感信息的类型)。我们可以获得两个类间散布矩阵:一个基于实用标签,另一个使用隐私标签进行计算。

9.4.3　使用加法同态加密

为了方便使用加密服务提供商(CSP)的功能,加法同态加密将是我们协议中的一个重要组成部分。3.4.1 节讨论了同态加密,目前存在多种语义安全的加法同态加密方案,现在我们来看一下如何将 Paillier 密码系统[7]用作此类加密方案的示例。假设函数 E_{pk}[·]是以一个公钥 pk 为索引的加密操作,并且假设 D_{sk}[·]是一个以密钥 sk 为索引的解密操作。加法同态加密可以表示为 $E_{pk}[a+b]=E_{pk}[a]\otimes E_{pk}[b]$,其中$\otimes$是加密域中的模乘运算符。此外,标量乘法可以通过 $E_{pk}[a]^{b}=E_{pk}[a\cdot b]$ 来实现。如果对 Paillier 密码系统的更多细节感兴趣,可以参考原文。读者需要了解同态加密方案的基本功能,因为在下一节中我们会使用它。

这种加密方案只接受作为纯文本的整数值,但在大多数用例中实现 ML 应用时,处理的是实数值。在处理 ML 时,典型的方法是将数据(特征值)离散化以获得整数值。

9.4.4　方法概述

本研究将考虑跨多个数据所有者的横向分割数据的情况,系统架构如图 9.7 所示。假设有 N 个数据所有者,每个数据所有者 n 持有一组特征向量 $X_{i}^{n}\in\mathbb{R}^{k\times M}$,其中有 M 个特征(维度),且 $i=1,2,\cdots,k$,这里 k 是特征向量的总数。因此每个数据所有者 n 拥有一个数据矩阵,使得 $X^{n}\in\mathbb{R}^{k\times M}$。另外在有监督学习中,每个样本 x 都有一个标签 y,这表明它属于其中一个类。

在该系统中,数据使用者希望利用数据并计算出 PCA(或 DCA)的投影矩阵,并将其横向分割给多个数据所有者。有许多实际应用采用这种数据共享模式,例如连续身份验证(CA)应用。CA 服务器需要使用 ML 算法(包括 PCA 等 DR 技术)为一组注册用户构建身份验证配置文件,因此 CA 服务器(数据使用者)需要使用(横向)分布在所有注册用

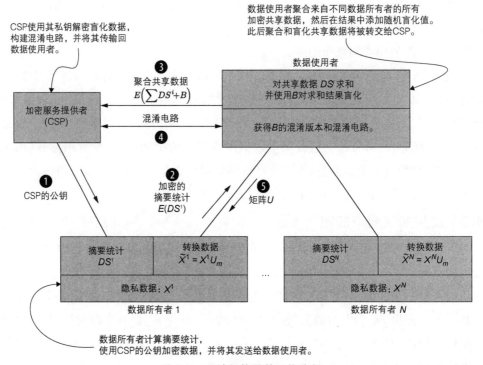

数据使用者聚合来自不同数据所有者的所有
加密共享数据，然后在结果中添加随机盲化值。
此后聚合和盲化共享数据将被转交给CSP。

CSP使用其私钥解密盲化数据，
构建混淆电路，并将其传输回
数据使用者。

❸

聚合共享数据
$E\left(\sum DS^i + B\right)$

数据使用者

对共享数据 DS^i 求和
并使用 B 对求和结果盲化

加密服务提供者
（CSP）

混淆电路

❹

获得 B 的混淆版本和混淆电路。

❶

CSP的公钥

❷

加密的
摘要统计
$E(DS^i)$

❺

矩阵 U

摘要统计
DS^1

转换数据
$\tilde{X}^1 = X^1 U_m$

摘要统计
DS^N

转换数据
$\tilde{X}^N = X^N U_m$

...

隐私数据：X^1

隐私数据：X^N

数据所有者 1

数据所有者 N

数据所有者计算摘要统计，
使用CSP的公钥加密数据，并将其发送给数据使用者。

图 9.7　系统架构及其工作流程

户（数据所有者）中的数据来计算 PCA（或 DCA）投影矩阵。

稍后我们将研究每一步的细节，假设有两个数据所有者 Alice 和 Bob，他们希望为一个协作 ML 任务共享他们的隐私数据，这种情况下的 ML 任务是数据使用者。从隐私的角度来看，最重要的问题是任何计算方（如数据使用者或 CSP）都不应该知道 Alice 或 Bob 的任何输入数据或任何明文格式的中间值，这就是为什么需要先加密数据的原因。但是当数据被加密后，ML 算法能学习到什么呢？这就是同态属性发挥作用的地方，即便使用加密数据，我们也可以执行一些计算（如加法或减法）。

传统上，PCA 和 DCA 仅在联合数据集（由多个数据所有者贡献的数据组成）的集中位置上使用，但要计算投影矩阵 U 需要数据所有者透露自己的数据信息。本案例研究将修改投影矩阵的计算方式，使其具有分布性和隐私保护性。为了促进这种隐私保护的计算，我们将利用第三方（加密服务提供商），它将与数据使用者进行相对短暂的一轮信息交换，以计算投影矩阵。然后数据所有者可以使用投影矩阵来降低其数据的维度，之后这种降维数据可以用作某些执行分类或回归的隐私保护 ML 算法的输入。

在设计安全体系结构时，确定正在开发的解决方案中可能有有害或易受攻击的威胁是很重要的。因此快速回顾一下我们可能面临的威胁类型,以便在解决方案中缓解威胁。协议的主要隐私需求是数据所有者能够保护其数据的隐私,把攻击者视为计算方:数据使用者和加密服务提供商(CSP)。各方都不应该以明文格式访问任何数据所有者的输入数据或中间值(如数据所有者的共享数据或散布矩阵)。数据使用者应该只知道 PCA 或 DCA 投影矩阵的输出和特征值。

CSP 的主要作用是促进散布矩阵的隐私保护计算,因此假设 CSP 是独立的一方,不与数据使用者串谋。例如数据使用者和 CSP 可以是不同的公司,如果为了维护其声誉和客户群,它就不会相互串谋。此外假设所有参与者都是诚实但好奇的(即半诚实的对抗性模型),这意味着各方都将正确遵循协议规范,但他们可能会好奇,并试图使用协议记录提取新的信息。因此数据使用者和 CSP 都被认为是半诚实的、不串谋的,但在其他方面都是不可信的服务器。接下来我们还将讨论一些扩展问题,其可以解释由于数据使用者与数据所有者子集之间的串谋而导致单个数据所有者的相关隐私信息被泄露的问题。

假设数据所有者、数据使用者和 CSP 之间的所有通信都在安全通道上进行,使用诸如 SSL/TLS、数字证书和签名等众所周知的方法。

9.4.5 隐私保护计算的工作原理

前面我们已经介绍了所有必要的背景信息,接下来继续进行散布矩阵和 PCA 或 DCA 投影矩阵的隐私保护计算。假设 N 个数据所有者愿意与一个特定的数据使用者合作并计算散布矩阵。

隐私保护 PCA

PCA 的第一步是以分布式的方式计算总散布矩阵,假设总散布矩阵是 $\bar{S}$,并且可以用迭代的方式计算。现在有 N 个数据所有者,每个数据所有者 n 都有一组训练样本,将其表示为 P^n。每个数据所有者都会计算一组值,称其为 *本地共享数据(Local Shares)*,公式如下所示:

$$R^n = \sum_{i \in P^n} X_i X_i^{\mathrm{T}}$$

$$V^n = \sum_{i \in P^n} X_i$$

$$Q^n = | P^n |$$

总散布矩阵可以通过对各方的部分贡献求和得到:

$$\bar{S} = \sum_{i=1}^{Q} (X_i - \mu)(X_i - \mu)^{\mathrm{T}} = \sum_{i=1}^{Q} X_i X_i^{\mathrm{T}} - Q\mu\mu^{\mathrm{T}} = \sum_{n=1}^{N} R^n - \frac{1}{Q} V V^{\mathrm{T}} = R - \frac{1}{Q} V V^{\mathrm{T}}$$

其中

$$R = \sum_{n=1}^{N} R^n, \quad V = \sum_{n=1}^{N} V^n, \quad Q = \sum_{n=1}^{N} Q^n$$

重要的是,数据所有者不应以明文形式将其本地共享数据发送给数据使用者,因为它们包含了数据的统计摘要。因此可以使用加法同态加密方案(如 Paillier 密码系统)对本地共享数据进行加密(由 CSP 提供公钥)

一旦接收到这些加密共享数据,数据使用者就可以聚合并计算出加密的中间值(即 R、V 和 Q),然后把这些盲化后的值发送到 CSP 进行解密。数据使用者可以使用这些聚合值,并通过混淆电路和不经意传输来计算散布矩阵和 PCA 投影矩阵。这里盲化($Blinding$)指的是在加密值中添加随机数,以防止 CSP 了解任何关于数据(即使是集合形式的数据)的信息。(使用相当于一次一密(One-Time Pad)的方法对数值进行盲化)

接下来我们来了解一下这个协议是如何在保护 PCA 的同时一步一步确保隐私的。

1. *设置用户*:在设置过程中,CSP 根据数据所有者和数据使用者的请求,把用于 Paillier 密码系统的公钥 pk 发送给他们。这一步骤还可能包括向 CSP 正式注册数据所有者。

2. *计算本地数据*:每个数据所有者 n 使用前面讨论的等式 $DS^n = \{R^n, V^n, Q^n\}$ 计算自己的数据。在将所有值离散为整数值后,数据所有者使用 CSP 的公钥对 R^n、V^n 和 Q^n 进行加密,得到 $E_{pk}[DS^n] = \{E_{pk}[R^n], E_{pk}[V^n], E_{pk}[Q^n]\}$,最后每个数据所有者向数据使用者发送 $E_{pk}[DS^n]$。

3. *聚合本地数据*:数据使用者从每个数据所有者接收到 $E_{pk}[DS^n] = \{E_{pk}[R^n], E_{pk}[V^n], E_{pk}[Q^n]\}$,并继续计算 R、V 和 Q 的加密值。更明确地说,数据使用者能够从加密的数据所有者的共享数据中计算 $E_{pk}[R]$、$E_{pk}[V]$ 和 $E_{pk}[Q]$,公式如下:

$$E_{pk}[R] = \otimes_{n=1}^{N} E_{pk}[R^n]$$
$$E_{pk}[V] = \otimes_{n=1}^{N} E_{pk}[V^n]$$
$$E_{pk}[Q] = \otimes_{n=1}^{N} E_{pk}[Q^n]$$

为了屏蔽 CSP,数据使用者在这些聚合值中添加一些随机整数,从而获得盲化的聚合数据 $E_{pk}[R']$、$E_{pk}[V']$ 和 $E_{pk}[Q']$,并将其发送到 CSP 进行解密。

4. 使用混淆电路进行特征值分解:

a. 一旦接收到来自数据使用者的盲化的聚合数据,CSP 将使用其私钥对其进行解密,得到 $E_{pk}[R']$、$E_{pk}[V']$ 和 $E_{pk}[Q']$。由于 CSP 不知道数据使用者添加的随机值,因此 CSP 无法了解原始的聚合值。

b. 然后 CSP 将构建一个混淆电路,并对从聚合数据计算出的散布矩阵执行 EVD。该混淆电路的输入是由 CSP 解密的盲化聚合数据的混淆版本以及由数据使用者生成和持有的盲值。

c. 由于 CSP 构造了混淆电路,它可以获得混淆的输入。然而数据使用者需要使用不经意传输与 CSP 进行交互,以获得其混淆的输入——盲值。使用不经意传输可以保证 CSP 不会学习到数据使用者持有的盲值。

d. 由 CSP 构建的混淆电路采用两个混淆输入,并在减去之前步骤中添加的数据使用者的盲值后,根据数据 R'、V' 和 Q' 计算散布矩阵。CSP 通过对散布矩阵进行特征分解来获得 PCA 投影矩阵。

e. 数据使用者将接收混淆电路作为求值程序,这个混淆电路已经有 CSP 的混淆输入(解密和盲化的聚合数据),数据使用者使用不经意传输获得盲值的混淆版本。

f. 最后,数据使用者执行混淆电路,得到投影矩阵和特征值作为其输出。

这就是在实际应用中实现和计算隐私保护的 PCA 的过程,本章后面将讨论这种方法的效率,现在我们先来了解隐私保护的 DCA 是如何工作的。

隐私保护的 DCA

正如 9.2 节所讨论的,DCA 的计算需要对总散布矩阵 $\bar{S}$ 和信号矩阵 S_B 进行计算,此外一些其他的 DCA 公式也使用了噪声矩阵 S_w。首先我们来快速概述一下 S_B 和 S_w 的分布式计算,然后继续讨论协议的实现细节。

S_B 的计算和 S_w 的计算可能不同,这取决于数据所有者拥有的数据是属于单个类还是多个类。例如:一个垃圾邮件检测应用的每个数据所有者都拥有垃圾邮件和非垃圾邮件。这个案例表示两个类(垃圾邮件和非垃圾邮件),它是多类数据所有者(Multiple-Class Data Owner,MCDO)的一个例子。另一方面,有时每个数据所有者代表一个类,如在连续身份验证系统中,所有数据都具有相同的标签,这是一个单类数据所有者(Single-Class Data Owner,SCDO)的示例。

首先我们来回顾一下以分布式方式计算散布矩阵 S_B 和 S_w 的方程,然后介绍以隐私保护方式执行 DCA 计算的协议。假设每个样本 X_i 都有一个标签 y_i,表示它属于 K 类 $(C_1, C_2, \cdots, C_k)$ 中的一类。用 μ 表示 C_k 类中训练样本的平均向量,M_k 表示 C_k 类中的样本数。由此可以计算噪声矩阵 S_w:

$$S_W = \sum_{k=1}^{K} \sum_{i:y_i=c_k} (X_i - \mu_k)(X_i - \mu_k)^{\mathrm{T}} = \sum_{k=1}^{K} \left(\sum_{i:y_i=c_k} X_i X_i^{\mathrm{T}} - M_k \mu_k \mu_k^{\mathrm{T}} \right) = \sum_{k=1}^{K} O_k$$

其中矩阵 O_k 表示属于类 k 的数据。由于每个数据所有者 n 映射到单个 k 类(在 SCDO 的情况下),可以写作 $O_k = O^n$,并且 $S_W = \sum_{k=1}^{K} O_k = \sum O^n$。

对于多类数据所有者(MCDO),每个数据所有者 n 有属于不同类的数据。P_n^k 表示类 k 数据所有者 n 持有的训练样本集,对于每个 k 类,数据所有者可以在本地计算

$$V_k^n = \sum_{i \in P_k^n} X_i$$

此外,M_k^n 可以按 $M_k^n = |P_k^n|$ 计算,数据所有者也可以计算类似于 PCA 的 R^n,因为它不局限于某个特定的类。现在根据数据所有者的部分贡献,S_w 如下,

$$S_W = \sum_{n=1}^{N} R^n - \sum_{k=1}^{K} \frac{1}{M_k} V_k V_k^{\mathrm{T}} = R - \sum_{k=1}^{K} \frac{1}{M_k} V_k V_k^{\mathrm{T}}$$

其中

$$R = \sum_{n=1}^{N} R^n, \quad V_k = \sum_{n=1}^{N} V_k^n, \quad M_k = \sum_{n=1}^{N} M_k^n$$

现在我们来了解一下如何计算信号矩阵 S_B,单类(SCDO)和多类(MCDO)的计算方法类似的。此外,信号矩阵可以直接根据上述方程中描述的聚合数据 (V_k, M_k, V, M) 计算:

$$S_B = \sum_{k=1}^{K} M_k (\mu_k - \mu)(\mu_k - \mu)^{\mathrm{T}} = \sum_{k=1}^{K} N_k \left(\frac{V_k}{M_k} - \frac{V}{M} \right) \left(\frac{V_k}{M_k} - \frac{V}{M} \right)^{\mathrm{T}}$$

与散布矩阵不同,对于噪声矩阵和信号矩阵在计算中都使用类均值,这要求数据所有者向数据使用者发送每个类的数据。如果数据所有者只发送与其拥有的类相关的数据,这会泄露关于哪些类属于哪个数据所有者方面的信息。因此建议所有数据所有者发送代表所有类的数据,当数据所有者不拥有某些类数据时,可以将该类数据设置为全零。

接下来我们来逐步了解一下隐私保护 DCA 协议是如何工作的:

1. *设置用户*。这一步骤与 PCA 所做的非常相似。CSP 根据数据所有者和数据使用者的请求,把用于 Paillier 密码系统的公钥 pk 发送给他们。

2. *计算本地数据*。每个数据所有者 n 从其数据中计算 R^n,对于每个标记为 k 的类,

数据所有者计算 V_k^n 和 M_k^n。如前所述,如果数据所有者没有属于类 k 的样本,仍然会生成 V_k^n 和 M_k^n,但把它们设置为零。数据所有者在进行离散化并获得整数值后,将使用 CSP 的公钥加密 R^n 以获得 $E_{pk}[R^n]$,同时对基于类的数据(V_k^n 和 M_k^n)进行加密以获得每个类 k 的 $\{k, E_{pk}[V_k^n], E_{pk}[M_k^n]\}$,最后数据所有者将自己的加密数据 DS^n 发送给数据使用者。

3. *聚合本地数据*。数据使用者从每个数据所有者那里接收 DS^n,其包括 $E_{pk}[R^n]$,并且对于每个类 k,还包括 $\{k, E_{pk}[V_k^n], E_{pk}[M_k^n]\}$。然后数据使用者继续对 R 的加密值、V_k 的值和 M_k 的值进行重构:

$$E_{pk}[R] = \bigotimes_{n=1}^{N} E_{pk}[R^n]$$

对于每个类 $k \in 1, \cdots, K$,数据使用者计算如下:

$$E_{pk}[V_k] = \bigotimes_{n=1}^{N} E_{pk}[V_k^n]$$

$$E_{pk}[M_k] = \bigotimes_{n=1}^{N} E_{pk}[M_k^n]$$

之后数据使用者把一些随机整数添加到这些聚合值中,以隐藏 CSP 中的聚合值,从而获得除 E_{pk} 和 E_{pk} 的值之外的盲化数据 $E_{pk}[R']$,然后将这些盲值发送至 CSP。

4. *执行广义特征值分解*(*Generalized Eigenvalue Decomposition*, *GEVD*):

a. CSP 使用其私钥解密盲化数据 $E_{pk}[R']$ 以及数据使用者收到的 $E_{pk}[V_k']$ 和 $E_{pk}[M_k']$ 值,在不知道数据使用者添加的随机值的情况下,CSP 无法学习聚合值。

b. 然后 CSP 将构建一个混淆电路,以对信号和根据聚合数据计算出的总散布矩阵执行 GEVD。这个混淆电路的输入是 CSP 解密的盲化聚合数据的混淆版本,以及数据使用者生成和持有的盲值。

c. 正如在 PCA 的例子中所讨论的,由于 CSP 构造了混淆电路,它可以获得输入的混淆版本。然而数据使用者需要使用不经意传输与 CSP 进行交互,以获得输入的混淆版本——盲值。这种不经意传输保证了 CSP 不会知道数据使用者持有的盲值。

d. 由 CSP 构造的混淆电路取两个混淆输入,从聚合数据中去除盲值,并使用数据 V_k' 和 M_k' 来计算 V 和 M,然后计算总散布矩阵 $\bar{S}$ 和信号矩阵 S_B,最后通过广义特征值分解计算 DCA 投影矩阵。

e. 数据使用者将接收到的混淆电路作为其求值函数,这个混淆电路已经有了

CSP 的混淆输入(解密和盲化的聚合数据),所以可以使用不经意传输以获得混淆的盲值。

　　f. 最后数据使用者执行混淆电路,获得投影矩阵和特征值作为其输出。

这就是在应用和用例中实现隐私保护 DCA 的方法。

什么是广义特征值分解(GEVD)?

　　给定矩阵 A 和 B,GEVD 旨在找到满足方程 $Au=\lambda Bu$ 的特征值(称为 λ)和特征向量(称为 u)。

　　考虑计算 B 的逆并试图求解 $B^{(-1)}Au=\lambda u$,将这个问题简化为常规的 EVD。然而 $B^{(-1)}A$ 并不总是对称矩阵,散布矩阵的一个重要性质就是对称。对称矩阵的特征值总是实数,因此我们能够更简单地实现不涉及复数的幂方法。

　　现在我们已经了解了如何使用加密共享数据来转换数据,以及如何执行特征值分解,以便在保护隐私的同时,在有意义的 ML 任务中使用 PCA 和 DCA。下一节我们将评估这些不同方法的效率和准确度。

9.4.6　评估隐私保护 PCA 和 DCA 的效率和准确度

　　目前为止,本章已经讨论了在现实世界的 ML 应用中实现 CP(特别是 PCA 和 DCA)的理论背景和不同方法。这里我们将评估本案例研究前几节(特别是 9.4.4 节)中所讨论的实现方法的效率和准确度。正如我们已经讨论过的将隐私集成到 ML 任务中时,重要的是要保持隐私和可用性之间的平衡。因此我们将对此进行评估,以了解所提出的方法对实际 ML 应用的有效性。

　　在本案例研究中,用于实验的数据集来自 UCI 机器学习库[8]。虽然 PCA 和 DCA 适用于任何类型的 ML 算法,但我们选择了分类算法,因为可用于分类的数据集数量为 255个,远远超过了可用于聚类或回归的数据集数量(每个约 55 个)。此外,由于提出协议的效率取决于数据维度(特征的数量),所以选择了具有不同数量(8～50)特征的数据集。表 9.1 和表 9.2 总结了每个数据集的特征和类的数量。使用 SVM 作为这些评估的分类任务,并且在所有情况下数据所有者的数量都设置为 10。

效率分析

　　表 9.1 和表 9.2 显示了使用 1 024 位的 Paillier 密钥长度,在不同数据集上执行隐私保护 PCA 和 DCA 的耗时数据。我们可以尝试不同大小的密钥,看看它是如何影响性能的,进而会发现当密钥长度较长时,性能会受到不利影响。

数据所有者的平均时间代价是指数据所有者计算个人数据并对其进行加密所花费的总时间,数据使用者的平均时间代价表示从每个数据所有者收集每个数据并将其添加到这些数据的当前总和中(在加密域中)所需的时间。

这些表还显示了 CSP 解密来自数据使用者的盲化聚合值所花费的时间,最后展示了使用混淆电路进行特征值分解以计算 PCA 或 DCA 投影矩阵所需的时间。括号内的值是使用混淆电路产生的主成分个数,减少这个数字会减少给定数据集的计算时间。正如下一节将要讨论的,即使仅使用 SensIT Vehicle(Acoustic)数据集的 15 个主成分也可以得到足够的准确度。

最后我们可以注意到,增加数据维度会增加协议所有阶段的计算时间,尤其是特征值分解。

表 9.1 分布式 PCA 的效率

数据集	特征数	类别	数据所有者的平均时间开销/s	数据使用者的平均时间开销/ms	CSP 解密时间/ms	使用混淆电路进行特征值分解
Diabetes	8	2	0.63	10	0.67	13.8 sec (8)
Breast cancer	10	2	0.93	11	1.0	20.7 sec (8)
Australian	14	2	1.7	12	1.8	37.4 sec (8)
German	24	2	5.0	17	5.0	3.28 min (15)
Ionosphere	34	2	9.8	24	9.9	6.44 min (15)
SensIT Vehicle (Acoustic)	50	3	22.5	40	22.7	13.8 min (15)

表 9.2 分布式 DCA 的效率

数据集	特征数	类别	数据所有者的平均时间开销/s	数据使用者的平均时间开销/ms	CSP 解密时间/ms	使用混淆电路进行特征值分解
Diabetes	8	2	0.7	12	0.8	4.0 sec (1)
Breast cancer	10	2	1.2	13	1.3	5.8 sec (1)
Australian	14	2	2.1	15	2.2	12.1 sec (1)
German	24	2	5.6	22	5.8	46.6 sec (1)
Ionosphere	34	2	11.2	29	11.6	1.9 min (1)
SensIT Vehicle (Acoustic)	50	3	26.2	48	26.9	6.7 min (2)

ML 任务的准确度分析

图 9.8 和表 9.3 总结了使用隐私保护协议后的实验结果，并与使用 Python 库 NumPy 获得的结果进行了比较，以测试分类任务的准确度。

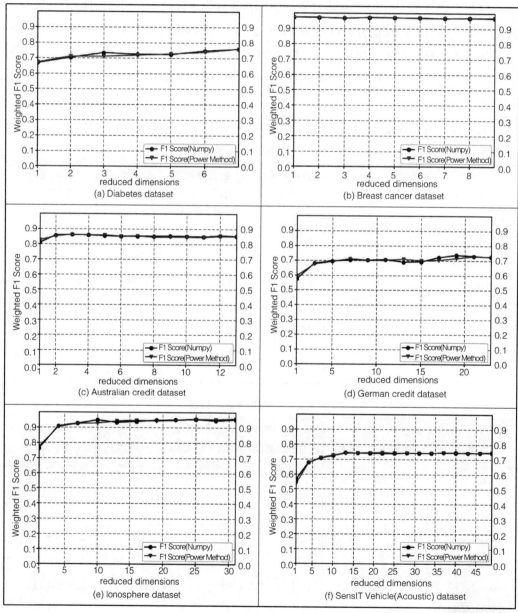

图 **9.8** 隐私保护 **PCA** 的准确度

扫码看彩图

这里我们使用加权 F1 分数来测试分类器的准确度。F1 分数可以被认为是精度和召回率的加权平均值；当 F1 值为 1 时，分类器处于最佳状态，当 F1 值为 0 时，分类器处于最差状态。F1 分数是 ML 应用中用来比较两个分类器性能的主要指标之一。更多关于 F1 分数如何工作的信息，请参考第 3.4.3 节。

作为提醒，以下是计算 F1 分数的公式：

$$\text{Precision} = \frac{\text{TruePositive(TP)}}{\text{TruePositive(TP)} + \text{FalsePositive(FP)}}$$

$$\text{Recall} = \frac{\text{TruePositive(TP)}}{\text{TruePositive(TP)} + \text{FalseNegative(FN)}}$$

$$\text{F1Score} = 2 \cdot \frac{\text{Precision} \cdot \text{Recall}}{\text{Precision} + \text{Recal}}$$

表 9.3 显示了 DCA 的结果，每个结果对应一个值，这是因为 DCA 将数据投影到了 $K-1$ 维（其中 K 是类标签的数量），而 PCA 将数据投影到了一个可变数量的维度。如你所见，这些协议是正确的，它们的结果与使用 NumPy 获得的结果是相当的。应该注意的是，加权 F1 分数的轻微波动主要是由 SVM 参数的选择引起的。但是上述两种方法的准确度几乎相同。

表 9.3 隐私保护 DCA 的准确度

数据集	F1 分数/%（使用提出的方法）	F2 分数/%（使用 NumPy 库）
Diabetes	76.5	76.4
Breast cancer	96.9	96.8
Australian	86.1	85.5
German	72.7	73.8
Ionosphere	84.3	83.4
SensIT Vehicle（Acoustic）	67.8	68.4

这个案例研究讨论了如何在分布于多个数据所有者的横向分割数据上实现 ML（特别是 PCA 和 DCA）的隐私保护协议。从结果中我们可以清楚地看到，该方法是有效的，并且它在保护数据所有者的数据隐私的同时维持了可用性。

总结

• 基于 DP 的隐私保护技术的主要问题是它们通常会给隐私数据添加过多的噪

声,导致可用性出现不可避免的下降。

- 压缩隐私是一种替代方法(与 DP 相比),可以在许多实际应用中用于隐私保护,该方法不会在效用任务中造成重大损失。

- 压缩隐私本质上是通过压缩和 DR 技术将数据投影到低维超平面来扰动数据,从而可以在不影响隐私的情况下恢复数据。

- 不同的压缩隐私机制适用于不同的应用,但对于机器学习和数据挖掘任务,PCA、DCA 和 MDR 是几种常用的方法。

- PCA 和 DCA 等压缩隐私技术也可以用于分布式环境,以实现机器学习的隐私保护协议。

10

整体设计:构建一个隐私增强平台(DataHub)

本章内容:

- 对协同工作隐私增强平台的要求
- 研究协同工作区的不同组成部分
- 真实世界应用中的隐私和安全要求
- 在研究数据保护和共享的平台中集成隐私和安全技术

前面的章节介绍了用于不同目的的隐私增强技术。例如第 2 章和第 3 章研究了差分隐私(DP),其涵盖了在数据查询结果中添加噪声以确保个人隐私而不干扰数据原始属性的想法。在第 4 章和第 5 章,我们研究了本地化差分隐私(LDP),利用本地部署的数据聚合器实现本地化差分隐私。从本质上讲,LDP 不需要原始 DP 技术中可信的数据管理者。然后,第 6 章讨论了合成数据生成技术和场景,这有助于取代上述隐私技术。第 7 章和第 8 章研究了保护数据隐私的问题,特别是研究了数据挖掘和管理中,当数据存储在数据库应用中并针对不同的数据挖掘任务发布时的数据隐私保护问题。最后,第 9 章介绍了将数据投影到低维空间的不同压缩隐私(CP)策略,还讨论了使用 CP 方法的好处,特别是使用机器学习(ML)算法的好处。

本书的最后一章将应用隐私增强的技术和方法实现真实世界的应用程序,即一个用于研究数据保护和共享的平台,称为 DataHub。本章将介绍这个假定系统的功能和特点,目标是使读者更好地了解一个实际应用的设计过程,隐私和安全增强技术在其中发挥着重要作用。

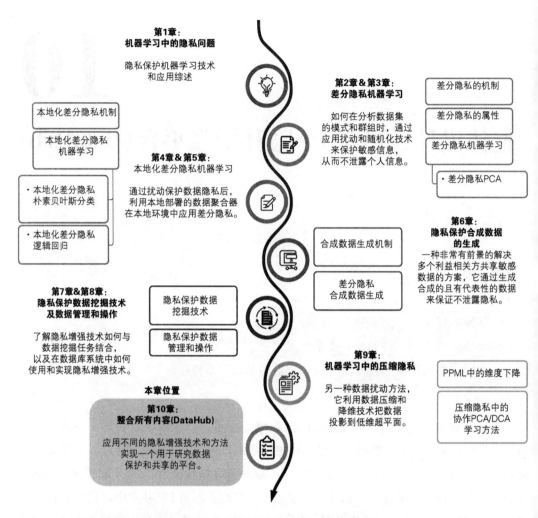

第1章：
机器学习中的隐私问题

隐私保护机器学习技术
和应用综述

第2章 & 第3章：
差分隐私机器学习

如何在分析数据集
的模式和群组时，通过
应用扰动和随机化技术
来保护敏感信息，
从而不泄露个人信息。

差分隐私的机制

差分隐私的属性

差分隐私机器学习

· 差分隐私PCA

本地化差分隐私机制

本地化差分隐私
机器学习

第4章 & 第5章：
本地化差分隐私机器学习

通过扰动保护数据隐私后，
利用本地部署的数据聚合器
在本地环境中应用差分隐私。

· 本地化差分隐私
朴素贝叶斯分类

· 本地化差分隐私
逻辑回归

合成数据生成机制

差分隐私
合成数据生成

第6章：
隐私保护合成数据
的生成

一种非常有前景的解决
多个利益相关方共享敏感
数据的方案，它通过生成
合成的且有代表性的数据
来保证不泄露隐私。

第7章&第8章：
隐私保护数据挖掘技术
及数据管理和操作

了解隐私增强技术如何与
数据挖掘任务结合，
以及在数据库系统中如何
使用和实现隐私增强技术。

隐私保护数据
挖掘技术

隐私保护数据
管理和操作

第9章：
机器学习中的压缩隐私

另一种数据扰动方法，
它利用数据压缩和
降维技术把数据
投影到低维超平面。

PPML中的维度下降

压缩隐私中的
协作PCA/DCA
学习方法

本章位置

第10章：
整合所有内容(DataHub)

应用不同的隐私增强技术和方法
实现一个用于研究数据
保护和共享的平台。

10.1 研究数据保护和共享平台的重要性

在许多应用场景，需要将隐私增强技术应用于实际应用中，以保护个人隐私。例如之前章节所讨论的，从电子商务或银行应用收集的隐私数据（例如年龄、性别、邮政编码、支付模式等）需要受到保护，以防止其他方追溯并识别出原始用户。

同样，医疗保健应用必须确保所有必要的隐私保护，即使是出于研究目的，未经患者同意也不得泄露患者记录和用药详细信息。在这种情况下，将隐私信息用于研究等目的时，最好的方法是应用某种隐私增强机制并扰动原始数据。但哪种机制最有效？可以在所有不同的用例中使用任意机制吗？本章通过把不同的机制整合到一个协同任务中来回答这些问题。

考虑这样一个场景:不同医疗机构独立工作,致力于寻找特定疾病(例如皮肤癌)的治疗方法。每个机构与患者密切合作,开展先进的研究。假设它们正在使用一种 ML 算法根据皮肤镜图像对皮肤癌进行分类,以辅助研究。然而它们可以通过协作来提高机器学习模型的准确度,而不是每个机构独立工作。不同机构可以提供不同类型的数据,从而提供更多样化的数据集,以得到更好的准确度。

然而来自人类受试者的专门用于研究目的的数据必须得到安全维护,并且由于隐私问题通常无法将数据与其他方共享,这就需要隐私增强技术发挥它的作用。由于这是一项协同工作,必须选择最合适的技术来确保数据的隐私保证。

本章将探讨如何使不同的利益相关者(在本例中为各个医疗机构)进行协作,并将使用一组安全和隐私增强技术来设计一个端到端平台以保护和共享研究数据。这个想法是为了展示如何在实际场景中应用上述章节所讨论的技术,我们的用例是 DataHub——研究数据保护和共享的平台。

10.1.1 DataHub 平台背后的动机

来自不同机构、组织或国家的研究人员为实现共同的科学目标进行协作。他们通常从各种渠道收集大量的数据并对其进行分析,以回答具体的研究问题。例如,假设一个癌症研究所正在进行预防和治疗间皮瘤的研究,间皮瘤是一种美国罕见的癌症类型。由于这是一种罕见的癌症类型,该研究所由间皮瘤患者提供的数据很少。因此该研究所的研究人员需要从其他癌症研究所获得更多的患者数据,但其他研究所鉴于隐私政策可能不愿意共享患者数据。在协同研究中,聚合来自多个数据所有者的隐私数据是一个重要的问题。

考虑另一种情景,假设研究人员正在调查个人的政治态度,研究人员可能会进行传统的面对面调查或者使用在线调查工具,但无论哪种情况,研究人员都会获得包含个人隐私信息的原始数据。这些原始数据容易被滥用,就像第 1 章所讨论过的 Facebook 和一剑桥分析公司的数据丑闻一样——剑桥分析公司收集的数据被用来试图影响选民的意见。因此,人们对于能够在保护安全和隐私的同时允许数据共享和聚合的系统的需求正在增加。

本章提及的 DataHub 是一个能够实现这些目标的假定系统。在该系统中,我们需要保障数据存储的安全性,消除数据滥用并保持研究过程的完整性。由于人类是医学、生物学、心理学、人类学、社会学等众多研究领域的研究对象,保护个人隐私是研究人员使用包含个人信息数据的基本要求。DataHub 平台将通过提供隐私保护机制分析来自多个数据所有者的聚合数据以解决这个问题。此外，该平台包含用于进行隐私保护调查的工具，这些工具收集来自个人的扰动数据并提供隐私保证。从本质上讲，可以通过这些隐私保证技术来提高调查参与度并消除隐私泄露的行为。

10.1.2　DataHub 的重要特性

该应用涉及许多不同的利益相关者——数据所有者、数据使用者、算法提供者等，因此需要通过数据或技术贡献和共享来促进平台用户之间的协作，并由数据所有者指定隐私访问控制。

应用所需的关键特性：

- **确保对数据的保护**。通过安全和隐私增强技术保护收集的数据。在数据存储和检索过程中，可以通过数据加密/解密和完整性检验（Integrity Checks）来确保数据安全性。完整性验证可以确保数据不被无意或恶意篡改。可以通过隐私保护技术对数据或分析结果进行扰动来确保隐私，包括上述章节所讨论的合成数据生成和隐私保护 ML 方法。

- **允许应用扩展**。一旦部署，系统应该利用云计算的优势和数据库系统中新兴的分布式数据处理技术，根据不断增长的数据和应用需求扩展计算。安全和隐私技术应该通过部署在虚拟机（VM）上的数据保护服务来实现，随着数据量和用户数量的增加，可以动态部署更多的 VM 资源。

- **促进利益相关者的协作和参与**。该平台应该通过至少四个角色来促进协作：数据所有者、数据提供者、数据使用者和算法提供者。除了研究数据外，数据分析和保护算法也可以在各机构之间被收集和共享。我们可通过不同的基于角色的访问控制机制实现对数据和算法的访问。

即使在数据保护和共享的背景下，也存在许多不同的应用用例。前面已经提到了两个：用于多个协作机构之间的数据聚合应用，以及用于促进数据收集过程的在线调查工具。可能还有许多其他涉及存储、分析、收集和共享研究数据的用例。

如果我们想知道是否存在类似的既定解决方案，答案是肯定的。例如：BIOVIA ScienceCloud（www. sciencecloud. com）是一个基于云的基础设施，为研究协作提供了解决方案；HUBzero（https://hubzero. org）是另一个用于托管分析工具、发布数据、共享资源、协作和构建社区的开源软件平台；Open Science Data Cloud（OSDC；www. opensciencedatacloud. org）是另一个便于存储、共享和分析 TB 级和 PB 级科学数据集的云平台。然而现有的解决方案都不允许进行隐私保护查询或分析来自多源的受保护数据，而这些正是我们的目标。此外，现有的解决方案都没有提供进行隐私保护调查的工具，而隐私保护调查是从个人收集信息的基本方式，尤其是在社会科学领域。这种隐私保护技术的缺乏意味着目前的平台不能充分支持研究协作，我们将通过提供一个安全、共享的工作区(Workspace)来填补这一空白，多个组织机构和科学界可以共同使用一个基于云的系统协同工作，以满足科学界的需求并提供隐私保障。

10.2　理解研究协同工作区

现在我们将详细介绍研究协同工作区的设计。DataHub 将在平台上为四种不同的用户群体提供服务：数据所有者、数据提供者、数据使用者和算法提供者，如图 10.1 所示。这些不同的用户可以在基于角色的访问控制机制下通过不同的用户角色进行配置。平台用户还可以在系统中拥有多个角色，例如数据所有者可能想要利用其他数据所有者的数据。在这种情况下，数据所有者可以作为数据使用者运行隐私保护算法。

如图 10.1 所示，数据所有者的目标是允许研究人员使用他们的数据集，同时保护这些数据集的安全性和隐私性。保护数据集安全性和隐私性的一种方法是将可扩展的基于云安全的 NoSQL 数据库解决方案 SEC-NoSQL[1] 集成到架构中。

当数据所有者将数据提交到 DataHub 时，数据会被安全地存储在数据库中。为了满足上述要求，一种解决方案是数据所有者加密该信息并将其放入数据库中。然而即使想从该数据集中查询一条数据元组，数据所有者都必须要解密整个数据库，这在多方应用程序中既不实际也不高效。为了解决这个问题，学术界提出了 SQL 感知的加密概念[2]。其思想是在不解密整个数据库的情况下查询加密数据，这可以通过不同的属性保护加密层来实现。SEC-NoSQL 框架将在数据存储和检索过程中通过数据加密机制以及数据完整性验证来保证数据安全性，完整性验证可防止任何一方无意或恶意篡改数据。我们将在 10.3.1 节详细介绍，这里只作简要概述，数据安全操作可以在数据所有者的两种信任模型中实现，以保护数据免受 DataHub 其余部分的影响：

- 半可信第三方被称为加密服务提供商(CSP)，它将提供用于加密的公钥。
- 这些算法将在数据所有者和 DataHub 之间执行，无需加密服务提供商提供帮助。

在这个平台中，数据所有者通过访问控制机制定义不同的保护策略来控制数据的使用方式以及谁可以访问或使用这些数据。

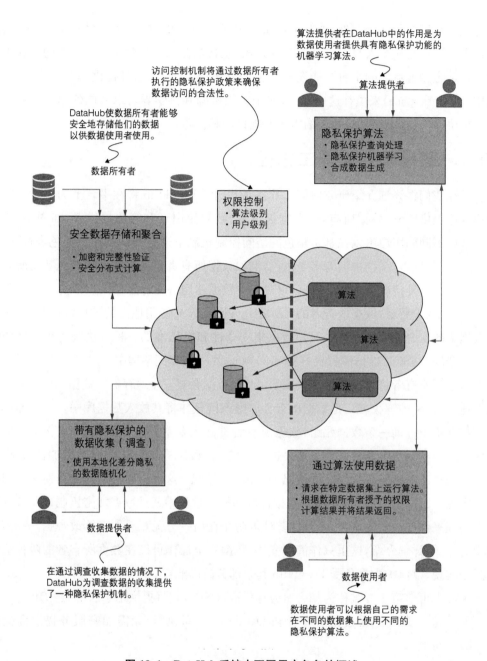

算法提供者在DataHub中的作用是为数据使用者提供具有隐私保护功能的机器学习算法。

访问控制机制将通过数据所有者执行的隐私保护政策来确保数据访问的合法性。

DataHub使数据所有者能够安全地存储他们的数据以供数据使用者使用。

数据所有者

算法提供者

隐私保护算法
· 隐私保护查询处理
· 隐私保护机器学习
· 合成数据生成

权限控制
· 算法级别
· 用户级别

安全数据存储和聚合
· 加密和完整性验证
· 安全分布式计算

算法

算法

算法

带有隐私保护的数据收集（调查）
· 使用本地化差分隐私的数据随机化

数据提供者

在通过调查收集数据的情况下，DataHub为调查数据的收集提供了一种隐私保护机制。

通过算法使用数据
· 请求在特定数据集上运行算法。
· 根据数据所有者授予的权限计算结果并将结果返回。

数据使用者

数据使用者可以根据自己的需求在不同的数据集上使用不同的隐私保护算法。

图 10.1　DataHub 系统中不同用户角色的概述

> **什么是安全架构设计中的信任模型?**
>
> 一般来说,信任是安全架构的一个特征,它可以被看作是使人们相信某些事情会或者不会以可预测的方式发生的信心而建立的。例如,根据ITU-T X.509标准,信任的定义如下:当第一个实体假设第二个实体的行为完全符合第一个实体的期望时,可以称该实体"信任"第二个实体。
>
> 信任模型为交付安全机制提供了一个框架。信任建模是安全架构师执行的过程,用于定义互补的威胁概况。测试结果集成了有关特定IT架构的威胁、漏洞和风险信息。

DataHub还将提供一个通过隐私保护调查收集数据的组件(如图10.1所示)。正如第4章所讨论过的,本地化差分隐私(LDP)允许数据使用者聚合有关人口的信息,同时通过随机响应机制保护每个人(数据所有者)的隐私(参见4.1.2节)。

此外,数据使用者可以在DataHub中运行隐私保护算法来使用数据所有者的数据,这些算法包括隐私保护的ML、查询处理、合成数据生成等。一般来说,数据使用者只有在获得访问权限的情况下才会了解算法的结果。算法的结果将提供差分隐私保证,这是量化个人隐私的常用标准,正如我们在第2章和第3章所讨论的。

最后DataHub可以由算法提供者添加新算法来进行扩展(如图10.1所示),这也促进了不同机构之间的合作。

10.2.1　架构设计

DataHub作为科学界的一个可扩展系统,将成为一个在公共云上管理所有数据和算法的平台。如图10.1所示,DataHub的主要功能是在受保护的数据集上运行隐私保护算法。NoSQL数据库将被用于数据存储,因为它们可为大数据提供更好的性能和更高的可扩展性,特别是在工作负载不断增加的情况下。详细的部署架构如图10.2所示。

快速浏览图10.2中所示的组件,DataHub可以在不同的商用开源工具和技术之上实现。就像访问任意网页一样,数据所有者和数据使用者可以通过公共互联网连接到DataHub平台。接入网关将在登录过程中强制执行访问策略,以识别分配给每个用户的权限。如果授予访问权限,负载均衡器将适当分配负载,并根据请求类型将请求转发到相关的DataHub服务应用。本章后面将介绍不同的服务产品,DataHub执行的每个功能都作为服务应用提供(资源即服务),如ML以机器学习服务的形式提供。最后为了促进某些服务的安全交付,DataHub集成了一个加密服务提供商。

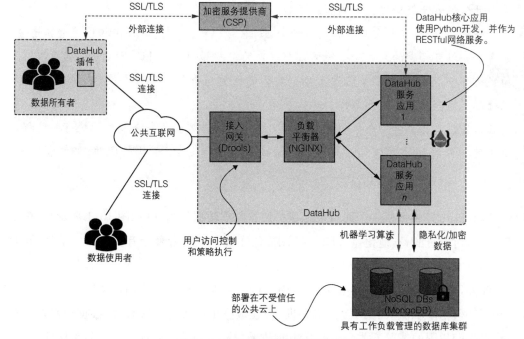

图 10.2　DataHub 的系统部署架构

注意　图 10.2 列出了一些最流行的开源软件产品,以便读者了解它们的功能。这仅供参考,你可以使用自己喜欢的软件产品。

在部署方面,我们可以为 DataHub 选择半诚实的信任模型。在半诚实信任模型中,假设系统中的每一方都正确地遵循协议,但它们可能对正在交换的数据感到好奇,并可能尝试通过分析在协议执行过程中收到的值来获取其他信息。数据所有者无法完全信任基于云的服务提供商,因此在运行算法时,DataHub 不需要来自数据所有者的原始数据。

我们可以为半诚实信任模型的两种变体设计隐私保护算法,第一种信任模型需要一个半可信的第三方即加密服务提供商(CSP),它负责提供用于加密的公钥,该模型的算法在通信代价方面更加高效。第二种信任模型不需要 CSP,但算法在执行过程中需要在数据所有者和 DataHub 之间进行更多的通信。两种模型都可以分析来自多个数据所有者的聚合数据,从而促进协作研究。

现在我们来详细介绍这些信任模型。

10.2.2　融合不同的信任模型

如前文所述,在设计架构中我们使用了两种不同的半诚实信任模型。

基于 CSP 的信任模型

该模型使用半可信的第三方,即加密服务提供商(CSP)[3]来设计更高效的算法。首先,CSP 生成密钥对并向数据所有者提供用于加密的公钥。由于数据所有者不想与 DataHub 共享原始数据,因此他们对数据进行加密并与 DataHub 共享加密数据。

为了计算加密数据,可以使用如同态加密的加密方案(9.4 节讨论了一个类似的协议)。当 DataHub 为某个算法在多个加密数据集上执行计算时,需要与 CSP 进行交互来对结果进行解密,然后再与数据使用者共享结果。这种方法很实用,因为它不需要数据所有者在算法执行期间在线。然而它涉及一些假设,例如 CSP 和 DataHub 之间不存在串谋。

图 10.3 展示了如何在 DataHub 中使用 CSP 执行算法。首先,每个数据所有者使用 CSP 的公钥对其数据进行加密,然后将数据发送到 DataHub 平台。当数据使用者想要访问数据时,例如在该数据上运行一个 ML 任务,DataHub 就会在加密数据上运行该任务并获取结果,然后这些结果将被盲化并发送到 CSP 进行解密。由于数据被盲化,因此 CSP 无法推断数据。一旦 DataHub 接收到解密数据,它将去除盲值并将数据发送回数据使用者以满足请求。

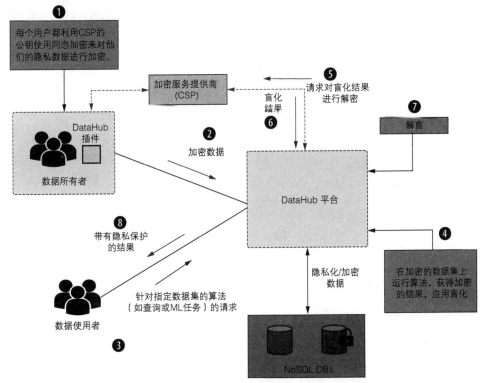

图 10.3　在 DataHub 中为基于 CSP 的信任模型执行隐私保护算法　　**· 263 ·**

基于非 CSP 的信任模型

该模型不需要使用 CSP 执行算法,在执行算法时,DataHub 直接与数据所有者进行交互。该模型有多种解决方案,例如可以设计 DataHub 和数据所有者之间的安全多方协议,或者每个数据所有者可以使用自己的密钥进行加密和解密。

可以使用分布式差分隐私(第 3 章中讨论的)作为该模型另一种可能的解决方案。当数据使用者请求在多个数据集上运行一个算法时,DataHub 可以将该请求分发给这些数据集的所有者。每个数据集所有者使用 DataHub 插件在本地计算自己的数据,并将差分隐私应用于计算出的数据。当 DataHub 从数据所有者那收集所有差分隐私共享数据时,数据使用者请求的结果可以通过隐私共享数据来计算。

图 10.4 是分布式差分隐私算法的执行过程。与基于 CSP 的模型相比,该方法要求数据所有者在算法执行过程中保持在线,这就需要 DataHub 和数据所有者之间进行更多的通信。

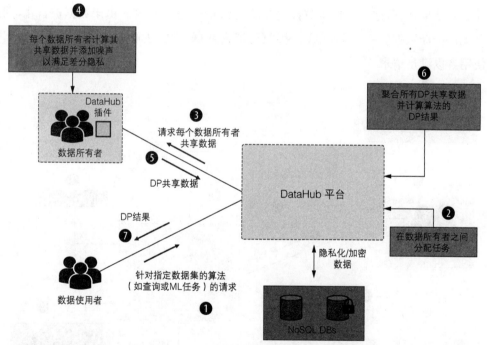

图 10.4　在 DataHub 中为基于非 CSP 的信任模型执行隐私保护算法(分布式 DP 方法)

10.2.3　配置访问控制机制

身份和访问管理是信息安全系统中非常重要的部分。一般来说,访问控制机制是一个帮助管理应用身份和访问管理的框架。重要的是,在该系统中使用适当的访问控制机制,既可以保护系统资产(数据和隐私保护算法)免受未经授权的外部侵害,又可以对内部用户(数据所有者、数据提供者、数据使用者或算法提供者)对不同的资产的访问进行管理。

访问控制策略通常可以引用客体(Objects)、主体(Subjects)和操作(Operations)来描述。客体代表系统中需要保护的特定资产,例如数据所有者的数据和算法,主体是指特定的系统用户,操作描述了系统用户(主体)对系统资产(客体)执行的具体操作,例如CREATE、READ、UPDATE 和 DELETE。访问控制策略定义了主体如何对特定客体进行操作。

在目前的应用中,访问控制主要有四种类型:

- *自主访问控制*(*Discretionary Access Control*,*DAC*)。在 DAC 模型中,资源所有者指定可以访问特定资源的主体。例如在 Windows、macOS 或 Ubuntu 等操作系统中创建文件夹时,可以轻松添加、删除或修改想要赋予其他用户的权限(如完全控制、只读等)。该模型称为*自主*(*Discretionary*)是因为访问控制是基于资源所有者的自主决定。

- *强制访问控制*(*Mandatory Access Control*,*MAC*)。在 MAC 模型中,用户无法确定谁可以访问资源。相反,系统的安全策略将决定谁可以访问这些资源。MAC 通常应用于信息机密性极强的环境中,例如军事机构。

- *基于角色的访问控制*(*Role-Based Access Control*,*RBAC*)。在 RBAC 模型中,不是授予每个主体对不同客体的访问权限,而是授予角色(Role)对不同客体的访问权限。与角色关联的主体将被授予这些客体的相应访问权限。

- *基于属性的访问控制*(*Attribute-Based Access Control*,*ABAC*)。ABAC 模型是 RBAC 的高级实现,该模型中的访问基于系统中客体的不同属性。这些属性可以是用户、网络或网络设备等的任何特性。

DataHub 是一个基于角色的协作数据共享平台(如图 10.1 所示),其涉及大量用户(主体)访问数据(客体)。对每个主体对不同客体的访问进行单独管理是不切实际的,因此我们将在平台中设计并实现 RBAC 机制。

下面我们将介绍 RBAC 如何在 DataHub 中实现访问控制策略。如图 10.5 所示,图中有一组客体(例如数据集 D_1、算法 A_1)、一组主体(例如用户 U_1、U_2 和 U_3)和一组操作(例如查询处理和执行 ML 算法)。对于每个客体,不同的访问控制有不同的角色策略(例如 R_1、R_2),每个角色都有特定的属性和规则。属性定义了与相应角色关联的主体,规则定义了相应的策略。例如在图 10.5 中，U_1、U_2 与 D_1 中定义的 R_1 相关联，它还定义了"允许访问查询处理"规则。在该情况下，允许 U_1、U_2 对 D_1 执行查询处理，也允许 U_3 在数据集 D_1 上执行 ML 算法 A_1。

在该设计中，相应的用户（如数据所有者或数据提供者）也可以将访问控制策略与其数据一起提交给 DataHub。通过这种方式，数据所有者和数据提供者可以对其提交的数据进行完全控制，他们还可以选择控制和监控能够访问其数据的算法。当新的数据使用者被添加到 DataHub 时，他们可以请求对特定数据集的访问权限。所请求数据集的数据所有者可以决定是否将该数据使用者添加到与该数据集关联的角色中，图 10.2 中的接入网关就是这样实现的。

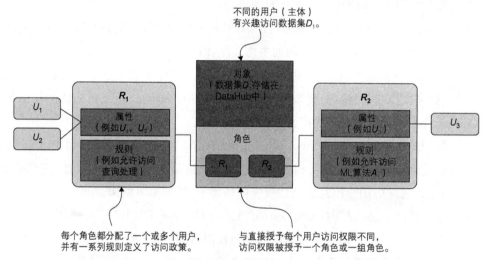

图 10.5　基于角色的访问控制（RBAC）的工作原理

现在我们已经对 DataHub 的架构有了基本的了解，下面将介绍隐私技术是如何协同工作来保护这个平台的。

10.3　将隐私和安全技术集成到 DataHub

正如本章前面所提到的，我们的目标是展示如何在一个真实世界的场景中结合不同的隐私增强技术。本节将从技术方面研究如何集成这些不同方法。首先我们会介绍数据存储选项，然后将讨论扩展到 ML 机制。

10.3.1　使用基于云的安全 NoSQL 数据库进行数据存储

第 7 章和第 8 章讨论了如何在数据挖掘任务和数据库应用中使用隐私增强技术。

我们来简单回顾一下，无论使用的是哪种数据模型(关系型或非关系型)，安全性都是数据存储中的主要问题，但大多数现代数据库系统(尤其是 NoSQL 数据库系统)更关注的是性能和可扩展性，而不是安全性。

基于不同方法的安全感知(Security-Aware)数据库系统已经被研究了很多年[2, 4]，确保云环境中敏感数据安全性的一种方法是在客户端对数据进行加密。CryptDB[2] 就是这样一个为关系数据库开发的系统，它利用一个中间件应用重写由客户端发出的原始查询，因此这些查询是在数据库级别的加密数据上执行的。如图 10.6 所示，以这种方法为基础，我们已经探索了各种可能性并实现了一个名为 SEC-NoSQL[1] 的框架。它确保了 NoSQL 数据库的安全性和隐私性，同时为大数据分析保留了数据库性能。

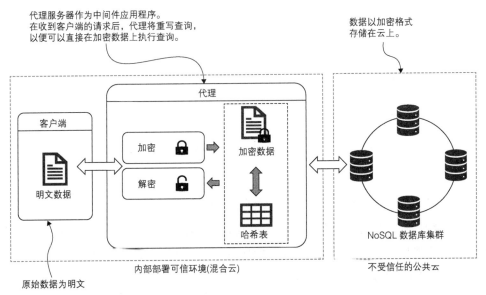

图 10.6　SEC-NoSQL 的架构

SEC-NoSQL 框架背后的主要思想是实现一个实用并且安全的 NoSQL 数据库解决方案，该方案在云上运行，并保证其性能和可扩展性级别。在这种设计中，客户端只与代理服务器进行通信，就像它们直接向数据库存储数据或从数据库中检索数据那样。首先，数据所有者向代理发出创建数据库模式的请求，代理通过匿名化列名来转换模式，并在数据库中执行该模式。当一个数据输入请求出现在代理上时，它要经过加密机制，并且代理使用 HMAC-SHA256 算法生成该记录的哈希值(HMAC)，然后把这个值存储在由代理维护的哈希表中。在读取请求时，代理从数据库中检索加密的记录，生成哈希值，并比较哈希表中相应的记录以确保数据完整性。如果通过了完整性检查，则记录会被解密,之后相应的结果将被发送回客户端。

为了方便对加密记录进行查询,需要使用对加密数据执行基本读/写操作的加密技术。不同的加密算法能提供不同的安全保证,一个更安全的加密算法可以确保不可识别性(Indistinguishability)以对抗强大的攻击者,并且一些方案允许对加密数据执行不同的操作。

遵循 CryptDB 建议的方法,我们实现了一组不同的加密算法,以便于对加密数据进行不同的 SQL 查询。基于不同的加密操作,如随机加密(Random Encryption)、确定性加密(Deterministic Encryption)、保序加密和同态加密,SEC-NoSQL 可以对加密数据上的各种查询进行操作和处理,而不会对数据库性能级别产生很大影响。

在对 SEC-NoSQL 的工作方式有了基本的了解之后,我们来快速看一个简单的例子来说明查询操作是如何工作的。假设我们将使用 MongoDB 作为后端数据库,需要在数据库中的 table_emp 表中插入一名员工的 ID 和姓名。在 MongoDB 中可以通过执行以下操作来实现:

```
db.table_emp.insertOne({col_id: 1, col_name: 'xyz'})
```

然而当 SEC-NoSQL 中的中间件应用接收到此查询时,它将被转换为与如下代码类似的代码:

```
db.table_one.insertOne({col_one: DET(1), col_two: RND('xyz')})
```

可以看到,所有的表和列名都将被匿名化,并且数据会被加密(这里 DET 表示确定性加密)。这就是一个简单的 INSERT 操作的工作原理,可以采用类似的方法来实现 READ、UPDATE 和 DELETE 操作。

10.3.2 本地化差分隐私的隐私保护数据收集

第 4 章和第 5 章讨论了本地化差分隐私(LDP)的基本原理和应用。LDP 的一个潜在用例是在线调查,研究人员将调查用于各种目的,例如分析行为或评估想法和观点。

由于隐私原因,为了研究目的从个人那里收集调查信息是具有挑战性的。个人可能不够信任数据聚合器,不愿意共享敏感信息。尽管一个人可以匿名参与调查,但仍有可能通过[5]所提供的信息来识别此人,LDP 是这个问题的一个解决方案。当数据聚合器不受信任时,LDP 是一种确保个人隐私的方法,LDP 旨在保证当一个人提供一个值时,很难根据这个值识别原始值是什么。

那么如何在 DataHub 平台中使用 LDP 呢? 在回答这个问题之前,先快速回顾一下

LDP 的基本原理。LDP 协议主要包括三个步骤，首先每个用户使用一种编码方案对他们的值（或数据）进行编码。然后每个用户对他们的编码值进行扰动，并将其发送给数据聚合器。最后该数据聚合器聚合所有报告值，并估计隐私保护统计数据。正如前面第 4 章所提到的，图 10.7 说明了这个 LDP 过程。

如图 10.8 所示，我们来为 DataHub 平台设计一个在线调查工具，通过实现现有的 LDP 方法收集来自个人（数据提供者）的数据并估计人口的统计数据。由于每个值在发送到 DataHub 之前都会受到扰动，因此数据提供者不会担心数据的隐私问题。

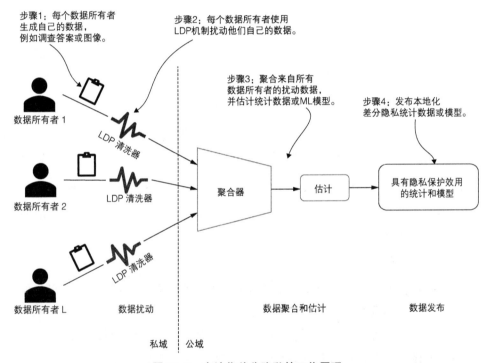

图 10.7 本地化差分隐私的工作原理

大多数现有的 LDP 实现方案都假设由数据聚合器确定一个 ε 值供个人使用，然而个人可能有不同的隐私偏好（Privacy Preferences），我们的方法是计划为提交给 DataHub 的每条信息选择一个隐私级别。例如一个人可能与数据聚合器共享自己的年龄，而另一个人可能更喜欢隐藏自己的年龄，研究人员能够通过保证每个人在 LDP 下的隐私，出于不同的目的从个人那里收集数据。当每个人通过 DataHub 与研究人员共享信息时，他们会控制自己的隐私级别。

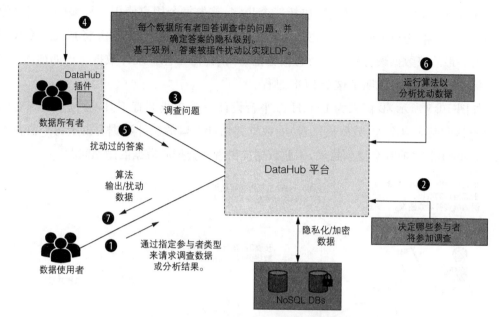

图 10.8　DataHub 的隐私保护调查机制

相同的架构不仅可以用于解决基本问题，如频率估计，还可以用于其他分析，如分类和回归。正如 5.3 节所讨论的，可以使用扰动数据来训练朴素贝叶斯分类器，然后它将可以用于不同的任务。

10.3.3　隐私保护机器学习

机器学习在很大程度上依赖于底层数据，当数据来自多方时，数据隐私问题就成了一个关键问题。例如数据可能分布在多方之间，他们可能希望运行 ML 任务而不暴露他们的数据，或者一个数据所有者可能想在他们的数据上运行一个 ML 任务，并与其他方共享学习到的模型。在这种情况下，模型不应该显示关于训练数据的任何信息。

有不同的方法可用来解决这个问题，这些方法大致可以分为两类：基于密码的（Cryptographic-Based）方法和基于扰动的（Perturbation-Based）方法。

基于密码的方法

在基于密码的隐私保护机器学习（PPML）解决方案中，同态加密、混淆电路和秘密共享（Secret-Sharing）技术是广泛使用的隐私保护机制。

9.4 节的案例研究讨论了一种混合系统，该系统使用加法同态加密和混淆电路来执行主成分分析（PCA），而不会泄露有关底层数据的信息。如图 10.9 所示，数据所有者对摘要统计进行计算和加密，并将它们发送给数据使用者。然后，数据使用者聚合来自数据所有者的所有加密共享数据，向结果添加一个随机盲值，并将其传递给 CSP。CSP 使用它的私钥来解密盲数据，构造混淆电路，并将它们传输回数据使用者。最后，数据使用者执行混淆电路以获得输出。

在使用 DataHub 时，我们可以稍微修改一下这个协议。例如由于加密的数据集会存储在 NoSQL 数据库中，DataHub 可以使用同态属性计算每个数据所有者的本地共享数据，并遵循协议。在具有 CSP 的信任模型中，DataHub 不需要与数据所有者交互，并且可以在 CSP 的帮助下将结果解密。

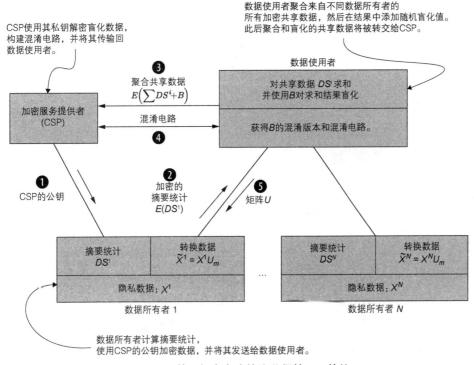

图 10.9 基于加密方法的隐私保护 ML 协议

基于扰动的方法

第 2 章和第 3 章讨论了差分隐私（DP）的应用。我们来快速回顾一下，DP 旨在从数据库发布聚合信息，同时保护个人隐私，通过在算法结果中添加随机性来防止成员推理攻击，可以在基于扰动的方法中使用 DP。

为了满足 DP 的要求，人们已经开发了几种不同的隐私保护 ML 算法。其中，学术界已经用不同的方法研究了差分隐私 PCA。一些方法通过添加一个对称的高斯噪声矩阵来估计数据的协方差矩阵，而其他方法则使用 Wishart 分布来近似协方差矩阵，这两种方法都假设已经收集了数据。3.4 节探讨了一种用于横向分割数据的高效且可扩展的差分隐私分布式 PCA 协议(DPDPCA),我们将在 DataHub 中使用该协议。

如图 10.10 所示,每个数据所有者对他们共享的数据进行加密,并将其发送给代理,即数据使用者和数据所有者之间的半信任方。代理来自每个数据的加密共享数据,为了防止来自主成分分析的推理,我们通过代理在聚合结果中加入一个噪声矩阵,使散布矩阵的近似满足(ε,δ)-差分隐私。之后将该聚合结果发送给数据使用者,数据使用者对结果进行解密,构造一个近似散布矩阵,然后继续进行 PCA。

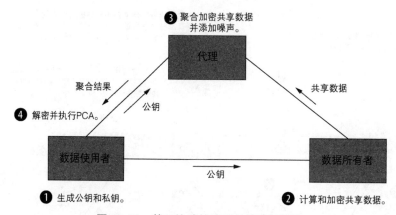

图 10.10　基于扰动的隐私保护 ML 协议

10.3.4　隐私保护查询处理

现在我们来看看如何使用 DataHub 来促进查询处理。正如 10.2.2 节所讨论的,DataHub 平台支持两种信任模型:基于 CSP 的信任模型和基于非 CSP 的信任模型,其中 CSP 是一个半诚实的第三方。因此我们将开发算法来处理这两种信任模型在一个或多个受保护数据集上的查询处理功能,这种查询处理功能可以通过两种不同的方法实现。第一种是通过 SEC-NoSQL 框架实现查询处理,而另一种是实现差分隐私查询处理。每种方法都有其优缺点,因此我们先来详细回顾一下这些方法的技术细节。

目前的 SEC-NoSQL 框架支持主要的 CRUD 操作(CREATE、READ、UPDATE 和 DELETE),通过使用其他加密方案,如同态加密和保序加密,可以扩展这个框架以支持不同类型的统计查询,如 SUM、AVERAGE 和 ORDER BY。在基于 CSP 的信任模型中,数据所有者使用同态加密和 CSP 的公钥加密他们的数据,并将加密的数据提交给 DataHub,其可以在 CSP 的帮助下处理聚合查询,也可以使用 SEC-NoSQL 框架处理基于非 CSP 的信任模型下的查询。每个数据所有者都可以使用自己的公钥并将加密的数据发送到 DataHub,然而当数据使用者想要处理查询时,DataHub 需要与数据所有者进行交互以解密。这会降低查询处理的实用性,因为在查询处理过程中数据所有者需要在线,并且 DataHub 和每个数据所有者之间需要进行更多的通信。

在分布式环境中,差分隐私查询处理方法无需采用 CSP。为了满足数值查询中的差分隐私,只需要在查询结果中添加所需级别的噪声,然而当数据分布在多方之间时,决定应向每一方添加多少噪声是很重要的, 3.4.2 节讨论了这个问题。作为一种解决方案,Goryczka 等人[6]为安全求和聚合(Secure Sum Aggregation)问题引入了一种分布式差分隐私环境。在分布式拉普拉斯扰动算法(Distributed Laplace Perturbation Algorithm,DLPA)中,每个数据所有者生成一个从高斯分布、伽马(Gamma)分布或拉普拉斯分布中采样的局部噪声,聚合器中累积的噪声服从满足 DP 的拉普拉斯分布。在实际应用中,利用拉普拉斯分布对局部噪声进行处理能更有效地实现具有隐私性的安全分布式数据聚合,并且这样能使增加的冗余噪声更少。因此 DataHub 将使用 DLPA 来实现分布式模型中的差分隐私。

10.3.5 在 DataHub 平台中使用合成数据生成

第 6 章讨论了合成数据生成的不同用例,以及为什么合成数据如此重要。隐私保护查询处理和 ML 算法是重要的,但有时研究人员希望执行新的查询和分析过程。当没有预定义的操作算法时,必须向数据所有者发出使用原始数据的请求,以便在本地使用它。这就是如 k-anonymity,l-diversity,t-closeness 和数据扰动等隐私保护数据共享方法发挥作用的地方。第 7 章和第 8 章讨论了这些隐私保护数据共享和数据挖掘技术,然而另一种很有前途的数据共享解决方案是生成可安全共享的合成但具有代表性的数据,其以一种与原始数据相同的格式共享合成数据集,使得在数据使用者使用数据时具有更大的灵活性,而无需担心数据隐私。接下来我们来看看如何在 DataHub 平台中使用合成数据生成机制。

如图 10.11 所示,DataHub 包含一个隐私合成数据生成算法作为服务,该算法将属性级微聚合(Micro-Aggregation)[7]和差分隐私多元高斯生成模型(Multivariate Gaussian Generative Model,MGGM)相结合,以生成满足差分隐私的合成数据集。如第 6 章所述,在合成数据上实现 DP 所需的噪声小于其他算法,数据使用者能够在一个合成数据集上执行聚合查询,或者可以在 DataHub 中使用带有 ML 算法的合成数据。

为了更好地从真实数据中捕获统计特征,可以将属性划分为独立的属性子集,同一子集中的属性相互关联,不同属性子集中的属性不相关。对于每个属性子集,可以分配一个合成数据生成器,其中包括微聚合和差分隐私 MGGM。有关实现和技术细节的更多信息,请参阅 6.4 节。

我们的解决方案会非常适合前面讨论的两种信任模型(CSP 和非 CSP)。在基于 CSP 的信任模型中,DataHub 在 CSP 的帮助下生成合成数据。在基于非 CSP 的信任模型中,数据所有者生成合成数据并将其发布到 DataHub。图 10.11 展示了在 DataHub 中为基于非 CSP 的信任模型生成和使用合成数据所涉及的步骤。

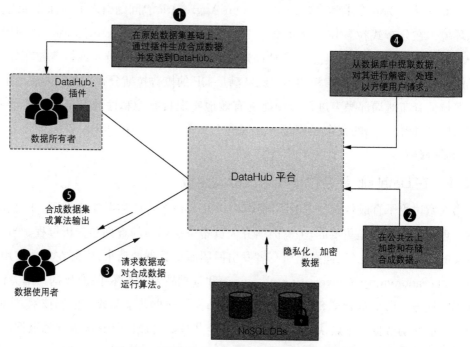

图 10.11 非 CSP 的 DataHub 合成数据生成机制

到此,对 DataHub 平台中不同特征的讨论就结束了。我们通过在真实世界的场景中部署本书中所讨论的隐私增强技术,探索了实现这些技术的可能方法。DataHub 只是一个应用场景,你可以在你的应用领域中使用相同的概念、技巧和技术。每一章的相关源代码都可以在本书的 GitHub 库中找到,所以你可以应用讨论过的概念,实现它们,用它们进行实验,并充分利用它们。祝你好运!

总结

- 本书讨论了各种隐私增强技术,这些技术可以作为一个整体提供全面的隐私保护。

- 这些不同的概念有各自的优缺点和对应用例。当你想实现隐私时,重要的是要放眼全局,明智地选择合适的技术。

- 用于研究数据保护和共享的隐私增强平台(DataHub)是一个真实世界的应用场景,展示了应该如何将不同的隐私增强技术整合到一个共同的目标任务。

- 信任模型主要有两种——基于 CSP 和基于非 CSP 的模型,我们可以把这两种主要的信任模型集成到 DataHub 的架构设计中。

- 当设计一个应用时,数据隐私和安全性是必要的,尤其是对于分布式、协作的环境。

- 可以使用基于云的安全 NoSQL 数据库将数据存储在 DataHub 平台上。

- DataHub 可以在两种不同的设置下(使用基于加密和基于扰动的方法)使用本地化差分隐私和隐私保护机器学习来促进隐私保护数据的收集。

- DataHub 还提供两种信任模型(CSP 和非 CSP)的合成数据生成。

附录　关于差分隐私的更多详细信息

正如在第 2 章中讨论的那样，差分隐私(DP)是最流行和具有影响力的隐私保护方案之一。它基于使数据集足够健壮的概念，使得对数据集中的任何单个记录进行替换都不会泄露隐私数据。通常通过计算数据集内部群组的模式(称为复杂统计)，同时隐瞒数据集中的个人信息来实现这一点。差分隐私的美妙之处在于它的数学可证明性和可量化性。接下来的几节将介绍 DP 的数学基础和正式定义。如果你对这些数学基础不感兴趣，你可以跳过它，在必要时再回来查看。

A.1　差分隐私的正式定义

在介绍 DP 的正式定义之前，先了解一下最初由 Dwork 和 Roth[1]定义的一些基本术语：

- *概率单纯形*(*Probability Simplex*)。设 B 为一个离散集合。B 的概率单纯形表示为 $\Delta(B)$，定义为 $\Delta(B) = \{x \in \mathbb{R}^{|B|} : x_i \geqslant 0, \text{for all } i, \sum_{i=1}^{|B|} x_i = 1\}$。可以将概率单纯形看作是一个给定概率分布的空间。

- *随机算法*。一个具有定义域 A 和离散值域 B 的随机化算法 M 与映射 $M : A \rightarrow \Delta(B)$ 相关联。给定输入 $a \in A$，对于每个 $b \in B$，算法 M 输出 $M(a) = b$ 的概率为 $(M(a))_b$，概率空间是算法 M 的投掷硬币概率。2.2.1 节讨论了如何通过投掷两次硬币实现算法中的随机化。

- *数据集*。数据集 x 是形成全集 X 的记录的集合。

    例如假设全域 X 定义了数据集中唯一元素的集合。那么一个数据集可以用数据集中元素的直方图来表示，$x \in \mathbb{N}^{|X|}$，其中每个记录 x_i 表示数据集 x 中 $i \in X$ 类型的元素数量。

- *数据集间的距离*。一个数据集 x 的 l_1 范数表示为 $\| x \|_1$，定义为 $\| x \|_1 = \sum_{i=1}^{|x|} | x_i |$。因此，两个数据集 x 和 y 之间的 l_1 距离为 $\| x - y \|_1$。

- *相邻数据集*。如果两个数据集 x、y 仅有一行不同,则被定义为相邻数据集。例如对于一对数据集 $x, y \in N^{|X|}$,如果 $\| x - y \|_1 \leqslant 1$,则认为 x、y 是相邻的数据集。

接下来我们将介绍 DP 的正式且最通用的定义。它提供了一个随机算法的数学保证,该算法在相邻数据集上表现类似。

- (ε, δ)-差分隐私——如果一个随机化算法 M 满足 (ε, δ)-DP,那么对于任意相邻的数据集 x、y,以及所有的 $S \subseteq \mathrm{Range}(M)$,有:

$$\Pr[M(x) \in S] \leqslant e^\varepsilon \cdot \Pr[M(y) \in S] + \delta$$

这里 $\Pr[\cdot]$ 表示一个事件发生的概率,$\mathrm{Range}(M)$ 表示随机算法 M 所有可能的输出集合。ε 和 δ 越小,$\Pr[M(x) \in S]$ 和 $\Pr[M(y) \in S]$ 越接近,隐私保护就越强。当 $\delta = 0$ 时,算法 M 满足 ε-DP,这是比 $\delta > 0$ 的 (ε, δ)-DP 更强的隐私保证。通常情况下,人们将 ε 称为 DP 定义中的隐私预算。更高的 ε 值意味着有更多的隐私预算,因此可以容忍更多的隐私泄露,更低的 ε 值意味着需要或能提供更强的隐私保护。隐私参数 δ 表示定义中的“失败概率”,在概率为 $1 - \delta$ 的情况下,将得到与 pure DP(即 ε-DP,其中 $\delta = 0$)相同的保证。当概率 $\delta > 0$ 时,无法保证。换句话说,在概率为 $1 - \delta$ 的情况下,有 $\Pr[M(x) \in S] \leqslant e^\varepsilon \cdot \Pr[M(y) \in S]$;在概率为 δ 的情况下,根本无法得到保证。

A.2　其他差分隐私机制

第 2 章讨论了三种最流行的差分隐私机制:二元、拉普拉斯和指数机制。回顾一下,二元机制中的随机化来自二元响应(抛硬币)扰动结果。拉普拉斯机制通过向目标查询或函数添加从拉普拉斯分布中提取的随机噪声来实现 DP。指数机制用于选择最佳响应的场景,这时如果直接向查询函数的输出中添加噪声会完全破坏可用性。本节将探讨一些其他的 DP 机制。

A.2.1　几何机制

拉普拉斯机制(在 2.2.2 节中已讨论)向查询函数的输出中添加实值噪声,它最适合用于输出实值的查询函数,因为直接将噪声添加到输出中不会使结果无意义。对于输出整数的查询函数,仍然可以添加拉普拉斯噪声,但此后应使用离散化机制。然而,这可能会降低结果的可用性。

因此,几何机制(Geometric Mechanism)[2] 就有了用武之地。它旨在将拉普拉斯噪声的离散对应值(从几何分布(Geometric Distribution)中提取)添加到仅具有整数输出值的查询函数中。以下是几何分布和几何机制的定义：

- *几何分布*——给定一个实数 $\alpha > 1$，几何分布表示为 $\mathrm{Geom}(\alpha)$，是一种对称分布，取整数值，其在 k 处的概率质量函数为 $\dfrac{\alpha-1}{\alpha+1} \cdot \alpha^{-|k|}$。

  几何分布具有类似于拉普拉斯分布的特性。从 $\mathrm{Geom}(\alpha)$ 中得到的随机变量的方差为 $\sigma^2 = 2\alpha/(1-\alpha)^2$。

- *几何机制*——给定数值查询函数 $f:\mathbb{N}^{|X|} \to \mathbb{Z}^k$，数据集 $x \in \mathbb{N}^{|X|}$，隐私预算 ε，几何机制被定义为：

$$M_{\mathrm{Geo}}(x, f(\cdot), \varepsilon) = f(x) + (Y_1, Y_2, \cdots, Y_k)$$

其中 Y_1 是从 $\mathrm{Geom}\left(\dfrac{\varepsilon}{\Delta f}\right)$ 中得到的独立同分布随机变量，Δf 是查询函数 f 的 l_1 敏感度。

定理 A.1 满足 $(\varepsilon, 0)$-DP。

几何机制可以应用于 2.2.2 节中涉及拉普拉斯机制的所有示例，它能够提供更好的可用性。

A.2.2 高斯机制

高斯机制[1]是拉普拉斯机制的另一种替代方案。高斯机制没有添加拉普拉斯噪声，而是添加了高斯噪声，并提供了稍微松弛的隐私保证。

高斯机制将其噪声缩放到 l_2 敏感度（与缩放到 l_1 敏感度的拉普拉斯机制相比），定义如下：

- l_2-*敏感度*——给定一个数值查询函数 $f:\mathbb{N}^{|X|} \to \mathbb{R}^k$，对于所有成对的数据集 $x, y \in \mathbb{N}^{|X|}$，其 l_2-敏感度为 $\Delta f = \max\limits_{\|x-y\|_1=1} \| f(x) - f(y) \|_2$。

基于高斯分布和 l_2-敏感度，可以定义如下高斯机制：

- *高斯机制*——给定一个数值查询函数 $f:\mathbb{N}^{|X|} \to \mathbb{R}^k$，数据集 $x \in \mathbb{N}^{|X|}$，以及隐私预算 ε 和 δ，高斯机制被定义为

$$M_{\mathrm{GM}}(x, f(\cdot), \varepsilon, \delta) = f(x) + (Y_1, Y_2, \cdots, Y_k)$$

其中 Y_i 是从高斯分布 $\tau = \Delta f \sqrt{2\ln(1.25/\delta)}/\varepsilon$ 中得到的独立同分布的随机变量，Δf 是查询函数 f 的 l_2-敏感度。

定理 A.2 满足 (ε, δ)-DP。

与其他随机噪声相比，添加高斯噪声有两个优点：

- 高斯噪声与许多其他噪声源（例如通信信道中的白噪声）相同。
- 由高斯随机变量的和可产生一个新的高斯随机变量。

这些优势使高斯机制的隐私保护机器学习算法的分析和修正变得更容易。

A.2.3　阶梯机制

阶梯机制（Staircase Mechanism）[3]是拉普拉斯机制的一个特例，它旨在通过折中拉普拉斯机制（其概率密度函数是连续的）和几何机制（其概率密度函数是离散的）来优化经典拉普拉斯机制的误差界限。

在阶梯机制中，我们通常会定义一个损失函数 $L(\cdot):\mathbb{R}\rightarrow\mathbb{R}$，即加性噪声函数，给定加性噪声 n，损失为 $L(n)$。用 $t\in\mathbb{R}$ 表示查询函数 $f()$ 的输出，P_t 表示生成加性噪声的随机变量的概率分布。那么，损失函数的期望值为：

$$\int L(n)\cdot P_t(\mathrm{d}n)$$

阶梯机制旨在最小化所有可能的查询输出 $t\in\mathbb{R}$ 中的最坏情况代价：

$$\text{minimize sup}\int L(n)\cdot P_t(\mathrm{d}n)$$

有关如何制定和解决此类优化问题的更多信息，请参阅 Geng 和 Viswanath 的原文[3]。

阶梯机制可以由三个参数指定：ε、Δf 和 γ^*，并由 ε 和损失函数 $L()$ 确定。图 A.1 展示了拉普拉斯机制和阶梯机制的概率密度函数。

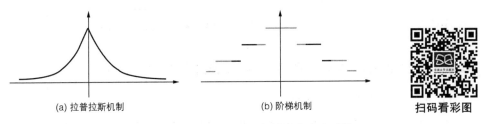

(a) 拉普拉斯机制　　　　　　(b) 阶梯机制　　　　　　扫码看彩图

图 A.1　拉普拉斯机制和阶梯机制的概率密度函数

A.2.4　向量机制

向量机制（Vector Mechanism）旨在扰动向量值函数，例如许多 ML 算法的凸目标函数（Convex Objective Functions）（线性回归、岭回归、支持向量机等）。

向量机制将其噪声缩放到向量值函数的 l_2 敏感度定义如下：

- *向量值函数 l_2 的敏感度*——给定一个向量值查询函数 f，它的 l_2-敏感度被定义为当一个输入发生变化时函数值的 l_2 范数的最大变化量：

$$\Delta f = \max_i \max_{z_1, z_2, \cdots, z_n, z_i'} \| f(z_1, z_2, \cdots, z_i, \cdots, z_n) - f(z_1, z_2, \cdots, z_i', \cdots, z_n) \|_2$$

一旦定义了向量值函数的 l_2-敏感度（尽管在实际场景中制定这样的敏感度是非常困难的，例如 ML 算法），可以使用从任何其他机制中得到的独立同分布的随机变量来定义向量机制，例如 $\mathrm{Lap}\left(\dfrac{\Delta f}{\epsilon}\right)$，其中 Δf 是向量值函数 f 的 l_2-敏感度。

A.2.5　Wishart 机制

Wishart 机制[4]的目的是在二阶矩阵（如协方差矩阵）上实现 DP，其基本思想是向二阶矩阵添加一个从 Wishart 分布生成的 Wishart 噪声矩阵。由于 Wishart 矩阵始终是半正定的，并且可以被认为是某些随机高斯向量的散布矩阵，因此它是生成差分隐私协方差矩阵的一种自然噪声源，同时其又能保持其意义和可用性（因为协方差矩阵始终是半正定的，并且也是散布矩阵）。图 A.2 展示了在协方差矩阵上应用 Wishart 机制的伪代码，其中 $W_d(\cdot, \cdot)$ 是 Wishart 分布。

Input: Raw data matrix $X \in \mathbb{R}^{d \times n}$; Privacy parameter ϵ;
Number of data n;

1. Draw a sample W from $W_d(d+1, C)$, where C has d same eigenvalues equal to $\dfrac{3}{2n\epsilon}$;
2. Compute $A = \dfrac{1}{n} X X^{\mathsf{T}}$;
3. Add noise $\hat{A} = A + W$;

Output: $\hat{A}$;

图 A.2　应用 Wishart 机制的伪代码

A.3　差分隐私组合特性的形式化定义

DP 的一个非常重要且有用的特性是其组合定理。DP 的严密数学设计使得我们可以在多个差分隐私计算中分析和控制累积的隐私损失。DP 有两个主要的组合特性，我们在 2.3.3 节中进行了详细的讨论。本节将探讨这些特性的数学定义。

A.3.1　DP 串行组合的形式化定义

DP 的串行组合特性证实了对数据进行多个查询所产生的累积隐私泄漏总是高于单

个查询产生的泄漏(图 A.3)。如果第一个查询的 DP 分析使用隐私预算 $\varepsilon_1=0.1$，而第二个查询 DP 使用隐私预算 $\varepsilon_2=0.2$，这两个分析可以被视为一个单独的分析，其隐私损失参数可能大于 ε_1 或 ε_2，但最多为 $\varepsilon_3=\varepsilon_1+\varepsilon_2=0.3$。

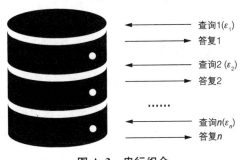

图 A.3　串行组合

下面我们将从一个简单的例子开始，有两个独立的 DP 算法，$(\varepsilon_1,0)$-DP 算法 M_1 和 $(\varepsilon_2,0)$-DP 算法 M_2，如果将 M_1 和 M_2 按顺序应用(其中 M_1 的输出成为 M_2 的输入)，则遵循以下两项串行组合定理。

定理 A.3　两项串行组合：设 $M_1:\mathbb{N}^{|X|}\to R_1$ 表示随机化算法，满足 $(\varepsilon_1,0)$-DP，设 $M_2:\mathbb{N}^{|X|}\to R_2$ 表示随机化算法，满足 $(\varepsilon_2,0)$-DP。这两个算法的串行组合通过映射 $M_{1,2}:\mathbb{N}^{|X|}\to R_1\times R_2$，表示为 $M_{1,2}(x)=(M_1(x),M_2(x))$，满足 $(\varepsilon_1+\varepsilon_2,0)$-DP。

了解了两项串行组合定理，应该不难将其扩展为适用于多项串行级联的独立 DP 算法的多项串行组合定理，如下所示。

定理 A.4　多项串行组合 1.0：设 $M_i:\mathbb{N}^{|X|}\to R_i$ 表示随机化算法，满足 $(\varepsilon_i,0)$-DP。k 个 DP 算法$(M_i,i=1,2,\cdots,k)$的串行组合，通过映射 $M_{[k]}:\mathbb{N}^{|X|}\to \prod_{i=1}^{k}R_i$，表示为 $M_{[k]}(x)=(M_1(x),M_2(x),\cdots,M_k(x))$，满足$(\sum_{i=1}^{k}\varepsilon_i,0)$-DP。

如果 $\delta\neq0$ 呢？那么串行组合会是什么样子呢？看下面的定理。

定理 A.5　多项串行组合 2.0：设 $M_i:\mathbb{N}^{|X|}\to R_i$ 表示随机化算法，满足 (ε_i,δ_i)-DP。k 个 DP 算法$(M_i,i=1,2,\cdots,k)$的顺序组合，通过映射 $M_{[k]}:\mathbb{N}^{|X|}\to \prod_{i=1}^{k}R_i$，表示为 $M_{[k]}(x)=(M_1(x),M_2(x),\cdots,M_k())$，满足$(\sum_{i=1}^{k}\varepsilon_i,\sum_{i=1}^{k}\delta_i)$-DP。

A.3.2　并行组合 DP 的形式化定义

现在介绍 DP 的并行组合。综上所述，如果算法 $F_1(x_1)$ 满足 ε_1-DP，而 $F_2(x_2)$ 满足 ε_2-DP，其中(x_1,x_2)是整个数据集 x 的非重叠分区(图 A.4)，则 $F_1(x_1)$ 和 $F_2(x_2)$ 的并行组合满足 $\max(\varepsilon_1,\varepsilon_2)$-DP。

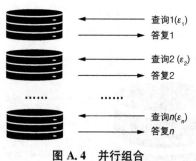

图 A.4　并行组合

假设单个数据集 x 已被分成 k 个不相交的子集 x_i，这里的"不相交"确保任何一对子集 x_i，x_j 互相独立。在这种情况下，可能有 k 个独立的 DP 算法，但它们都满足相同的 $(\varepsilon,0)$-DP，且每个算法 M_i 都专门处理一个子集 x_i。以下并行组合定理允许将这 k 个 DP 算法组合起来。

定理 A.6　并行组合 1.0：设 $M_i:\mathbb{N}^{|X|} \rightarrow R_i$ 为随机化算法，其为 $(\varepsilon,0)$-DP，其中 $i=1,2,\cdots,k$。k 个 DP 算法 $(M_i,i=1,2,\cdots,k)$ 的并行组合，通过映射 $M_{[k]}:\mathbb{N}^{|X|} \rightarrow \prod_{i=1}^{k} R_i$，表示为 $M_{[k]}(x)=(M_1(x_1),M_2(x_2),\cdots,M_k(x_k))$，其中 x_i，$i=1,2,\cdots,k$，表示数据集 x 的 k 个不相交的子集，满足 $(\varepsilon,0)$-DP。

如果所有的 DP 算法都使用 DP 预算，从而在并行组合场景中满足不同级别的 DP 会怎么样呢？下面的定理提供了这种情况的解决方案。

定理 A.7　并行组合 2.0：设 $M_i:\mathbb{N}^{|X|} \rightarrow R_i$ 表示一个随机化算法，满足 $(\varepsilon_i,0)$-DP，其中 $i=1,2,\cdots,k$。k 个 DP 算法 $M_i(i=1,2,\cdots,k)$ 的并行组合，通过映射 $M_{[k]}:\mathbb{N}^{|X|} \rightarrow \prod_{i=1}^{k} R_i$，表示为 $M_{[k]}(x)=(M_1(x_1),M_2(x_2),\cdots,M_K(x_k))$，其中 x_i，$i=1,2,\cdots,k$，表示数据集 x 的 k 个不相交子集，满足 $(\max\varepsilon_i,0)$-DP。

参考文献

第 1 章

[1] J. Feng and A. K. Jain,"Fingerprint Reconstruction:From Minutiae to Phase," IEEE Trans. Pattern Anal. Mach. Intell.,vol. 33,no. 2,pp. 209 – 223,2011,doi:10. 1109/TPAMI. 2010. 77.

[2] M. Al-Rubaie and J. M. Chang,"Reconstruction Attacks Against Mobile-Based Continuous Authentication Systems in the Cloud," IEEE Trans. Inf. Forensics Secur.,vol. 11,no. 12,pp. 2648 – 2663, 2016,doi:10. 1109/TIFS. 2016. 2594132.

[3] S. Garfinkel,J. M. Abowd, and C. Martindale,"Understanding Database Reconstruction Attacks on Public Data,"Commun. ACM,vol. 62,no. 3,pp. 46 – 53,March 2019,doi:10. 1145/3287287.

[4] M. Fredrikson,S. Jha,and T. Ristenpart,"Model Inversion Attacks that Exploit Confidence Information and Basic Countermeasures," Proc. ACM Conf. Comput. Commun. Secur.,October 2015,pp. 1322 – 1333,2015,doi:10. 1145/2810103. 2813677.

[5] R. Shokri,M. Stronati,C. Song,and V. Shmatikov,"Membership Inference Attacks Against Machine Learning Models," Proc. - IEEE Symp. Secur. Priv.,pp. 3 – 18,2017,doi:10. 1109/ SP. 2017. 41.

[6] A. Narayanan and V. Shmatikov,"Robust de-anonymization of large sparse datasets," Proc. - IEEE Symp. Secur. Priv.,pp. 111 – 125,2008,doi:10. 1109/SP. 2008. 33.

[7] M. Barbaro and T. Zeller,"A Face Is Exposed for AOL Searcher No. 4417749," New York Times, August 9,2006,pp. 1 – 3,2006,[Online]. Available:papers3://publication/uuid/33AEE899-4F9D-4C05-AFC7-70B2FF16069D.

[8] A. Narayanan and V. Shmatikov,"How To Break Anonymity of the Netflix Prize Dataset," 2006, [Online]. Available:http://arxiv. org/abs/cs/0610105.

[9] B. Cyphers and K. Veeramachaneni,"AnonML:Locally Private Machine Learning Over a Network of Peers," Proc. - 2017 Int. Conf. Data Sci. Adv. Anal.,pp. 549 – 560,doi:10. 1109/DSAA. 2017. 80.

[10] M. Hardt,K. Ligett,and F. McSherry,"A Simple and Practical Algorithm for Differentially Private Data Release," Nips,pp. 1 – 9,2012,[Online]. Available:https://papers. nips. cc/paper/4548-a-simple-and-practical-algorithm-for-differentially-private-data-release. pdf.

[11] V. Bindschaedler,R. Shokri, and C. A. Gunter, "Plausible deniability for privacy-preserving data

synthesis," Proc. VLDB Endow., vol. 10, no. 5, pp. 481 - 492, January 2017, doi: 10. 14778/ 3055540. 3055542.

[12] J. Soria-Comas and J. Domingo-Ferrer, "Differentially Private Data Sets Based onMicroaggregation and Record Perturbation," Lect. Notes Comput. Sci., LNAI, vol. 10571, pp. 119 - 131, 2017, doi: 10. 1007/978-3-319-67422-3_11.

[13] K. Liu, H. Kargupta, and J. Ryan, "Random projection-based multiplicative data perturbation for privacy preserving distributed data mining," IEEE Trans. Knowl. Data Eng., vol. 18, no. 1, pp. 92 - 106, 2006, doi: 10. 1109/TKDE. 2006. 14.

[14] X. Jiang, Z. Ji, and S. Wang, "Differential-Private Data Publishing Through Component Analysis," Bone, vol. 23, no. 1, pp. 1 - 7, 2014, doi: 10. 1038/jid. 2014. 371.

[15] S. Y. Kung, "CompressivePrivacy: From Information/Estimation Theory to Machine Learning," IEEE Signal Process. Mag., vol. 34, no. 1, pp. 94 - 112, January 2017, doi: 10. 1109/MSP. 2016. 2616720.

第 2 章

[1] X. Shen, B. Tan, and C. Zhai, "Privacy protection in personalized search," ACM SIGIR Forum, vol. 41, no. 1, pp. 4 - 17, 2007, doi: 10. 1145/1273221. 1273222.

[2] A. Narayanan and V. Shmatikov, "Robust De-anonymization of Large Sparse Datasets," Proc. - IEEE Symp. Secur. Priv., pp. 111 - 125, 2008, doi: 10. 1109/SP. 2008. 33.

[3] C. Dwork, "Differential Privacy," in International Colloquium on Automata, Languages, and Programming, 2006, LNTCS, vol. 4052, pp. 1 - 12, 2006, doi: 10. 1007/11787006_1.

[4] C. Dwork, A. Roth, et al., "The Algorithmic Foundations of Differential Privacy," Found. Trends Theor. Comput. Sci., vol. 9, no. 3 - 4, pp. 211 - 407, 2014, doi: 10. 1561/0400000042.

[5] S. L. Warner, "Randomized Response: A Survey Technique for Eliminating Evasive Answer Bias," J. Am. Stat. Assoc., vol. 60, no. 309, pp. 63 - 69, 1965.

[6] C. Dwork, F. McSherry, K. Nissim, and A. Smith, "Calibrating Noise to Sensitivity in Private Data Analysis," in Theory of Cryptography Conference, 2006, vol. 3875, pp. 265 - 284, 2006, doi: https:// doi. org/10. 1007/11681878_14.

[7] F. McSherry and K. Talwar, "Mechanism Design Via Differential Privacy," in 48th Annual IEEE Symposium on Foundations of Computer Science (FOCS' 07), 2007, pp. 94 - 103, doi: 10. 1109/ FOCS. 2007. 66.

第 3 章

[1] C. Dwork, A. Roth, et al., "The Algorithmic Foundations of Differential Privacy," Found. Trends Theor. Comput. Sci., vol. 9, no. 3 - 4, pp. 211 - 407, 2014, doi: 10. 1561/0400000042.

［2］ M. Hardt and E. Price, "The Noisy Power Method: A Meta Algorithm with Applications," Adv. Neural Inf. Process. Syst., vol. 27, pp. 2861 – 2869, 2014, doi: 10. 48550/arXiv. 1311. 2495.

［3］ M. Abadi et al., "Deep learning with differential privacy," in Proceedings of the 2016 ACM SIGSAC Conference on Computer and Communications Security, pp. 308 – 318, 2016, doi: 10. 48550/arXiv. 1607. 00133.

［4］ J. Vaidya, B. Shafiq, A. Basu, and Y. Hong, "Differentially Private Naive Bayes Classification," in 2013 IEEE/WIC/ACM International Joint Conferences on Web Intelligence (WI) and Intelligent Agent Technologies (IAT), vol. 1, pp. 571 – 576, 2013, doi: 10. 1109/WI-IAT. 2013. 80.

［5］ K. Chaudhuri, C. Monteleoni, and A. D. Sarwate, "Differentially Private Empirical Risk Minimization," J. Mach. Learn. Res., vol. 12, no. 3, 2011, 10. 48550/arXiv. 0912. 007

［6］ O. Sheffet, "Private Approximations of the 2nd-moment Matrix Using Existing Techniques in Linear Regression," arXiv Prepr. arXiv1507. 00056, 2015.

［7］ S. Lloyd, "Least squares quantization in PCM," IEEE Trans. Inf. theory, vol. 28, no. 2, pp. 129 – 137, 1982, doi: 10. 1109/TIT. 1982. 1056489.

［8］ D. Su, J. Cao, N. Li, E. Bertino, and H. Jin, "Differentially Private K-means Clustering," in Proceedings of the Sixth ACM Conference on Data and Application Security and Privacy, 2016, pp. 26 – 37 doi: 10. 1145/ 2857705. 2857708.

［9］ S. Wang and J. M. Chang, "Differentially Private Principal Component Analysis Over Horizontally Partitioned Data," in 2018 IEEE Conference on Dependable and Secure Computing (DSC), 2018, pp. 1 – 8, doi: 10. 1109/DESEC. 2018. 8625131.

［10］ H. Imtiaz, R. Silva, B. Baker, S. M. Plis, A. D. Sarwate, and V. Calhoun, "Privacy-preserving source separation for distributed data using independent component analysis," in 2016 Annual Conference on Information Science and Systems (CISS), 2016, pp. 123 – 127, doi: 10. 1109/CISS. 2016. 7460488.

［11］ H. Imtiaz and A. D. Sarwate, "Symmetric matrix perturbation for differentially-private principal component analysis," in 2016 IEEE International Conference on Acoustics, Speech and Signal Processing (ICASSP), 2016, pp. 2339 – 2343, doi: 10. 1109/ICASSP. 2016. 7472095.

第 4 章

［1］ Ú. Erlingsson, V. Pihur, and A. Korolova, "RAPPOR: Randomized Aggregatable Privacy-Preserving Ordinal Response," Proc. ACM Conf. Comput. Commun. Secur., pp. 1054 – 1067, 2014, doi: 10. 1145/2660267. 2660348.

［2］ J. C. Duchi, M. I. Jordan, and M. J. Wainwright, "Local Privacy and Statistical Minimax Rates," Proc. - Annu. IEEE Symp. Found. Comput. Sci. FOCS, pp. 429 – 438, 2013, doi: 10. 1109/FOCS.

2013.53.

[3] T. Wang, J. Blocki, and N. Li, "Locally Differentially Private Protocols for Frequency Estimation," USENIX Secur., 2017.

[4] E. Yilmaz, M. Al-Rubaie, and J. Morris Chang, "Naive Bayes Classification Under Local Differential Privacy," Proc. - 2020 IEEE 7th Int. Conf. Data Sci. Adv. Anal. DSAA 2020, pp. 709 - 718, 2020, doi: 10. 1109/DSAA49011. 2020. 00081.

第 5 章

[1] N. Wang et al., "Collecting and Analyzing Multidimensional Data with Local Differential Privacy," 2019 IEEE 35th International Conference on Data Engineering (ICDE), 2019, pp. 638 - 649, doi: 10. 1109/ICDE. 2019. 00063.

[2] J. C. Duchi, M. I. Jordan, and M. J. Wainwright, "Minimax Optimal Procedures for Locally Private Estimation," J. Am. Stat. Assoc., vol. 113, no. 521, pp. 182 - 201, 2018, doi: 10. 1080/01621459. 2017. 1389735.

[3] E. Yilmaz, M. Al-Rubaie, and J. M. Chang, "Locally Differentially Private Naive Bayes Classification," arXiv, pp. 1 - 14, 2019, 10. 48550/arXiv. 1905. 01039.

[4] D. Dheeru and E. K. Taniskidou, "UCI Machine Learning Repository," 2017, http: //archive. ics. uci. edu/ml (accessed Jan. 18, 2021).

第 6 章

[1] D. C. Barth-Jones, "The 'Re-Identification' of Governor William Weld's Medical Information: A Critical Re-Examination of Health Data Identification Risks and Privacy Protections, Then and Now," SSRN Electron. J., pp. 1 - 19, 2012, doi: 10. 2139/ssrn. 2076397.

[2] L. Sweeney, "k-ANONYMITY: A MODEL FOR PROTECTING PRIVACY 1," Int. J. Uncertainty, Fuzziness Knowledge-Based Syst., vol. 10, no. 5, pp. 557 - 570, 2002, doi: 10. 1142/S0218488502001648.

[3] P. Samarati and L. Sweeney, "Protecting Privacy When Disclosing Information: K Anonymity and its Enforcement Through Suppression," Int. J. Bus. Intelligents, vol. 001, no. 002, pp. 28 - 31, 1998, doi: 10. 20894/ijbi. 105. 001. 002. 001.

[4] D. Su, J. Cao, N. Li, and M. Lyu, "PrivPfC: differentially private data publication for classification," VLDB J., vol. 27, no. 2, pp. 201 - 223, 2018, doi: 10. 1007/s00778-017-0492-3.

[5] K. Taneja, "DiffGen: Automated Regression Unit-Test Generation," in IEEE/ACM International Conference on Automated Software Engineering, 2008, pp. 407 - 410, doi: 10. 1109/ASE. 2008. 60.

[6] S. C. Johnson, "Hierarchical clustering schemes," Psychometrika, vol. 32, no. 3, pp. 241 - 254, 1967, doi: 10. 1007/BF02289588.

[7] J. Domingo-Ferrer, "Microaggregation," L. Liu and M. T. Özsu (eds.), Encyclopedia of Database

Systems, Springer, Boston, MA., 2009, doi: 10. 1007/978-0-387-39940-9_1496.

[8] D. Dheeru and E. K. Taniskidou, "UCI Machine Learning Repository," 2017, http://archive. ics. uci. edu/ml (accessed Jan. 18, 2021).

第 7 章

[1] C. of Massachusetts, "Group Insurance Commission," 1997, https://www. mass. gov/orgs/group-insurance-commission (accessed Jan. 05, 2020).

[2] R. Kohavi and B. Becker, "Adult Data Set," 1996, http://archive. ics. uci. edu/ml/datasets/Adult (accessed Apr. 26, 2020).

[3] P. Samarati and L. Sweeney, "Protecting Privacy When Disclosing Information: K Anonymity and its Enforcement Through Suppression," Int. J. Bus. Intelligents, vol. 1, no. 2, pp. 28 − 31, 1998, doi: 10. 20894/IJCOA. 101. 001. 001. 004.

[4] CryptoNumerics, "CN-Protect for Data Science," 2019.

第 8 章

[1] A. Machanavajjhala, D. Kifer, J. Gehrke, and M. Venkatasubramanian, "L-diversity: Privacy beyond k-anonymity," ACM Trans. Knowl. Discov. Data, vol. 1, no. 1, 2007, doi: 10. 1145/1217299. 1217302.

[2] L. Ninghui, L. Tiancheng, and S. Venkatasubramanian, "t-Closeness: Privacy beyond k-anonymity and ? -diversity," Proc. - Int. Conf. Data Eng., no. 3, pp. 106 − 115, 2007, doi: 10. 1109/ICDE. 2007. 367856.

[3] R. Kohavi and B. Becker, "Adult Data Set," 1996. http://archive. ics. uci. edu/ml/datasets/Adult (accessed April 26, 2020).

[4] N. Prabhu, "Anonymization methods for network security," 2018. https://github. com/Nuclearstar/K-Anonymity (accessed May 12, 2020).

[5] G. D. Samaraweera and M. J. Chang, "Security and Privacy Implications on Database Systems in Big Data Era: A Survey," IEEE Trans. Knowl. Data Eng., vol. 33, no. 1, pp. 239 − 258, January 2021, doi: 10. 1109/tkde. 2019. 2929794.

[6] B. Fuller et al., "SoK: Cryptographically Protected Database Search," Proc. - IEEE Symp. Secur. Priv., pp. 172 − 191, 2017, doi: 10. 1109/SP. 2017. 10.

[7] G. Kellaris, G. Kollios, K. Nissim, and A. O'Neill, "Generic Attacks on Secure Outsourced Databases," Proc. 2016 ACM SIGSAC Conf. Comput. Commun. Secur. - CCS'16, pp. 1329 − 1340, 2016, doi: 10. 1145/ 2976749. 2978386.

[8] P. Grubbs, T. Ristenpart, and V. Shmatikov, "Why Your Encrypted Database Is Not Secure," Proc. 16th Work. Hot Top. Oper. Syst. - HotOS '17, pp. 162 − 168, 2017, doi: 10. 1145/3102980. 3103007.

[9] M. S. Lacharite, B. Minaud, and K. G. Paterson, "Improved Reconstruction Attacks on Encrypted Da-

ta Using Range Query Leakage," Proc. - IEEE Symp. Secur. Priv.,pp. 297 – 314,2018,doi:10. 1109/SP. 2018. 00002.

[10] M. Hosenball,"Swiss spy agency warns U. S.,Britain about huge data leak," Reuters,December 4, 2012. https://www. reuters. com/article/us-usa-switzerland-datatheft/swiss-spy-agency-warns-u-s-britain-about-huge-data-leak-idUSBRE8B30ID20121204 (accessed January 15,2019).

[11] C. Terhune,"Nearly 5,000 patients affected by UC Irvine medical data breach," Los Angeles Times,June 18, 2015. https://www. latimes. com/business/la-fi-uc-irvine-data-breach-20150618-story. html (accessed Jan. 15,2019).

[12] J. Vijayan,"Morgan Stanley Breach a Reminder of Insider Risks," Security Intelligence,January 8, 2015. https://securityintelligence. com/news/morgan-stanley-breach-reminder-insider-risks/ (accessed Jan. 15,2019).

第 9 章

[1] F. Douglas,L. Pat,and R. Fisher,"Methods of Conceptual Clustering and their Relation to Numerical Taxonomy," Ann. Eugen.,vol. 7,no. 2,pp. 179 – 188,1985.

[2] B. Scholkopft and K. Mullert,"Fisher Discriminant Analysis with Kernels," Neural Networks Signal Process. IX,pp. 41 – 48,1999.

[3] S. Y. Kung,"Discriminant component analysis for privacy protection and visualization of big data," Multimed. Tools Appl.,vol. 76,no. 3,pp. 3999 – 4034,2017,doi:10. 1007/s11042-015-2959-9.

[4] K. Diamantaras and S. Y. Kung,"Data Privacy Protection by Kernel Subspace Projection and Generalized Eigenvalue Decomposition," IEEE Int. Work. Mach. Learn. Signal Process. MLSP,2016,doi:10. 1109/MLSP. 2016. 7738831.

[5] J. Šeděnka,S. Govindarajan,P. Gasti,and K. S. Balagani,"Secure Outsourced Biometric Authentication with Performance Evaluation on Smartphones," IEEE Trans. Inf. Forensics Secur.,vol. 10,no. 2,pp. 384 – 396,2015,doi:10. 1109/TIFS. 2014. 2375571.

[6] M. A. Pathak and B. Raj,"Efficient protocols for principal eigenvector computation over private data," Trans. Data Priv.,vol. 4,no. 3,pp. 129 – 146,2011.

[7] P. Paillier,"Public-Key Cryptosystems Based on Composite Degree Residuosity Classes," International conference on the theory and applications of cryptographic techniques,pp. 223 – 238,Springer, Berlin,Heidelber,1999.

[8] D. Dheeru and E. K. Taniskidou,"UCI Machine Learning Repository," 2017. http://archive. ics. uci. edu/ml (accessed Jan. 18,2021).

第 10 章

[1] G. D. Samaraweera and J. M. Chang, "SEC-NoSQL: Towards Implementing High Performance Security-as-a-Service for NoSQL Databases," arXiv, 2019, [Online]. Available: https://arxiv. org/abs/ 2107. 01640.

[2] R. Popa and C. Redfield, "CryptDB: Processing queries on an encrypted database," Communications of the ACM, vol. 55, no. 9, p. 103, 2012, doi: 10. 1145/2330667. 2330691.

[3] V. Nikolaenko, U. Weinsberg, S. Ioannidis, M. Joye, D. Boneh, and N. Taft, "Privacy-Preserving Ridge Regression on Hundreds of Millions of Records," Proc. - IEEE Symp. Secur. Priv., pp. 334 – 348, 2013, doi: 10. 1109/SP. 2013. 30.

[4] E. Pattuk, M. Kantarcioglu, V. Khadilkar, H. Ulusoy, and S. Mehrotra, "BigSecret: A Secure Data Management Framework for Key-Value Stores," IEEE Int. Conf. Cloud Comput. CLOUD, pp. 147 – 154, 2013, doi: 10. 1109/CLOUD. 2013. 37.

[5] A. Narayanan and V. Shmatikov, "Robust De-anonymization of Large Sparse Datasets," Proc. - IEEE Symp. Secur. Priv., pp. 111 – 125, 2008, doi: 10. 1109/SP. 2008. 33.

[6] S. Goryczka, L. Xiong, and V. Sunderam, "Secure multiparty aggregation with differential privacy: A comparative study," ACM Int. Conf. Proceeding Ser., pp. 155 – 163, 2013, doi: 10. 1145/ 2457317. 2457343.

[7] J. Domingo-Ferrer and V. Torra, "Ordinal, Continuous and Heterogeneous K-anonymity Through-Microaggregation," Data Min. Knowl. Discov., vol. 11, no. 2, pp. 195 – 212, 2005, doi: 10. 1007/ s10618-005-0007-5.

附录

[1] C. Dwork and A. Roth, "The algorithmic foundations of differential privacy," Foundations and Trends in Theoretical Computer Science, vol. 9, no. 3 – 4, pp. 211 – 407, 2014, doi: 10. 1561/0400000042.

[2] A. Ghosh, T. Roughgarden, and M. Sundararajan, "Universally Utility-Maximizing Privacy Mechanisms," SIAM Journal on Computing, vol. 41, no. 6, pp. 1673 – 1693, 2012.

[3] Q. Geng and P. Viswanath, "The Optimal Mechanism in Differential Privacy," 2014 IEEE International Symposium on Information Theory, 2014, pp. 2371 – 2375, doi: 10. 1109/ISIT. 2014. 6875258.

[4] H. Imtiaz and A. D. Sarwate, "Symmetric Matrix Perturbation for Differentially-Private Principal Component Analysis," 2016 IEEE International Conference on Acoustics, Speech and Signal Processing, 2016, pp. 2339 – 2343, doi: 10. 1109/ICASSP. 2016. 7472095.